JN446663

calculus

개정판

알기쉬운 미적분학

이종걸 · 김경호 지음

머리말

오늘날 자연과학의 놀라운 발달은 우리들의 문화생활이나 학술적 연구의 깊이를 한층 더 해 가고 있다. 이러한 자연과학의 발전이 이룩되기 까지에는 기초학문으로서 수학이 크게 기여해 왔다. 미적분학은 이공계의 거의 모든 분야에서 도구적인 과목이면서 수학의 기초분야로서 이공계열 학문을 하는데 있어 필수적인 과목으로서 자리잡고 있다.

이 책에서는 이공계 학생들이 전공학문을 하는데 있어 필요한 수학적 기본개념과 그 이론을 정확히 이해할 수 있도록 하고 주어진 문제를 해결하는데 필요한 문제의 분석, 이론의 적용 및 기술적인 지식을 습식을 습득할 수 있도록 내용이 구성되어 있다. 또한 학생들의 수학적 기초지식을 향상시킬 수 있도록 이론적인 면뿐만 아니라 구체적인 예를 통하여 계산 기술도 익힐 수 있도록 하였다. 이책으로 미적분학을 공부하는 학생들에게 조금이나마 도움이 되었으면 한다. 그리고 이 책의 출판을 맡아주신 교우사 여러분들에게 감사드린다.

2010년 8월

저자 씀

차 례

제3장 도함수의 응용

제4장 적분법

제5장 정적분

제6장 정적분의 응용

제7장 편도함수

제8장 중적분

제9장 급 수

제10장 미분방정식

Chapter 1

함수와 극한

1.1 함수와 그래프

수학적 의미로서 함수라는 용어를 사용한 것은 **1694년 라이프니츠**가 처음이었다. 그는 곡선의 **기울기**나 곡선상의 특정한 점을 지정하기 위해 이 용어를 사용하였다. 라이프니츠가 처음 생각한 함수는 현재 **미분**가능한 함수라고 불리고 있다.

이후, **18세기** 중반에 **오일러**가 $f(x)=\sin x+x^3$와 같이 한 개 이상의 인자를 포함한 **수식**을 설명하기 위해 함수라는 용어를 사용하였다.

19세기에 수학자들은 수학의 모든 부분들을 재정의하기 위해 노력했다. 수학의 기반을 **기하학**이 아닌 **산술**에 놓을 것을 제안한 **바이어슈트라스**는, **라이프니츠**보다 오일러의 함수 정의를 더 선호하였다.

19세기 말에 이르러 수학자들은 **집합론**에 기반해 모든 수학적 개념을 정의하고자 하였으며, 모든 수학적 개념을 **집합**의 하나로 정의하려고 하였다. **디리클레**와 **로바체프스키**가 거의 동시에 함수를 현대적으로 재정의하였다.

정의 1.1

집합 X의 각 원소에 집합 Y의 원소를 단 하나씩 대응시킬 때 이러한 대응규칙을 **함수**(function)라고 한다. 이 대응규칙을 f라고 두면 이 함수는

$$f : X \to Y$$

로 나타내고 f는 **X에서 Y로의 함수**라고 한다.

위의 정의 1.1에서 X를 함수 f의 **정의역**(domain), Y를 f의 **공역**(codomain)이라 하고, $x \in X$인 x에 대응하는 Y의 원소를 x의 상(image) 또는 x에서 f의 값이라 하며 $f(x)$로 나타낸다. X에 있는 모든 원소들의 상의 집합

$$\{f(x) | x \in X\}$$

을 함수 f의 **치역**(range)이라 하고 $f(X)$로 나타낸다.

예제 1 $X = \{x, y, z\}$이고 $Y = \{1, 2, 3\}$일 때, 다음 각 관계는 함수인가?

(1) $f = \{(x, 1), (y, 2), (z, 3)\}$

(2) $g = \{(x, 2), (y, 3), (z, 2)\}$

(3) $h = \{(x, 2), (y, 1)\}$

(4) $\psi = \{(x, 1), (y, 2), (z, 3), (x, 2)\}$

풀이 (1)과 (2)는 함수이고, (3)과 (4)는 함수가 아니다. ◀

예제 2 R을 실수전체의 집합이라 하고 함수 $f : R \to R$에서 $f(x) = x^2 + 1$이라 할 때 f의 정의역, 공역, 치역을 구하여라.

풀이 함수 f의 정의역과 공역은 모두 실수 전체의 집합 R이다. 모든 실수 x에 대하여 $x^2 \geq 0$이므로 치역은 $\{x^2 + 1 | x \in R\} = \{y | y \geq 1\}$이다. ◀

정의 1.2

f를 X에서 Y로의 함수라고 할 때, 순서쌍들의 집합

$$\{(x, f(x)) | x \in X\}$$

을 함수 f의 **그래프**(graph)라고 하고 $G(f)$로 표시한다.

예제 3 함수 $f: R \to R,\ f(x) = x^2 - 1$의 그래프를 찾아라.

풀이 $G(f) = \{x,\ f(x) | x \in R\} = \{(x,\ x^2 - 1) | x \in R\}$
이것을 좌표평면 위에 그리면 그림 1.1과 같다. ◀

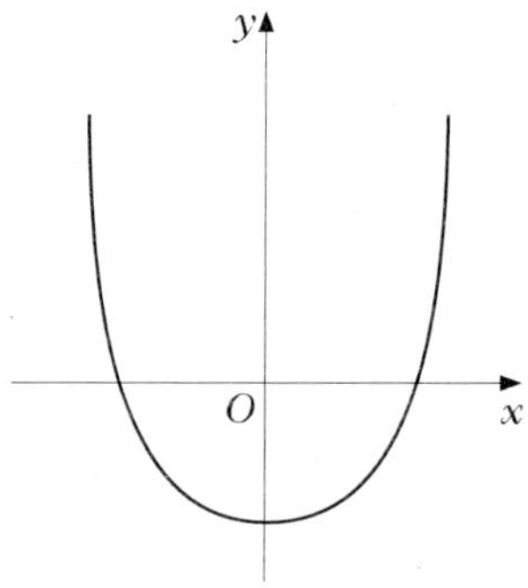

그림 1.1

정의 1.3

같은 정의역을 갖는 두 함수 $f,\ g$에 대하여 **합, 차, 곱, 몫**을 다음과 같이 정의한다.

(1) $(f+g)(x) = f(x) + g(x)$

(2) $(f-g)(x) = f(x) - g(x)$

(3) $(f \cdot g)(x) = f(x)g(x)$

(4) $\left(\frac{f}{g}\right)(x) = \frac{f(x)}{g(x)}$ (단, $g(x) \neq 0$)

예제 4 $f(x) = \sqrt{x+1},\ g(x) = \sqrt{x-4}$일 때 다음을 구하여라.

(1) $(f+g)(x)$　　(2) $(f-g)(x)$

(3) $(f \cdot g)(x)$　　(4) $\left(\frac{f}{g}\right)(x)$

풀이 (1) $(f+g)(x) = \sqrt{x+1} + \sqrt{x-4}$

(2) $(f-g)(x) = \sqrt{x+1} - \sqrt{x-4}$

(3) $(f \cdot g)(x) = \sqrt{x+1}\ \sqrt{x+4}$

(4) $\left(\frac{f}{g}\right)(x) = \frac{\sqrt{x+1}}{\sqrt{x-4}} (x \neq 4)$ ◀

정의 1.4

두 함수 $f: X \to Y$와 $g: Y \to Z$가 있을 때 $h(x) = g(f(x))$로 정의되는 함수 $h: X \to Z$를 f와 g의 **합성함수**라고 하고 $h = g \circ f$로 나타낸다.

예제 5 $f(x) = x^2$, $g(x) = x + 1$일 때, 합성함수 $f \circ g$와 $g \circ f$를 구하여라.

풀이 $(f \circ g)(x) = f(g(x)) = (x+1)^2 = x^2 + 2x + 1$

$$(g \circ f)(x) = g(f(x)) = x^2 + 1$$ ◀

정의 1.5

함수 $f: X \to Y$이면

(1) $x_1 \neq x_2$일 때 $f(x_1) \neq f(x_2)$이면 **일대일함수**(one to one function) 또는 **단사함수**(injective function)

(2) $f(X) = Y$이면 **위로함수**(onto function) 또는 **전사함수**(surjective function)

만약 (1), (2)가 동시에 성립하면 **일대일대응**(one to one correspondence) 또는 **전단사함수**(bijective function)라고 한다.

예제 6 다음에서 f는 전사도 단사도 아니고, g는 전사이지만 단사가 아니며, h는 단사이지만 전사가 아니다.

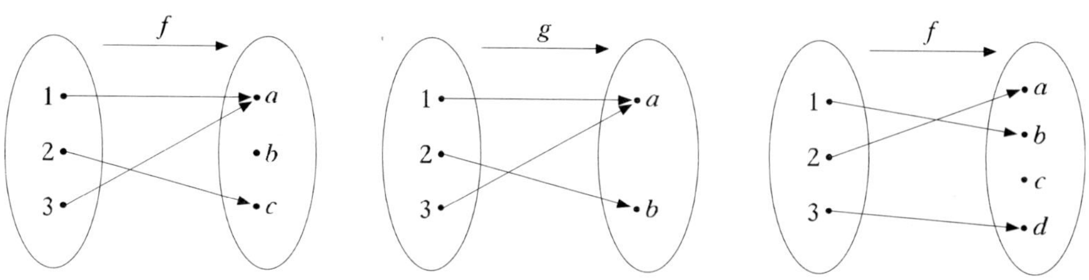

그림 1.2

예제 7 다음에서 f는 전사인 동시에 단사이므로 전단사이다.

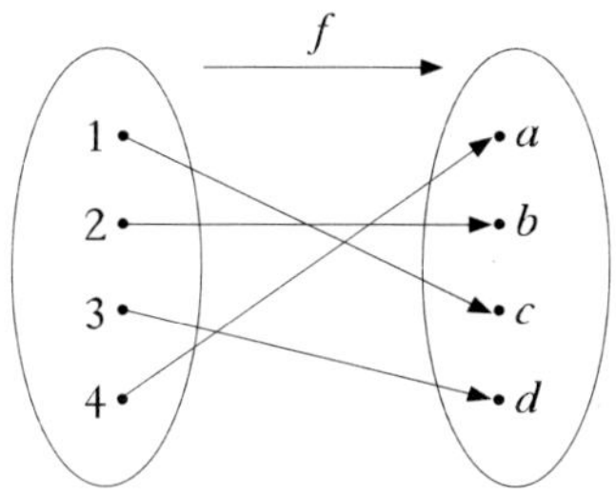

그림 1.3

정의 1.6

함수 $f: X \rightarrow Y$에 대해서 함수 $g: Y \rightarrow X$가 존재하여

$$y = f(x) \Leftrightarrow x = g(y)$$

일 때 g를 f의 **역함수**(inverse function)라 하고 f^{-1}로 나타낸다.

임의의 집합 X에 대해 함수 $f: X \rightarrow X$가 $f(x) = x$, $x \in X$로 정의할 때, f를 X상의 항등함수(identity function)라 하고 I_X로 나타낸다.

정리 1.3

함수 $f: X \rightarrow Y$가 일대일대응이라 할 때 다음이 성립한다.

(1) f의 역함수가 존재한다.

(2) $f^{-1} \circ f = I_X$

(3) $f \circ f^{-1} = I_Y$

순서쌍 (x, y)와 (y, x)는 좌표평면에서 직선 $y = x$에 대해 대칭이다(그림 2.4 참조). 역함수의 정의에 따르면 $(x, y) \in G(f) \Leftrightarrow (y, x) \in G(f^{-1})$이기 때문에 f의 그래프와 f^{-1}의 그래프는 직선 $y = x$에 대해 대칭이다.

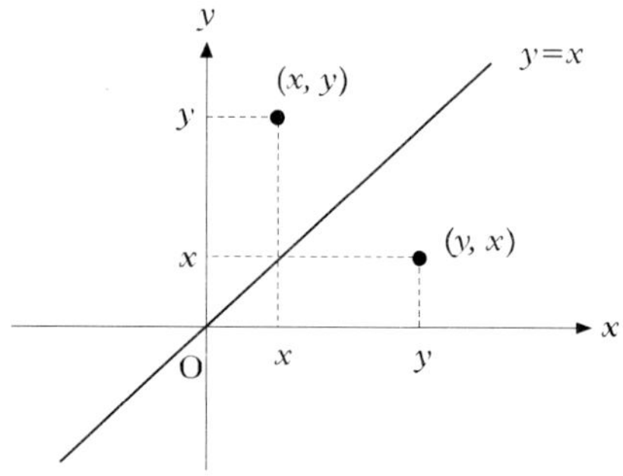

그림 1.4

예제 8 함수 $y=3x+2$의 역함수를 구하여라.

풀이 대응규칙 $y=3x+2$를 x에 관하여 풀면 $x=3y+2$이다. 따라서 구하는 역함수는

$$y=\frac{x-2}{3}$$

이다. ◀

연습문제 1.1

1. 다음 함수의 정의역을 구하여라.
   (1) $f(x)=\sqrt{(3-x)(2x+4)}$
   (2) $f(x)=\sqrt{\sin 3x}$
   (3) $f(x)=\left\{(x,\ y)\middle|\frac{x^2}{a^2}+\frac{y^2}{b^2}=1\right\}$

2. $f\left(\frac{x-1}{x+1}\right)=\frac{x-2}{x+2}$일 때 $f(2)$를 구하여라.

3. $f(x)=\frac{1}{x-1}$, $g(x)=\frac{x}{x-2}$일 때 $(f\circ g)(x)=f(x)$를 만족하는 x를 구하여라.

4. 다음 함수의 역함수를 구하여라.

(1) $y=\sqrt{x-1}$ (2) $y=\dfrac{ax+b}{cx+d}(ad-bc\neq 0)$

5. $X=\{-1,\ 1,\ 2\}$, $Y=\{1,\ 2,\ 3,\ 4\}$일 때, X의 임의의 원소 x에 대하여 다음과 같은 X에서 Y로의 대응을 생각하자. 이 중 함수인 것과 그 치역을 구하여라.

(1) $x\to x$ (2) $x\to x+2$

(3) $x\to |x|$ (4) $x\to x^2$

1.2 함수의 극한

함수의 극한 개념을 엄밀히 정의하기란 쉬운 일이 아니다. 여기에서는 엄밀한 정의를 피하고 직관적인 극한 개념으로 소개한다.

예제 1 $f(x)=x^2+3$로 정의된 함수의 2의 근방에서 x의 값들에 대한 함수 값 $f(x)$의 변화를 조사하여 보자. 아래의 표는 2는 아니지만 2에 가까운 x값들에 대한 $f(x)$의 값들을 나타낸 것이다.

$x>2$	$f(x)=x^2+3$	$x<2$	$f(x)=x^2+3$
3	12	1	4
2.5	9.25	1.5	5.25
2.3	8.29	1.7	5.89
2.1	7.41	1.9	6.61
2.05	7.2025	1.95	6.8025
2.01	7.0401	1.99	6.9601
2.001	7.004001	1.999	6.996001
2.0001	7.00040001	1.9999	6.99960001

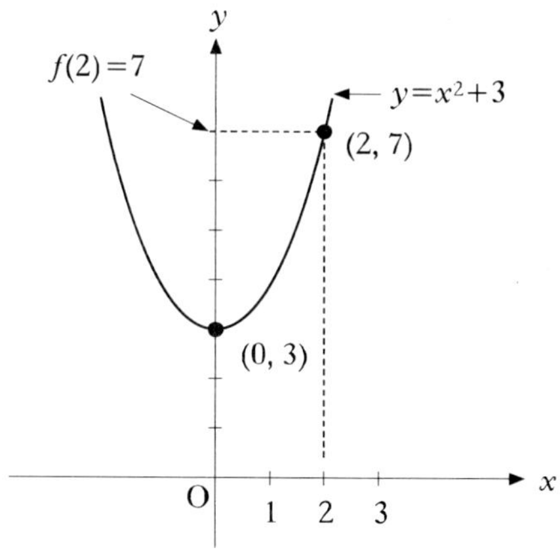

그림 1.5

표와 그림 1.5에서 보여준 $f(x)$의 그래프로부터 x가 2에 접근할 때 $f(x)$는 7에 접근함을 알 수 있다. 우리는 이러한 사실을 'x가 2에 접근할 때 함수 $f(x)=x^2+3$의 극한이다'라고 표현한다. 이것을 기호로 다음과 같이 나타내기로 한다.

$$\lim_{x\to 2}(x^2+3)=7$$ ◀

정의 1.7

함수 $f(x)$가 실수 a를 포함하는 어떤 구간에서 a 이외의 모든 x에 대하여 정의되어 있다고 하자. 단, 수 $f(a)$는 정의되지 않아도 좋다. x가 a와 같지 않은 수들로서 a에 한없이 가까이 접근할 때 $f(x)$의 값이 하나의 정해진 수 L에 한없이 가까이 접근하거나 L인 경우 $x=a$에서 $f(x)$의 극한값은 L이라고 하며 이를 다음과 같이 나타낸다.

$$x\to a\text{일 때, } f(x)\to L,$$

또는

$$\lim_{x\to a}f(x)=L$$

극한의 정의에서 'x가 a와 같지 않은 수들로서'라고 하는 구절을 주목하여야 한다. 이것은 x가 a에 접근할 때 $f(x)$의 극한값을 찾는 데 있어서 $x=a$인 경우를 결코 고려하지 않음을 의미한다. 사실 $x=a$일 때 $f(x)$가 정의될 필요도 없다. 단지 중요한 사실은 a의 근방에서 f가 어떻게 정의되는가 하는 것이다.

그림 1.6은 세 개의 함수들의 그래프들이다. (c)에서는 $f(a)$가 정의되어 있지 않고 (b)에서는 $f(a) \neq L$임을 알 수 있다.

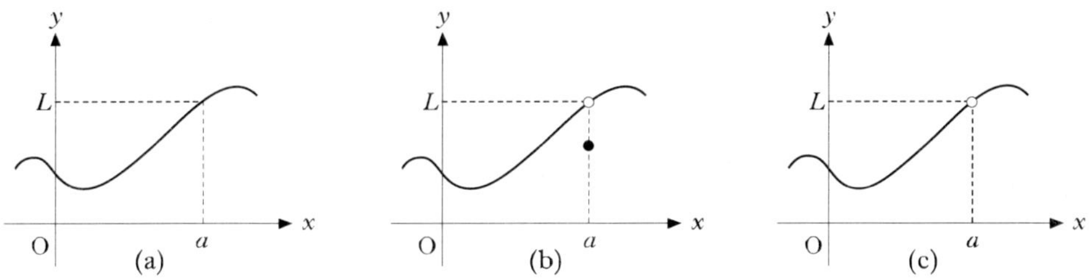

그림 1.6

그러나 a에서의 상황에 관계 없이 각 경우 모두 $\lim_{x \to a} f(x) = L$이다.

주의 한 없이 가까이 접근한다라는 표현은 논리적인 면에서 수학적 용어로는 부적당하다. 고등 미적분학에서 $\lim_{x \to a} f(x) = L$의 엄밀한 정의는 다음과 같다. 임의로 주어진 수 $\varepsilon > 0$에 대하여 다음 조건을 만족하는 수 $\delta > 0$이 존재한다.

$$0 < |x-a| < \delta \text{이면 } |f(x)-L| < \varepsilon$$

이 정의에 의한 극한의 이론은 엄밀하나 논리적인 사고력이 요구된다. 직관적인 의미를 사용해도 충분하다.

예제 2 $\lim_{x\to 1}\frac{x-1}{x^2-1}$의 값을 추측하여라.

풀이 함수 $f(x)=\frac{x-1}{x^2-1}$은 $x=1$일 때 정의되지 않지만 $\lim_{x\to a}f(x)$의 정의는 a에 가깝긴 하지만 a와 같지 않은 x의 값을 생각한다는 의미이므로 문제가 되지 않는다. 다음 표는 1에 접근하는(그러나 1이 아닌) x의 값들에 대한 $f(x)$의 값들을 나타낸 것이다.

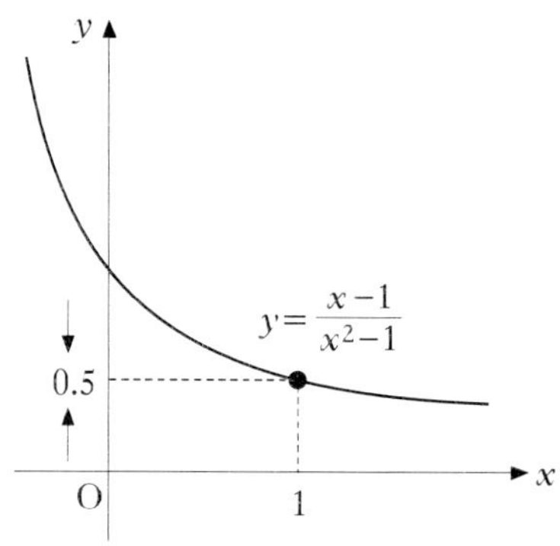

그림 1.7

$x<1$	$f(x)$	$x>1$	$f(x)$
0.5	0.666667	1.5	0.400000
0.9	0.526316	1.1	0.476190
0.99	0.502513	1.01	0.497512
0.999	0.500250	1.001	0.499750
0.9999	0.500025	1.0001	0.499975

이 표에 있는 값들을 근거로

$$\lim_{x\to 1}\frac{x-1}{x^2-1}=0.5$$

임을 추측할 수 있다. ◀

다음과 같이 정의된 함수 $H(x)$를 생각하여 보자.

$$H(x) = \begin{cases} 1 & x \geq 0 \\ 0 & x < 0 \end{cases}$$

이 함수의 그래프는 다음과 같다.

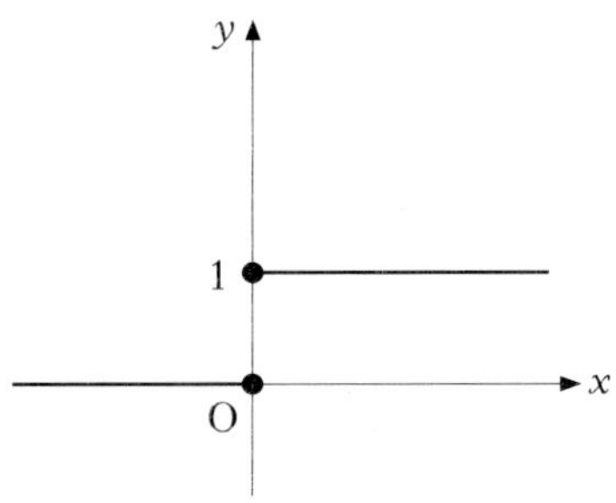

그림 1.8

위와 같이 정의된 함수 $H(x)$에서 x가 왼쪽에서 0에 접근할 때 $H(x)$는 0이 되고, x가 오른쪽에서 접근하는 경우에는 $H(x)$는 1로 접근함을 알 수 있다.

이런 상황을 기초로 다음과 같이 나타낸다.

$$\lim_{x \to 0^-} H(x) = 0, \text{ 그리고 } \lim_{x \to 0^+} H(x) = 1$$

기호 $x \to 0^-$는 $x < 0$인 x에 대해서만 생각한다는 뜻이고, $x \to 0^+$는 $x > 0$인 x에 대해서만 생각함을 의미한다.

정의 1.8

함수 $f(x)$에 대하여 $x < a$인 x에 대하여 x가 a에 가까이 접근할 때 $f(x)$가 L에 가까이 접근하거나 L이 되면, 이 때 $x = a$에서 $f(x)$의 **좌극한값**(limit from left)은 L이라 하고 다음과 같이 나타낸다.

$$x \to a^- \text{ 일 때 } f(x) \to L$$

또는

$$\lim_{x \to a^-} f(x) = L$$

비슷하게 $x > a$인 x에 대하여 생각한다면 $x = a$에서의 $f(x)$의 **우극한값**(limit from right)이 L이라는 것을 생각할 수 있고 이를

$$x \to a^+ \text{ 일 때 } f(x) \to L$$

또는

$$\lim_{x \to a^+} f(x) = L$$

로 나타낸다.

극한의 정의로부터 다음이 성립함을 알 수 있다.

정리 1.2

$\lim_{x \to a} f(x) = L$이기 위한 필요충분조건은

$$\lim_{x \to a^-} f(x) = \lim_{x \to a^+} f(x) = L$$

예제 3 함수 g의 그래프가 그림 1.9와 같이 주어졌을 때 다음의 값들을 구하여라.

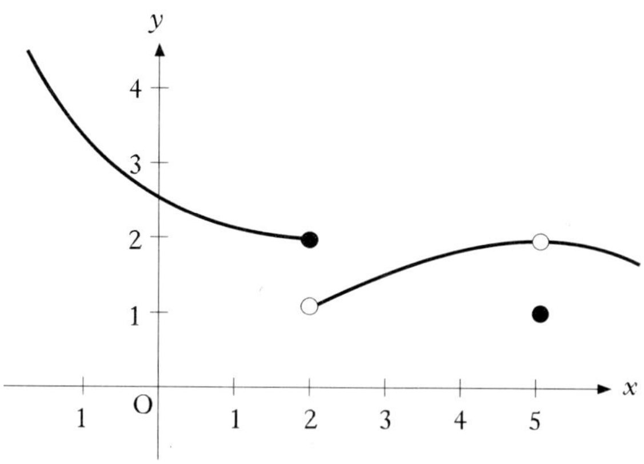

그림 1.9

(1) $\lim_{x\to 2^-} g(x)$ (2) $\lim_{x\to 2^+} g(x)$

(3) $\lim_{x\to 2} g(x)$ (4) $\lim_{x\to 5^-} g(x)$

(5) $\lim_{x\to 5^+} g(x)$ (6) $\lim_{x\to 5} g(x)$

풀이 그래프로부터

(1) $\lim_{x\to 2^-} g(x)=2$

(2) $\lim_{x\to 2^+} g(x)=1$

임을 알 수 있다.

(3) 좌 · 우 극한값이 다르기 때문에 $\lim_{x\to 2} g(x)$는 존재하지 않는다. 그래프에서

(4) $\lim_{x\to 5^-} g(x)=2$

(5) $\lim_{x\to 5^+} g(x)=2$

임을 알 수 있다.

(6) 이번에는 좌 · 우 극한값이 같으므로

$$\lim_{x\to 5} g(x)=2$$

이다. ◀

예제 4 $\lim_{x\to 0}\frac{1}{x^2}$이 존재한다면, 그 값을 구하여라.

풀이 x가 0에 접근할 때 x^2이 접근하게 되고 따라서 $\frac{1}{x^2}$은 매우 커진다는 것을 표에서 알 수 있다. 사실 그림 1.10에서 주어진 함수 $f(x)=\frac{1}{x^2}$의 그래프로부터 x를 0에 충분히 가깝게 택함으로써 $f(x)$의 값들이 임의로 커질 수 있도록 할 수 있음을 알 수 있다. 따라서 $f(x)$의 값들이 하나의 수로 접근하지 않으며 따라서 $\lim_{x\to 0}\frac{1}{x^2}$은 존재하지 않는다.

x	$\frac{1}{x^2}$
±1	1
±0.5	4
±0.2	25
±0.1	100
±0.05	400
±0.01	10,000
±0.001	1,000,000

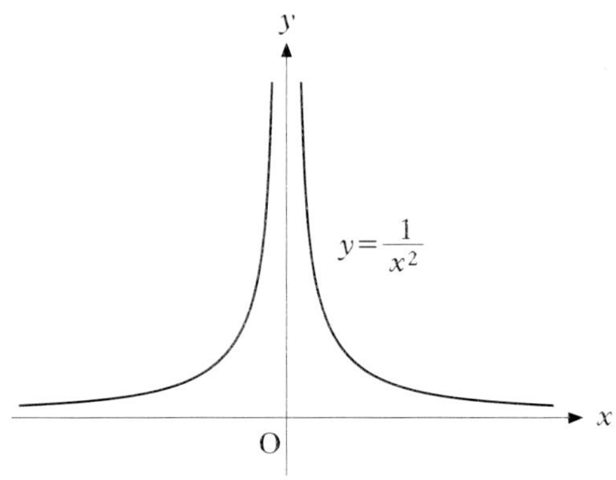

그림 1.10

위 예제 4에 주어진 상황을 나타내기 위하여 기호

$$\lim_{x\to0}\frac{1}{x^2}=\infty$$

를 사용한다.

이것은 ∞를 '수'로 간주한다는 의미는 아니다. 또한 극한값이 존재한다는 것을 의미하는 것도 아니다. 그것은 단지 극한값이 존재하지 않는 특별한 상황을 표현하는 것이다: $\frac{1}{x^2}$은 x를 0에 충분히 가깝게 택함으로써 원하는 만큼 크게 만들어 질 수 있다.

정의 1.9

x가 a에 가까워짐에 따라 $f(x)$의 값이 한없이 커지는 경우, '$x=a$일 때 $f(x)$는 무한대가 된다'라고 하고 다음과 같이 나타낸다.

$$x\to a \text{ 일 때 } f(x)\to\infty,$$

또는

$$\lim_{x\to a}f(x)=\infty$$

x가 a에 가까워질 때 $f(x)$의 값이 음의 방향으로 그 절대값이 한없이 커지는 경우,

$x=a$일 때 $f(x)$는 음의 무한대가 된다라고 하고 다음과 같이 나타낸다.

$$x \to a \text{일 때 } f(x) \to -\infty$$

또는

$$\lim_{x \to a} f(x) = -\infty$$

예제 4로부터

$$\lim_{x \to 0}\left(-\frac{1}{x^2}\right) = -\infty$$

임을 알 수 있다.

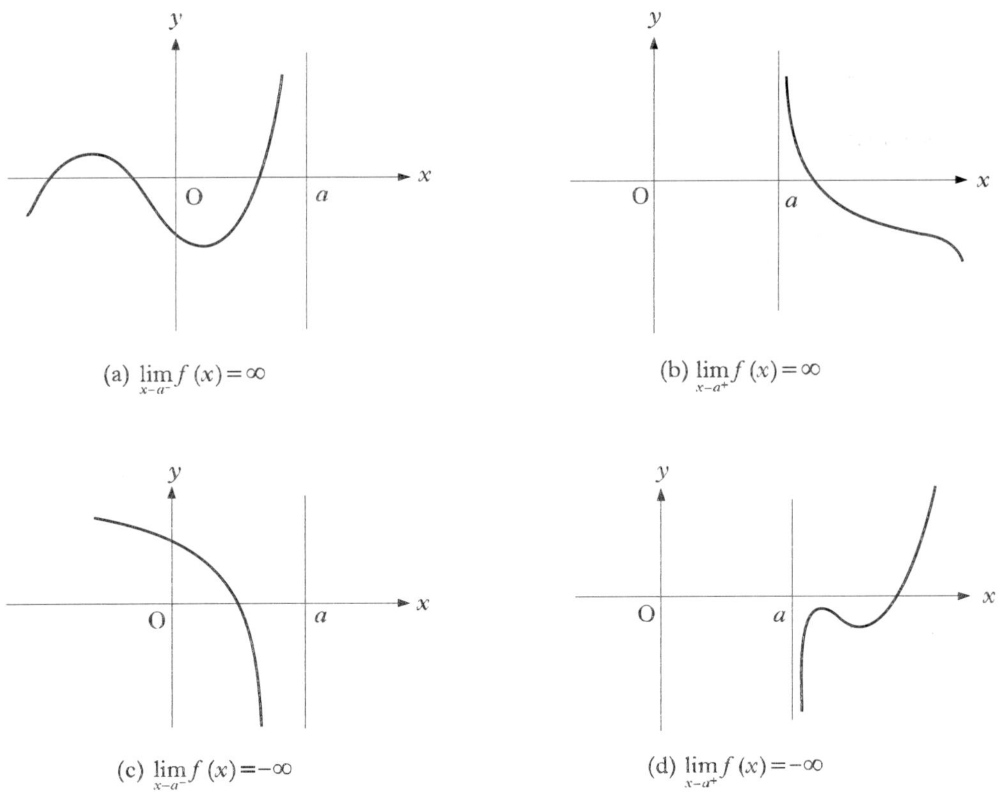

(a) $\lim_{x \to a^-} f(x) = \infty$

(b) $\lim_{x \to a^+} f(x) = \infty$

(c) $\lim_{x \to a^-} f(x) = -\infty$

(d) $\lim_{x \to a^+} f(x) = -\infty$

그림 1.11

비슷하게 한쪽 방향에서의 무한 극한값들

$$\begin{cases} \lim_{x\to a^-} f(x)=\infty & \lim_{x\to a^+} f(x)=\infty \\ \lim_{x\to a^-} f(x)=-\infty & \lim_{x\to a^+} f(x)=-\infty \end{cases}$$

에 대한 정의를 내릴 수 있다. 이미 다룬 대로 '$x\to a^-$'는 a 보다 작은 x의 값에 대해서만 고려하고 '$x\to a^+$'는 단지 $x>a$만을 고려함을 뜻한다. 이 네 가지 경우에 대한 예가 그림 1.11에 주어져 있다.

예제 5 $\lim_{x\to 3^+}\frac{2}{x-3}$와 $\lim_{x\to 3^-}\frac{2}{x-3}$를 구하여라.

풀이 x가 3에 접근하지만 3보다 크다면 분모 $x-3$은 작은 양수이며 따라서 $\frac{2}{x-3}$은 큰 양수이다. 따라서 직관적으로

$$\lim_{x\to 3^+}\frac{2}{x-3}=\infty$$

임을 안다.

마찬가지로 x가 3에 접근하지만 3보다 작으면 $x-3$은 작은 음수이며 따라서 $\frac{2}{x-3}$은 수치적으로 큰 음수이다. 따라서

$$\lim_{x\to 3^-}\frac{2}{x-3}=-\infty$$

이다. ◀

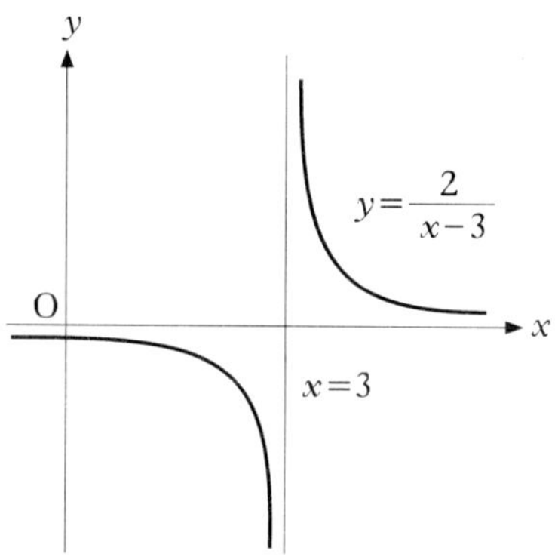

그림 1.12

그림 1.12에서 알 수 있듯이 x를 충분히 크게 잡으면 잡을수록 $\frac{2}{x-3}$의 값은 0에 가까이 접근한다. 이러한 뜻에서 x가 한없이 커질 때 $\frac{2}{x-3}$의 극한값은 0이라 말하고 이를 $\lim_{x\to\infty}\frac{3}{x-2}=0$으로 나타낸다.

정의 1.10

x를 충분히 크게 선택할수록 $f(x)$의 값이 L에 가까이 접근하거나 L일 때 이를 'x가 양의 무한대일 때 $f(x)$의 극한은 L이다' 이라 하고 다음과 같이 나타낸다.

$$x\to\infty \text{ 일 때 } f(x)\to L,$$

또는

$$\lim_{x\to\infty} f(x)=L$$

또한 x를 음의 방향으로 그 절대값을 크게 선택할수록 $f(x)$의 값이 L에 가까이 접근하거나 L일 때 이를 'x가 음의 무한대일 때 $f(x)$의 극한은 L이다'이라 하고 다음과 같이 나타낸다.

$$x\to-\infty \text{ 일 때 } f(x)\to L,$$

또는

$$\lim_{x\to-\infty} f(x)=L$$

예제 6 $\lim_{x\to\infty}\frac{2}{x-3}=0$이고 $\lim_{x\to-\infty}\frac{2}{x-3}=0$이다(그림 1.12 참조).

정리 1.3

$\lim_{x\to a}f(x)=L$, $\lim_{x\to a}g(x)=M$이라 하고 c를 상수라 두면

(1) $\lim_{x\to a}[f(x)+g(x)]=\lim_{x\to a}f(x)+\lim_{x\to a}g(x)=L+M$

(2) $\lim_{x\to a}[cf(x)]=c\lim_{x\to a}f(x)=cL$

(3) $\lim_{x\to a}[f(x)g(x)]=\lim_{x\to a}f(x)\lim_{x\to a}g(x)=LM$

(4) $\lim_{x\to a}\dfrac{f(x)}{g(x)}=\dfrac{\lim_{x\to a}f(x)}{\lim_{x\to a}g(x)}=\dfrac{L}{M}$ (단, $M\neq 0$)

(5) $\lim_{x\to a}[f(x)]^n=[\lim_{x\to a}f(x)]^n=L^n$

(6) $\lim_{x\to a}\sqrt[n]{f(x)}=\sqrt[n]{\lim_{x\to a}f(x)}=\sqrt[n]{L}$ (단, n이 짝수일 때는 $L\geq 0$)

예제 7 다음 극한값을 구하여라.

(1) $\lim_{x\to 2}(5x^5-13x^2+10)$

(2) $\lim_{x\to -3}\dfrac{\sqrt{x^2-2}}{3x^3-17}$

(3) $\lim_{x\to 2}\dfrac{x^3+3x+2}{2x}$

(4) $\lim_{x\to 1}\sqrt{4x-1}$

풀이 (1) $\lim_{x\to 2}(5x^5-13x^2+10)=\lim_{x\to 2}(5x^5)+\lim_{x\to 2}(-13x^2)+\lim_{x\to 2}10$

$$=5\lim_{x\to 2}x^5-13\lim_{x\to 2}x^2+\lim_{x\to 2}10$$

$$=5(\lim_{x\to 2}x)^5-13(\lim_{x\to 2}x)^2+\lim_{x\to 2}10$$

$$=5(2)^5-13(2)^2+10$$

$$=160-52+10=118$$

(2) $$\lim_{x\to-3}\frac{\sqrt{x^2-2}}{3x^3-17}=\frac{\lim_{x\to-3}\sqrt{x^2-2}}{\lim_{x\to-3}3x^3-17}$$

$$=\frac{\sqrt{\lim_{x\to-3}(x^2-2)}}{\lim_{x\to-3}3x^3-\lim_{x\to-3}17}$$

$$=\frac{\sqrt{\lim_{x\to-3}x^2-\lim_{x\to-3}2}}{3\lim_{x\to-3}x^3-\lim_{x\to-3}17}$$

$$=\frac{\sqrt{(-3)^2-2}}{3(-3)^3-17}$$

$$=-\frac{\sqrt{7}}{98}$$

(3) $$\lim_{x\to2}\frac{x^3+3x+2}{2x}=\frac{\lim_{x\to2}x^3+\lim_{x\to2}3x+\lim_{x\to2}2}{2\lim_{x\to2}x}$$

$$=\frac{(\lim_{x\to2}x)^3+3\lim_{x\to2}x+\lim_{x\to2}2}{2\lim_{x\to2}x}$$

$$=\frac{2^3+3\cdot2+2}{2\cdot2}$$

$$=\frac{8+6+2}{4}$$

$$=4$$

(4) $$1\lim_{x\to1}\sqrt{4x-1}=\sqrt{\lim_{x\to1}4x-\lim_{x\to1}1}$$

$$=\sqrt{4\lim_{x\to1}x-\lim_{x\to1}1}\ \sqrt{4-1}$$

$$=\sqrt{3}$$

◀

정리 1.4

$$\lim_{x\to 0}\frac{\sin x}{x}=1$$

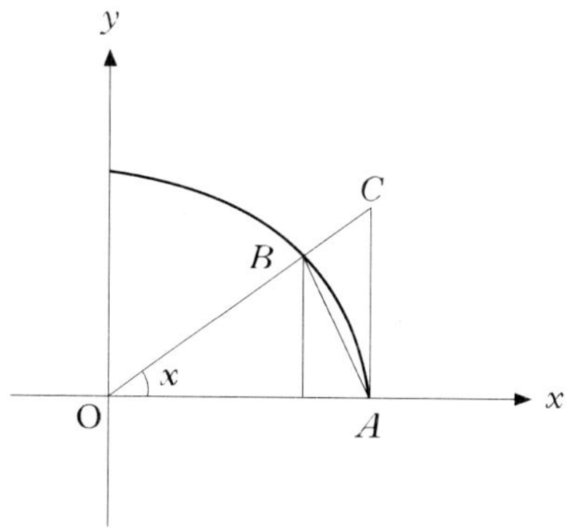

그림 1.13

증명 (i) $0<x<\frac{\pi}{2}$일 때

중심각이 x라디안이고 반지름의 길이가 r인 부채꼴 OAB의 A에서의 접선과 $\overline{OB}$의 연장과의 교점을 C라고 하면

$\triangle$OAB의 넓이 〈 부채꼴 OAB의 넓이 〈 $\triangle$OAC의 넓이

이므로

$$\frac{1}{2}r^2\sin x<\frac{1}{2}r^2x<\frac{1}{2}r^2\tan x$$

이다.

$$\sin x<x<\tan x$$

에서 양변을 $\sin x$로 나누면

$$1<\frac{x}{\sin x}<\frac{1}{\cos x}$$

이고 양변에 역수를 취하면

$$\cos x<\frac{\sin x}{x}<1$$

이다. 여기서 $\lim_{x\to 0^+}\cos x = 1$이므로 $\lim_{x\to 0^+}\frac{\sin x}{x} = 1$이다.

(ii) $-\frac{\pi}{2} < x < 0$일 때

$x = -\theta(\theta > 0)$라 하면 $x\to 0^-$일 때 $\theta\to 0^+$가 된다.

$$\lim_{x\to 0^-}\frac{\sin x}{x} = \lim_{\theta\to 0^+}\frac{\sin(-\theta)}{-\theta} = \lim_{\theta\to 0^+}\frac{\sin\theta}{\theta} = 1$$

(i), (ii)에서 $\lim_{x\to 0}\frac{\sin x}{x} = 1$이다. ■

예제 8 $\lim_{x\to 0}\frac{\sin 3x}{\sin 5x}$를 구하여라.

풀이 $x \neq 0$이면

$$\frac{\sin 3x}{\sin 5x} = \frac{3\left(\frac{\sin 3x}{3x}\right)}{5\left(\frac{\sin 5x}{5x}\right)}$$

따라서

$$\lim_{x\to 0}\frac{\sin 3x}{\sin 5x} = \frac{3\lim_{x\to 0}\left(\frac{\sin 3x}{3x}\right)}{5\lim_{x\to 0}\left(\frac{\sin 5x}{5x}\right)} = \frac{3\cdot 1}{5\cdot 1} = \frac{3}{5}$$ ◀

예제 9 다음 극한값을 구하여라.

(1) $\lim_{x\to 0}\frac{\tan ax}{\sin bx}$ $(a,\ b \neq 0)$

(2) $\lim_{x\to 0}\frac{\sin(\sin x)}{x}$

(3) $\lim_{x\to 0}\frac{1-\cos kx}{x^2}$

(4) $\lim_{x\to \infty} x\sin\frac{m}{x}$

풀이 (1) $\lim_{x\to0}\frac{\tan ax}{\sin bx}=\lim_{x\to0}\left(\frac{\tan ax}{ax}\right)\left(\frac{bx}{\sin bx}\right)\cdot\frac{a}{b}$

그런데

$$\begin{aligned}\lim_{x\to0}\frac{\tan x}{x}&=\lim_{x\to0}\left(\frac{\sin x}{x}\cdot\frac{1}{\cos x}\right)\\&=\lim_{x\to0}\frac{\sin x}{x}\cdot\lim_{x\to0}\frac{1}{\cos x}\\&=1\cdot1\\&=1\end{aligned}$$

그러므로 $\lim_{x\to0}\frac{\tan ax}{ax}=1$이고 또한 $\lim_{x\to0}\frac{bx}{\sin bx}=1$이므로

$$\lim_{x\to0}\frac{\tan ax}{\sin bx}=\lim_{x\to0}\left(\frac{\tan ax}{ax}\right)\left(\frac{bx}{\sin bx}\right)\cdot\frac{a}{b}=\frac{a}{b}$$

(2) $\lim_{x\to0}\frac{\sin(\sin x)}{x}=\lim_{x\to0}\left(\frac{\sin(\sin x)}{\sin x}\cdot\frac{\sin x}{x}\right)$

$\sin x=t$라 하면 $x\to0$일 때 $t\to0$이므로

$$\lim_{x\to0}\frac{\sin(\sin x)}{\sin x}=\lim_{t\to0}\frac{\sin t}{t}=1$$

이다. 그러므로

$$\lim_{x\to0}\frac{\sin(\sin x)}{x}=1\cdot1=1$$

(3) $$\begin{aligned}\lim_{x\to0}\frac{1-\cos kx}{x^2}&=\lim_{x\to0}\frac{1-\cos^2 kx}{x^2(1+\cos kx)}\\&=\lim_{x\to0}\frac{\sin^2 kx}{x^2(1+\cos kx)}\\&=\lim_{x\to0}\left(\left(\frac{\sin kx}{kx}\right)^2\cdot\frac{1}{1+\cos kx}\cdot k^2\right)\\&=1\cdot\frac{1}{2}k^2\\&=\frac{k^2}{2}\end{aligned}$$

(4) $\frac{1}{x}=\theta$라 하면, $x\to\infty$일 때 $\theta\to 0$이 된다. 그러므로

$$\lim_{x\to\infty} x\sin\frac{m}{x}=\lim_{\theta\to 0}\frac{1}{\theta}\cdot\sin\theta m=\lim_{\theta\to 0} m\cdot\frac{\sin m\theta}{m\theta}=m$$ ◀

정리 1.5

극한값 $\lim_{x\to\pm\infty}\left(1+\frac{1}{x}\right)^{x}=e$는 존재한다.

예제 10 $\lim_{x\to 0}(1+x)^{\frac{1}{x}}=e$임을 보여라.

증명 $x=\frac{1}{z}$이라 하면, $x\to 0$일 때 $z\to\pm\infty$이므로

$$\lim_{x\to 0}(1+x)^{\frac{1}{x}}=\lim_{z\to\pm\infty}\left(1+\frac{1}{z}\right)^{z}=e$$

이다. ■

예제 11 다음 등식이 성립함을 증명하여라.

(1) $\lim_{x\to 0}\frac{\ln(1+x)}{x}=1$

(2) $\lim_{x\to 0}\frac{e^{x}-1}{x}=1$

(3) $\lim_{x\to 1}x^{\frac{1}{1-x}}=\frac{1}{e}$

(4) $\lim_{x\to 0}(1+ax)^{\frac{1}{x}}=e^{a}$

증명 (1) $\lim_{x\to 0}\frac{\ln(1+x)}{x}=\lim_{x\to 0}\frac{1}{x}\ln(1+x)=\lim_{x\to 0}\ln(1+x)^{\frac{1}{x}}=\ln e=1$

(2) $e^{x}-1=t$라 두면 $x=\ln(1+t)$이고, $x\to 0$일 때 $t\to 0$이 된다.

$$\lim_{x\to0}\frac{e^x-1}{x}=\lim_{t\to0}\frac{t}{\ln(1+t)}=\lim_{t\to0}\frac{1}{\frac{1}{t}\ln(1+t)}=\lim_{t\to0}\frac{1}{\ln(1+t)^{\frac{1}{t}}}=\frac{1}{\ln e}=1$$

(3) 여기서 $1-x=-t$라 하면, $x\to1$일 때 $t\to0$이므로

$$\lim_{x\to1}x^{\frac{1}{1-x}}=\lim_{t\to0}(1+t)^{-\frac{1}{t}}=\{\lim_{t\to0}(1+t)^{\frac{1}{t}}\}^{-1}=e^{-1}=\frac{1}{e}$$

(4) $ax=z$라 하면, $x\to0$일 때 $z\to0$이 된다.

$$\lim_{x\to0}(1+ax)^{\frac{1}{x}}=\lim_{z\to0}(1+z)^{\frac{a}{z}}=\lim_{z\to0}\{(1+z)^{\frac{1}{z}}\}^a=e^a$$ ■

연습문제 1.2

1. 다음 극한값을 구하여라.

(1) $\lim_{x\to0}\frac{3x^2-4x}{x^2-2x}$

(2) $\lim_{x\to2}\frac{x-2}{x^2-3x+2}$

(3) $\lim_{h\to0}\frac{(a+h)^2-a^2}{h}$

(4) $\lim_{h\to0}\frac{\sqrt{x+h}-\sqrt{x}}{h}$

(5) $\lim_{h\to0}\frac{1}{h}\left(\frac{1}{a+h}-\frac{1}{a}\right)$

(6) $\lim_{x\to0}\frac{2-\sqrt{4-x}}{x}$

(7) $\lim_{x\to\infty}(\sqrt{x^2+x+1}-x+1)$

(8) $\lim_{x\to\infty}\frac{x^2-2x+5}{2x^2-7}$

(9) $\lim_{x\to0}\frac{\ln(1+ax)}{x}$

(10) $\lim_{x\to0^+}\frac{\sin x}{\sqrt{x}}$

(11) $\lim_{x\to0}\left(\frac{2}{\sin^2x}-\frac{1}{1-\cos x}\right)$

(12) $\lim_{x\to0}\frac{\cos ax-\cos bx}{x\sin x}(a\neq b)$

2. $\lim_{x\to1}\frac{a\sqrt{x+1}-b}{x-1}=\sqrt{2}$를 만족하는 a, b를 구하여라.

1.3 함수의 연속

직관적으로 볼 때 함수 $f(x)$가 어느 구간에서 연속이라고 하는 것은 그 구간의 모든 점에서 연결되어 있음을 의미한다. 그러나 우리는 연속의 정의를 명확히 내릴 필요가 있다. 다음 3개의 함수를 조사해 보자.

(a) 함수 $f(x)$는 $x=1$에서 $f(x)$의 값이 정의되어 있지 않으므로 $f(x)$의 그래프는 점 $(1, 2)$에서 끊겨져 있다.

(b) 함수 $g(x)$는 $x=1$에서 $g(x)$의 값이 정의되어 있으나 $\lim_{x\to1} g(x)$가 존재하지 않으므로 $x=1$에서 끊겨져 있다.

(c) 함수 $h(x)$는 $x=1$에서 $h(x)$의 값도 정의되어 있고 $\lim_{x\to1} h(x)$도 정의되어 있으나 $\lim_{x\to1} h(x) \neq h(1)$이기 때문에 $x=1$에서 끊겨져 있다.

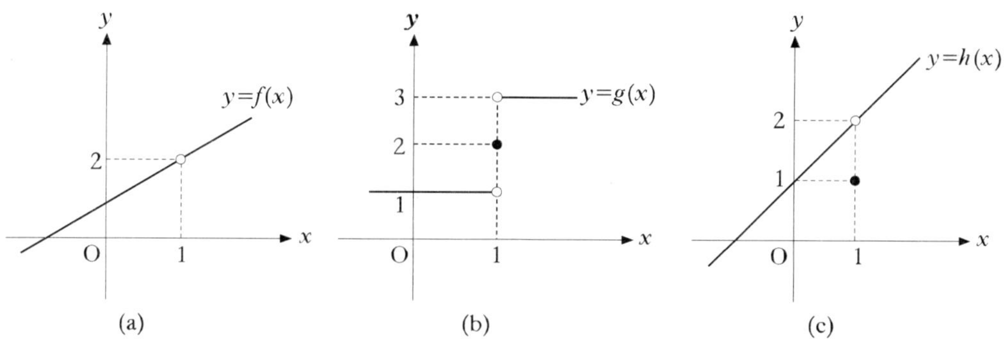

그림 1.14

위의 사실로부터 함수 $f(x)$의 $x=a$에서의 연속성에 대한 개념을 얻을 수 있다. 즉 함수의 연속성에 대한 직관적인 정의는 다음과 같다.

정의 1.11

함수 $f(x)$가 다음 세 조건을 모두 만족하면 $f(x)$는 $x=a$에서 **연속**(continuous)이라고 한다.

(1) $f(a)$가 존재한다.

(2) $\lim_{x \to a} f(x)$가 존재한다.

(3) $\lim_{x \to a} f(x) = f(a)$

함수 $f(x)$가 어느 구간에 속하는 모든 점에서 연속일 때 $f(x)$는 그 구간에서 연속 또는 그 구간에서 **연속함수**(continuous function)라 하고, 함수 $f(x)$가 $x=a$에서 연속이 아닐 때 $f(x)$는 $x=a$에서 **불연속**(discontinuous)이라고 한다.

예제 1 다음 함수의 연속성을 조사하여라.

(1) $f(x) = 3x^2$

(2) $f(x) = \dfrac{x^2-1}{x-1}$

풀이 (1) 임의의 실수 a에 대하여

$$\lim_{x \to a} f(x) = \lim_{x \to a} 3x^2 = 3a^2 = f(a)$$

이므로 주어진 함수 $(-\infty,\ \infty)$에서 연속이다.

(2) $f(1)$이 존재하지 않으므로 $x=1$에서 불연속이고 그 외의 점에서는 연속이다.

◀

정리 1.6

두 함수 $f(x)$와 $g(x)$가 $x=a$에서 연속이면

(1) $f(x) \pm g(x)$

(2) $f(x) \cdot g(x)$

(3) $\dfrac{f(x)}{g(x)}$(단, $g(a) \neq 0$)

도 $x=a$에서 연속이다.

증명 (1) $h(x) = f(x) + g(x)$라 하면

$$\begin{aligned}\lim_{x \to a} h(a) &= \lim_{x \to a}[f(x) + g(x)] \\ &= \lim_{x \to a} f(x) + \lim_{x \to a} g(x) \\ &= f(a) + g(a) \\ &= h(a)\end{aligned}$$

(2), (3)도 마찬가지로 증명한다. ■

정리 1.7

$y = f(u)$, $u = g(x)$일 때 $g(x)$가 $x = a$에서 연속이고 함수 $f(u)$가 $u = g(a)$에서 연속이면, 합성함수 $f \circ g$도 $x = a$에서 연속이다.

예제 2 $f(x) = \sin^2 x$로 정의되는 함수 f는 $(-\infty, \infty)$에서 연속임을 보여라.

증명 $f(u) = u^2$은 $(-\infty, \infty)$에서 연속이고 $u = \sin x$도 $(-\infty, \infty)$에서 연속이다. 따라서 합성함수 $f(x) = \sin^2 x$도 $(-\infty, \infty)$에서 연속이다. ■

정리 1.8 (중간값의 정리)

함수 $f(x)$가 $[a, b]$에서 연속이고 $f(a) < k < f(b)$라고 하면, 개구간 (a, b)에 적어도 하나의 c가 존재하여 $f(c) = k$를 만족한다.

예제 3 방정식 $2x^2 - 8x + 4 = 0$은 구간 $(0, 1)$에서 적어도 하나의 실근을 가짐을 밝혀라.

풀이 $f(x) = 2x^2 - 8x + 4$라고 하면 함수 f는 $[0, 1]$에서 연속이고

$$f(0) = 4 > 0,\ f(1) = -2 < 0$$

이다. 중간값의 정리에 의하여 $f(c)=0$이 되는 c가 개구간 $(0,\ 1)$에 적어도 하나 존재한다. 이 c가 주어진 방정식의 실근이다. ◀

정리 1.9 (최대, 최솟값의 정리)

함수 $f(x)$가 $[a,\ b]$에서 연속이면 함수 $f(x)$는 그 구간에서 반드시 최대값, 최소값을 가진다.

연습문제 1.3

1. 다음 각 함수는 x의 어떠한 값에서 불연속이 되는가?

(1) $f(x)=\dfrac{x}{x^2-1}$ (2) $f(x)=\dfrac{1+\cos x}{\sin x}$

2. 다음 함수의 연속성을 조사하여라.

(1) $f(x)=\begin{cases}\dfrac{x^2-4}{x-2} & (x\neq 2)\\ 4 & (x=2)\end{cases}$

(2) $f(x)=\begin{cases}x\cdot\sin\dfrac{1}{x} & (x\neq 0)\\ 0 & (x=0)\end{cases}$

3. $f(x)=x^2+\dfrac{x^2}{1+x^2}+\dfrac{x^2}{(1+x^2)^2}+\cdots+\dfrac{x^2}{(1+x^2)^n}+\cdots$은 $x=0$에서 불연속임을 증명하여라.

4. $f(x)=\displaystyle\lim_{n\to\infty}\frac{x^{2n-1}+ax^2+bx}{x^{2n}+1}$ 일 때 $f(x)$가 모든 x의 값에 대하여 연속이 되도록 상수 $a,\ b$값을 정하여라.

Chapter 2

도함수

2.1 도함수의 정의

함수 $y=f(x)$에서 x의 값이 한 점 $x=a$에서 $x=a+h$까지 변할 때 y의 값은 $f(a)$에서 $f(a+h)$까지 변한다. 이 때 h를 a로부터의 x의 증분이라 하고 Δx로 표시한다. 그리고 $f(a+\Delta x)-f(a)$를 Δx에 따른 y의 증분이라 하고 Δy로 표시한다. 이때

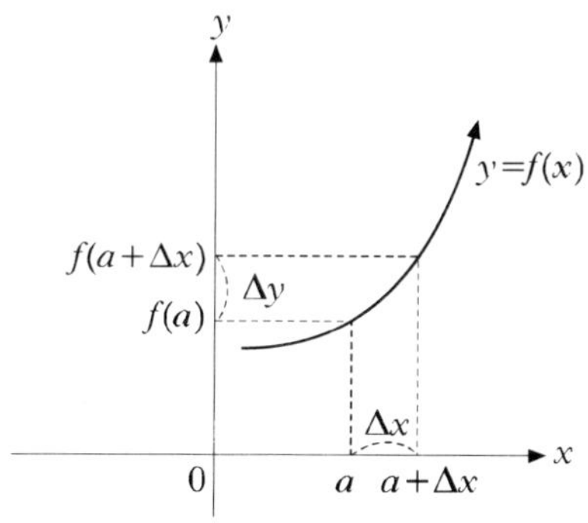

그림 2.1

$$\frac{\Delta y}{\Delta x} = \frac{f(a+\Delta x) - f(a)}{\Delta x} \tag{1}$$

를 a에서 $a+\Delta x$까지의 $f(x)$의 **평균변화율**(average rate of change)이라고 한다.

예제 1 함수 $f(x) = x^2 - 7x + 11$에서 x가 2로부터 2.5까지 변할 때 $f(x)$의 평균변화율을 구하여라.

풀이 $a = 2$이고 $\Delta x = 0.5$이므로

$$\frac{\Delta y}{\Delta x} = \frac{f(2+0.5) - f(2)}{0.5}$$

$$= \frac{(2+0.5)^2 - 7(2+0.5) + 11 - (2^2 - 7.2 + 11)}{0.5}$$

$$= -2.5$$ ◀

정의 2.1

함수 $f(x)$가 $x = a$의 근방에서 정의되고 다음의 극한

$$\lim_{\Delta x \to 0} \frac{f(a+\Delta x) - f(a)}{\Delta x}$$

이 존재하면, 이 값을 a에서 함수 f의 **미분계수**(differential coefficient)라 하고 $f'(a)$로 나타낸다. $f'(a)$가 존재할 때 $f(x)$는 $x = a$에서 **미분가능**(differentiable)하다 라고 말한다.

예제 2 함수 $f(x) = x^2$에서 $f'(2)$를 구하여라.

풀이 $f'(2) = \lim_{\Delta x \to 0} \frac{f(2+\Delta x) - f(2)}{\Delta x} = \lim_{\Delta x \to 0} \frac{(2+\Delta x)^2 - 2^2}{\Delta x}$

$$= \lim_{\Delta x \to 0} \frac{4\Delta x + (\Delta x)^2}{\Delta x}$$

$$= 4$$

(1)식에서 $a+\Delta x = x$라고 놓으면

$$f'(a) = \lim_{\Delta x \to 0} \frac{f(a+\Delta x)-f(a)}{\Delta x} = \lim_{x \to a} \frac{f(x)-f(a)}{x-a} \qquad (2)$$

라고 쓸 수 있다. ◀

정의 2.2

함수 $f(x)$가 $K \subset \mathrm{R}$의 모든 점에서 미분가능이라 하자. 임의의 $x \in K$에 대하여

$$f'(x) = \lim_{\Delta x \to 0} \frac{f(x+\Delta x)-f(x)}{\Delta x}$$

로 정의된 함수 $f' : K \to \mathrm{R}$을 f의 **도함수**(derivative)라고 한다.

도함수를 표시하는 데에는 $f'(x)$, y', $\dfrac{dy}{dx}$, $\dfrac{df(x)}{dx}$, $D_x f(x)$ 등의 기호로 쓴다. 주어진 함수의 도함수를 구하는 것을 그 함수를 **미분**(differential)한다고 말하고, 여러 가지 함수를 미분하는 것을 **미분법**(differential calculus)이라고 한다.

예제 3 다음 각 함수의 도함수를 도함수의 정의에 의하여 구하여라.

(1) $f(x) = x^2 + 2x$ (2) $f(x) = \sqrt{x}\,(x>0)$ (3) $f(x) = \dfrac{1}{x^2}(x \neq 0)$

풀이 (1)

$$\begin{aligned} f'(x) &= \lim_{\Delta x \to 0} \frac{f(x+\Delta x)-f(x)}{\Delta x} \\ &= \lim_{\Delta x \to 0} \frac{(x+\Delta x)^2 + 2(x+\Delta x) - (x^2+2x)}{\Delta x} \\ &= \lim_{\Delta x \to 0} \frac{x^2 + 2x\Delta x + (\Delta x)^2 + 2x + 2\Delta x - x^2 - 2x}{\Delta x} \\ &= \lim_{\Delta x \to 0} \frac{2x\Delta x + (\Delta x)^2 + 2\Delta x}{\Delta x} \\ &= \lim_{\Delta x \to 0} (2x + \Delta x + 2) \\ &= 2x + 2 \end{aligned}$$

(2) $f'(x)=\lim\limits_{\Delta x\to 0}\dfrac{f(x+\Delta x)-f(x)}{\Delta x}$

$$=\lim_{\Delta x\to 0}\frac{\sqrt{x+\Delta x}-\sqrt{x}}{\Delta x}$$

$$=\lim_{\Delta x\to 0}\frac{(\sqrt{x+\Delta x}-\sqrt{x})(\sqrt{x+\Delta x}+\sqrt{x})}{\Delta x(\sqrt{x+\Delta x}+\sqrt{x}}$$

$$=\lim_{\Delta x\to 0}\frac{\Delta x}{\Delta x(\sqrt{x+\Delta x}+\sqrt{x}}$$

$$=\lim_{\Delta x\to 0}\frac{1}{\sqrt{x+\Delta x}+\sqrt{x}}$$

$$=\frac{1}{2\sqrt{x}}$$

(3) $f'(x)=\lim\limits_{\Delta x\to 0}\dfrac{f(x+\Delta x)-f(x)}{\Delta x}$

$$=\lim_{\Delta x\to 0}\frac{\dfrac{1}{(x+\Delta x)^2}-\dfrac{1}{x^2}}{\Delta x}$$

$$=\lim_{\Delta x\to 0}\frac{1}{\Delta x}\cdot\frac{-2x\Delta x-(\Delta x)^2}{x^2(x+\Delta x)^2}$$

$$=\lim_{\Delta x\to 0}\frac{-2x-\Delta x}{x^2(x+\Delta x)^2}$$

$$=\frac{-2x}{x^4}$$

$$=-\frac{2}{x^3}$$

◀

▶ 미분계수의 기하학적 의미

$y=f(x)$가 정의구역 안의 각 점에서 미분가능하다고 하자. 이 함수 $y=f(x)$의 그래프를 그리고 $x=a$, $x=a+\Delta x$에 대응하는 곡선상의 점을 그림 2.2와 같이 각각 P, Q라고 하고, 또 P, Q에서 x축에 내린 수선의 발을 M, N이라고 하면 $f(a)=MP$, $f(a+\Delta x)=NQ$이다. 또 P에서 NQ에 내린 수선의 발을 R이라고 하면

$RQ = f(a+\Delta x) - f(a) = \Delta y$이므로 $\dfrac{\Delta y}{\Delta x} = \dfrac{RQ}{MN} = \tan\angle RPQ$. 여기서 $\Delta x \to 0$이면 N은 M에 가까이 가고 Q는 P에 가까이 가며, 직선 PQ는 P에 있어서의 접선 PT에 가까이 가므로, $\angle RPQ$는 접선 PT가 x축의 양의 방향과 이루는 각 α에 가까이 간다. 그러므로

$$f'(a) = \lim_{\Delta x \to 0} \frac{f(a+\Delta x) - f(a)}{\Delta x} = \tan\alpha$$

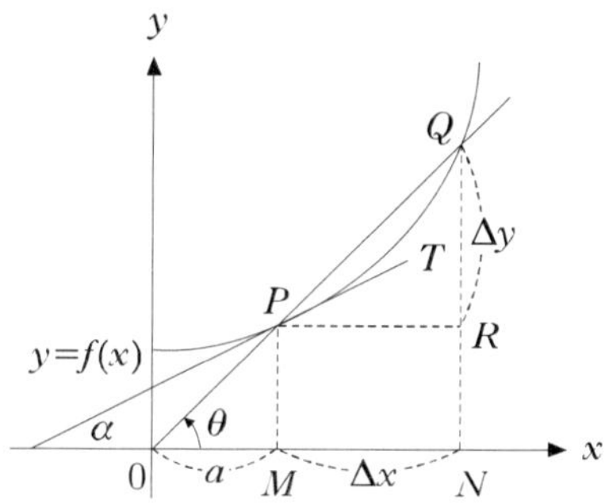

그림 2.2

이고, 따라서 $f'(a)$는 곡선 $y = f(x)$ 위의 점 $(a,\ f(a))$에 있어서의 접선의 기울기이다. 그러므로 점 $(a,\ f(a))$에서의 접선의 방정식은

$$y - f(a) = f'(a)(x-a) \tag{3}$$

이고, 법선의 방정식은 $f'(a) \neq 0$이면 다음과 같다.

$$y - f(a) = \frac{-1}{f'(a)}(x-a) \tag{4}$$

예제 4 $f(x) = \sqrt{x}$ 위의 점 (9, 3)에서의 접선 및 법선의 방정식을 구하여라.

풀이 $f'(x) = \dfrac{1}{2\sqrt{x}}$이므로, 점 (9, 3)에 있어서의 접선의 기울기는 $\dfrac{1}{2\sqrt{9}} = \dfrac{1}{6}$이고 법선의 기울기는 -6이다. 따라서 접선의 방정식은 $y-3 = \dfrac{1}{6}(x-9)$에서 $x - 6y + 9 = 0$, 법선의 방정식은 $y - 3 = -6(x-9)$에서 $6x - y - 57 = 0$이다.

앞에서 함수의 우극한과 좌극한에 대해서 공부하였다. 도함수에서도 유사한 방법으로 우도함수와 좌도함수를 다음과 같이 정의한다.

정의 2.3

함수 $f(x)$에 대하여 $\lim_{\Delta x \to 0^+} \frac{f(x+\Delta x)-f(x)}{\Delta x}$와 $\lim_{\Delta x \to 0^-} \frac{f(x+\Delta x)-f(x)}{\Delta x}$를 각각 함수 $f(x)$의 우도함수와 좌도함수라고 한다. 물론 이 두 값이 일치할 때 $f(x)$는 미분가능하게 된다.

예제 5 함수 $f(x)=|x|$의 $x=0$에서의 우도함수와 좌도함수를 구하여라.

풀이

$$\lim_{\Delta x \to 0^+} \frac{f(x+\Delta x)-f(x)}{\Delta x} = \lim_{\Delta x \to 0^+} \frac{f(0+\Delta x)-f(0)}{\Delta x} = \lim_{\Delta x \to 0^+} \frac{|\Delta x|}{\Delta x} = \lim_{\Delta x \to 0^+} \frac{\Delta x}{\Delta x} = 1$$

$$\lim_{\Delta x \to 0^-} \frac{f(x+\Delta x)-f(x)}{\Delta x} = \lim_{\Delta x \to 0^-} \frac{f(0+\Delta x)-f(0)}{\Delta x} = \lim_{\Delta x \to 0^-} \frac{|\Delta x|}{\Delta x} = \lim_{\Delta x \to 0^-} \frac{-\Delta x}{\Delta x} = -1$$

이므로 $x=0$에서의 우도함수는 1이고, 좌도함수는 -1이다. ◀

이 경우 $f'(0)=\lim_{\Delta x \to 0} \frac{f(0+\Delta x)-f(0)}{\Delta x}$은 존재하지 않으므로 $f(x)=|x|$는 $x=0$에서 미분가능하지 않다.

정리 2.1

함수 $f(x)$가 $x=a$에서 미분가능이면 $x=a$에서 연속이다.

증명 $f(x)$가 $x=a$에서 연속임을 보이기 위하여 $\lim_{x\to a}f(x)=f(a)$이 성립함을 보이자.

$x\neq a$에 대하여

$$\begin{aligned}\lim_{x\to a}f(x)&=\lim_{x\to a}\{f(x)-f(a)+f(a)\}\\&=\lim_{x\to a}\left\{\frac{f(x)-f(a)}{x-a}(x-a)+f(a)\right\}\\&=\lim_{x\to a}\frac{f(x)-f(a)}{x-a}\lim_{x\to a}(x-a)+\lim_{x\to a}f(a)\\&=f'(a)\cdot 0+f(a)\\&=f(a)\end{aligned}$$

가 된다. 따라서 $f(x)$는 $x=a$에서 연속이다. 이 정리의 역은 성립하지 않는다. ■

예제 6 함수 $f(x)=\sqrt[3]{x^2}$ 은 $x=0$에서 연속이지만 미분불가능임을 보여라.

풀이 $\lim_{x\to 0}f(x)=\lim_{x\to 0}\sqrt[3]{x^2}=0=f(0)$이므로 $x=0$에서 연속이다.

$$\begin{aligned}\lim_{x\to 0^+}\frac{f(x)-f(0)}{x-0}&=\lim_{x\to 0^+}\frac{\sqrt[3]{x^2}-0}{x-0}\\&=\lim_{x\to 0^+}\frac{1}{\sqrt[3]{x}}=\infty\end{aligned}$$

$$\begin{aligned}\lim_{x\to 0^-}\frac{f(x)-f(0)}{x-0}&=\lim_{x\to 0^-}\frac{\sqrt[3]{x^2}-0}{x-0}\\&=\lim_{x\to 0^-}\frac{1}{\sqrt[3]{x}}=-\infty\end{aligned}$$

이므로 $f'(0)$가 존재하지 않으므로 $f(x)$는 $x=0$에서 미분불가능이다. ◀

연습문제 2.1

1. $f(x)=x^2-x$일 때 미분계수의 정의에 의하여 $f'(0)$, $f'(2)$를 구하여라.

2. $f(x)=|\sin x|$ (단 $-2\pi<x<2\pi$)일 때 $x=0$, $x=\pm\pi$에서의 미분계수가 존재하지 않음을 보여라.

3. $f(x)=\sin|x|$일 때 미분계수가 존재하지 않는 점을 구하여라.

4. $f(x)=\tan x$일 때 정의에 따라 $f'(x)$를 구하여라.

5. $y=\tan x$의 점 $\left(\frac{\pi}{4},\ 1\right)$에서의 접선 및 법선의 방정식을 구하여라.

6. $f(x)=\begin{cases} x^2\sin\frac{1}{x}, & (x\neq 0) \\ 0, & (x=0) \end{cases}$ 일 때 $f'(0)=0$임을 보여라.

7. $f(x)=\begin{cases} x^{\frac{2}{3}}\sin\frac{1}{x}, & (x\neq 0) \\ 0, & (x=0) \end{cases}$ 일 때 $f(x)$는 $x=0$에서 미분가능함을 보여라.

2.2 미분법

함수를 미분할 때는 도함수의 정의에 의하는 것보다, 여러 공식을 써서 계산하는 것이 편리하다.

정리 2.2

$y=f(x)=c$, c가 상수이면 $y'=0$이다.

증명 임의의 x에 대하여 $f(x)=c$이므로, $f(x+\Delta x)=c$이다. 따라서

$$\begin{aligned} y' &= \lim_{\Delta x \to 0} \frac{f(x+\Delta x)-f(x)}{\Delta x} \\ &= \lim_{\Delta x \to 0} \frac{c-c}{\Delta x} \\ &= 0 \end{aligned}$$

■

예제 1 $f(x)=5$이면 $f'(x)=0$이다.

정리 2.3

$y=x^n$이고, n이 자연수이면 $y'=nx^{n-1}$이다.

증명 $$y' = \lim_{\Delta x \to 0} \frac{f(x+\Delta x)-f(x)}{\Delta x} = \lim_{\Delta x \to 0} \frac{(x+\Delta x)^n - x^n}{\Delta x}$$

$$= \lim_{\Delta x \to 0} \frac{\left(x^n + nx^{n-1}\Delta x + \dfrac{n(n-1)x^{n-2}(\Delta x)^2}{2!} + \cdots + (\Delta x)^n\right) - x^n}{\Delta x}$$

$$= \lim_{\Delta x \to 0} \frac{nx^{n-1}\Delta x + \dfrac{n(n-1)x^{n-2}(\Delta x)^2}{2!} + \cdots + (\Delta x)^n}{\Delta x}$$

$$= \lim_{\Delta x \to 0} \left(nx^{n-1} + \frac{n(n-1)x^{n-2}\Delta x}{2!} + \cdots + (\Delta x)^{n-1} \right)$$

$$= nx^{n-1}$$ ■

예제 2 $f(x) = x^{15}$이면 $f'(x) = 15x^{14}$이다.

정리 2.4

$f(x)$, $g(x)$가 미분가능하고 c가 상수이면

(1) $y = cf(x)$이면 $y' = cf'(x)$

(2) $y = f(x) \pm g(x)$이면 $y' = f'(x) \pm g'(x)$

(3) $y = f(x) \cdot g(x)$이면 $y' = f(x)g'(x) + f'(x)g(x)$

(4) $y = \dfrac{f(x)}{g(x)}(g(x) \neq 0)$이면 $y' = \dfrac{g(x)f'(x) - f(x)g'(x)}{\{g(x)\}^2}$이다.

증명 (1) $y' = \displaystyle\lim_{\Delta x \to 0} \frac{cf(x+\Delta x) - cf(x)}{\Delta x}$

$$= \lim_{\Delta x \to 0} \frac{c\{f(x+\Delta x) - f(x)\}}{\Delta x}$$

$$= c \lim_{\Delta x \to 0} \frac{f(x+\Delta x) - f(x)}{\Delta x}$$

$$= cf'(x)$$

(2) $y' = \displaystyle\lim_{\Delta x \to 0} \frac{f(x+\Delta x) \pm g(x+\Delta x) - \{f(x) \pm g(x)\}}{\Delta x}$

$$= \lim_{\Delta x \to 0} \left\{ \frac{f(x+\Delta x) - f(x)}{\Delta x} \pm \frac{g(x+\Delta x) - g(x)}{\Delta x} \right\}$$

$$= \lim_{\Delta x \to 0} \frac{f(x+\Delta x)-f(x)}{\Delta x} \pm \lim_{\Delta x \to 0} \frac{g(x+\Delta x)-g(x)}{\Delta x}$$

$$= f'(x) \pm g'(x)$$

(3) $$y' = \lim_{\Delta x \to 0} \frac{f(x+\Delta x)g(x+\Delta x)-f(x)g(x)}{\Delta x}$$

$$= \lim_{\Delta x \to 0} \left\{ \frac{f(x+\Delta x)g(x+\Delta x)-f(x+\Delta x)g(x)}{\Delta x} + \frac{f(x+\Delta x)g(x)-f(x)g(x)}{\Delta x} \right\}$$

$$= \lim_{\Delta x \to 0} \left\{ f(x+\Delta x)\frac{g(x+\Delta x)-g(x)}{\Delta x} + g(x) \cdot \frac{f(x+\Delta x)-f(x)}{\Delta x} \right\}$$

$$= \lim_{\Delta x \to 0} f(x+\Delta x) \lim_{\Delta x \to 0} \frac{g(x+\Delta x)-g(x)}{\Delta x} + \lim_{\Delta x \to 0} g(x) \lim_{\Delta x \to 0} \frac{f(x+\Delta x)-f(x)}{\Delta x}$$

$$= f(x)g'(x) + g(x)f'(x)$$

(4) $$y' = \lim_{\Delta x \to 0} \frac{\frac{f(x+\Delta x)}{g(x+\Delta x)} - \frac{f(x)}{g(x)}}{\Delta x}$$

$$= \lim_{\Delta x \to 0} \frac{\frac{f(x+\Delta x)g(x)-f(x)g(x+\Delta x)}{g(x+\Delta x)g(x)}}{\Delta x}$$

$$= \lim_{\Delta x \to 0} \frac{f(x+\Delta x)g(x)-f(x)g(x+\Delta x)}{\Delta x \cdot g(x+\Delta x) \cdot g(x)}$$

$$= \lim_{\Delta x \to 0} \frac{g(x)\frac{f(x+\Delta x)-f(x)}{\Delta x} - f(x)\frac{g(x+\Delta x)-g(x)}{\Delta x}}{g(x+\Delta x)g(x)}$$

$$= \frac{g(x)f'(x)-f(x)g'(x)}{\{g(x)\}^2}$$

■

예제 3 다음 함수들을 미분하여라.

(1) $y = 5x^8$ (2) $y = (x^3 - 1)(x^4 - x^2 + 1)$

(3) $y = \dfrac{3x^4}{1 - 2x}$

풀이 (1) $y' = 40x^7$

(2) $y' = (x^3 - 1)'(x^4 - x^2 + 1) + (x^3 - 1)(x^4 - x^2 + 1)'$

$= 3x^2(x^4 - x^2 + 1) + (x^3 - 1)(4x^3 - 2x)$

$= 7x^6 - 5x^4 - 4x^3 + 3x^2 + 2x$

(3) $y' = \dfrac{(3x^4)'(1-2x) - 3x^4(1-2x)'}{(1-2x)^2}$

$= \dfrac{12x^3(1-2x) - 3x^4(-2)}{(1-2x)^2}$

$= \dfrac{6x^3(2-3x)}{(1-2x)^2}$ ◀

예제 4 $y = x^n$이고 n이 임의의 정수이면 $y' = nx^{n-1}$이다.

증명 $n > 0$인 경우는 정리 3.3에서 증명하였으므로 $n = 0$인 경우와 $n < 0$인 경우를 증명하면 된다.

(1) $n < 0$인 경우

$m = -n$으로 놓으면 $m > 0$이다. 따라서 $x^n = x^{-m} = \dfrac{1}{x^m}$이다.

$$y' = (x^n)' = \left(\frac{1}{x^m}\right)' = \frac{x^m(1)' - 1(x^m)'}{(x^m)^2}$$

$$= \frac{x^m \cdot 0 - mx^{m-1}}{x^{2m}} = \frac{-mx^{m-1}}{x^{2m}}$$

$$= -mx^{-m-1}$$

$$= nx^{n-1}$$

(2) $n=0$인 경우

$y' = (x^0)' = (1)' = 0 = 0 \cdot x^{-1}$

따라서 모든 정수 n에 대하여 $y = x^n$일 때 $y' = nx^{n-1}$이 성립한다. ■

예제 5 $y = x^{-25}$이면 $y' = -25x^{-25-1} = -25x^{-26}$이다.

연습문제 2.2

1. 다음 함수의 도함수를 구하여라.

(1) $y = 2x^3$ (2) $y = \pi x^2$

(3) $y = -3x^{-3}$ (4) $y = \dfrac{3}{5x^5}$

(5) $y = 5x^6 - 3x^5 + 11x - 6$ (6) $y = x(x^2+1)$

(7) $y = (2x+1)^2$ (8) $y = (x^2+17)(x^3-3x+1)$

(9) $y = \dfrac{1}{3x^2+1}$ (10) $y = \dfrac{1}{4x^2-3x+9}$

2. $f(0) = 4$, $f'(0) = -1$, $g(0) = -3$, 그리고 $g'(0) = 5$이다. 다음을 구하여라.

(1) $(f \cdot g)'(0)$ (2) $(f+g)'(0)$ (3) $\left(\dfrac{f}{g}\right)'(0)$

3. $y = \dfrac{1}{x^2+1}$ 위의 점 $\left(1,\ \dfrac{1}{2}\right)$에서의 접선의 방정식을 구하여라.

4. $y = 4x - x^2$의 접선가운데 (2, 5)를 지나는 직선이 2개 있다. 그 방정식을 구하여라.

2.3 합성함수의 미분법

정리 2.5

$y=f(u)$, $u=g(x)$가 미분가능이면 $y=f(g(x))$는 미분가능이고,

$$\frac{dy}{dx}=\frac{dy}{du}\cdot\frac{du}{dx}=f'(u)g'(x)=f'(g(x))g'(x)$$

이다.

증명 $y=f(u)$, $u=g(x)$이므로 $y=f(g(x))$이다. 따라서

$$\frac{dy}{dx}=\lim_{\Delta x\to\infty}\frac{f(g(x+\Delta x))-f(g(x))}{\Delta x}$$

지금 $k=g(x+\Delta x)-g(x)=g(x+\Delta x)-u$라면 $g(x)$는 미분가능이므로 연속이다. 따라서 $\Delta x\to 0$이면 $k\to 0$이다. 그러므로

$$\begin{aligned}\frac{dy}{dx}&=\lim_{\Delta x\to 0}\frac{f(g(x+\Delta x))-f(g(x))}{\Delta x}\\&=\lim_{\Delta x\to 0}\frac{\{f(u+k)-f(u)\}\cdot\{g(x+\Delta x)-g(x)\}}{\Delta x\cdot k}\\&=\lim_{k\to 0}\frac{f(u+k)-f(u)}{k}\cdot\lim_{\Delta x\to 0}\frac{g(x+\Delta x)-g(x)}{\Delta x}\\&=\frac{dy}{du}\cdot\frac{du}{dx}=f'(u)g'(x)=f'(g(x))g'(x)\end{aligned}$$ ■

예제 1 $y=(x^3+3x-5)^8$일 때 $\frac{dy}{dx}$를 구하여라.

풀이 $u=x^3+3x-5$라 두면 $y=u^8$이므로

$$\frac{dy}{dx} = \frac{dy}{du} \cdot \frac{du}{dx} = 8u^7(3x^2+3)$$
$$= 8(x^3+3x-5)^7 \cdot 3(x^2+1)$$
$$= 24(x^3+3x-5)^7(x^2+1)$$

예제 2 $y = \sqrt{3x^2-x+5}$ 일 때 $\frac{dy}{dx}$를 구하여라.

풀이 $u = 3x^2-x+5$라 두면 $y = \sqrt{u}$ 이다. 따라서

$$\frac{dy}{dx} = \frac{dy}{du} \cdot \frac{du}{dx} = \frac{1}{2\sqrt{u}} \cdot (6x-1)$$
$$= \frac{6x-1}{2\sqrt{3x^2-x+5}}$$

◀

예제 3 함수 $g(x)$는 미분가능한 함수이고, n은 정수일 때 $f(x) = (g(x))^n$(단 $n \le 0$ 인 경우는 $g(x) \neq 0$)는 미분가능하며 $f'(x) = n\{g(x)\}^{n-1} \cdot g'(x)$임을 증명하여라.

증명 $u = g(x)$, $h(u) = u^n$이라 하면 $f(x) = h(g(x))$이다. g는 가정에 의하여 미분가능, h도 미분가능하기 때문에 합성함수 $f = h(g(x))$는 미분가능이고

$$f'(x) = h'(u)g'(x)$$
$$= nu^{n-1}g'(x) = n\{g(x)\}^{n-1}g'(x)$$

정리 2.6

미분가능한 함수 $f(x)$의 역함수 $g(x)$는 미분가능하며 $y = f(x)$라 하면 $g'(y) = \frac{1}{f'(x)}$(단 $f'(x) \neq 0$)이다.

증명 역함수의 정의에 따라 $g(f(x))=1x$, 즉 $x=g(y)=g(f(x))$이므로 정리 3.5에 의하여

$$1=\frac{dx}{dx}=\frac{dg}{dy}\cdot\frac{df}{dx}=\frac{dx}{dy}\cdot\frac{dy}{dx}$$

가 된다. 따라서 $\frac{dx}{dy}=\frac{1}{\frac{dy}{dx}}$, 즉

$$g'(y)=\frac{1}{f'(x)}$$ ■

예제 4 $x=\sqrt{y^2+1}$일 때 y'을 구하여라.

풀이 $\frac{dx}{dy}=\frac{y}{\sqrt{y^2+1}}$이므로 $\frac{dy}{dx}=\frac{\sqrt{y^2+1}}{y}$ ◀

두 개의 변수 x, y가 동시에 다른 한 개의 변수 t의 함수가 되어 $x=f(t)$, $y=g(t)$로 표현되는 경우, 일반적으로 y는 t를 매개로 하는 x의 함수라고 할 수 있다.

정리 2.7

$x=f(t)$, $y=g(t)$가 미분가능하고, 역함수 $t=h(x)$가 존재하고 미분가능이고 $f'(t)\neq 0$이면

$$\frac{dy}{dx}=\frac{\frac{dy}{dt}}{\frac{dx}{dt}}=\frac{g'(t)}{f'(t)}$$

증명 $y=g(t)=g(h(x))$라 쓸 수 있고 $f'(t)=\frac{dx}{dt}\neq 0$이고 $h'(x)=\frac{1}{\frac{dx}{dt}}$이므로 합성함수의 미분법에 의하여

$$\frac{dy}{dx}=\frac{dy}{dt}\cdot\frac{dt}{dx}=\frac{\frac{dy}{dt}}{\frac{dx}{dt}}=\frac{g'(t)}{f'(t)}$$

가 된다.

예제 5 $x={}^{3}\sqrt{t}+1$, $y=t^3-t^2+4t+5$일 때 $\frac{dy}{dx}$를 구하여라.

풀이 $\frac{dx}{dt}=\frac{1}{3\sqrt[3]{t^2}}$, $\frac{dy}{dt}=3t^2-2t+4$이므로

$$\frac{dy}{dx}=\frac{\frac{dy}{dt}}{\frac{dx}{dt}}=\frac{3t^2-2t+4}{\frac{1}{3\sqrt[3]{t^2}}}=3\sqrt[3]{t^2}(3t^2-2t+4)$$ ◀

연습문제 2.3

1. 다음 함수에 대한 y'을 구하여라.

(1) $y=(2-9x)^{15}$

(2) $y=(5x^2+2x-8)^5$

(3) $y=(x^3-3x^2+11x)^9$

(4) $y=(3x^4+8x-8)^{-3}$

(5) $y=\frac{1}{(3x^4+x-8)^9}$

(6) $y=\sin(3x^2+11x)$

2. 다음 함수에 대한 y'을 구하여라.

(1) $\begin{cases} y=u^2+6u-2 \\ u=4x^2+8x+1 \end{cases}$

(2) $\begin{cases} y=\frac{1}{1-u} \\ u=\frac{1}{1+x} \end{cases}$

3. 다음 함수에 대한 y'을 구하여라.

(1) $x = \dfrac{y-1}{\sqrt{y}}$

(2) $x = y\sqrt{1+y^3}$

4. 다음 함수에 대한 $\dfrac{dy}{dx}$를 구하여라.

(1) $\begin{cases} x = \dfrac{3at}{1+t^3} \\ y = \dfrac{3at^2}{1+t^3} \end{cases}$

(2) $\begin{cases} x = a(\theta - \sin\theta) \\ y = a(1-\cos\theta) \end{cases} \quad (a > 0)$

2.4 음함수의 미분법

다음의 방정식

$$x^2y - x + y = 0 \tag{1}$$

이 주어졌다고 한다면 y는 x의 함수라고 생각한다. 실제로 이것을 y에 대하여 풀면

$$y = f(x) = \frac{x}{x^2+1} \tag{2}$$

가 되고, $y = f(x)$는 미분가능이다. 그리고 식 (1)의 방정식의 항 x^2y, x, y는 모두 미분가능하기 때문에 양변을 x로 미분하면,

$$2xy + x^2y' - 1 + y' = 0$$

$$y'(x^2+1)=1-2xy, \quad y'=\frac{1-2xy}{x^2+1}$$

가 된다. 이와 같이 계산하면 식 (2)의 형으로 고쳐서 y'를 계산하는 것보다 계산이 용이하다. 또한 식 (1)은 식 (2)의 형으로 변형하기가 간단하였으나, 일반적으로 음함수

$$F(x, y)=0 \tag{3}$$

가 주어질 때 간단히 함수 $y=f(x)$꼴로 반드시 구해진다고는 할 수 없다. $f(x)$가 미분가능하다고 하면 식 (3)을 직접 x로 미분하여, 그 식에서 y'을 구할 수 있다.

예제 1 $x^2-6x+y^2-2y=15$에서 $\dfrac{dy}{dx}$를 구하여라.

풀이 양변을 x로 미분하면

$$2x-6+2y\frac{dy}{dx}-2\frac{dy}{dx}=0$$

따라서,

$$\frac{dy}{dx}=\frac{3-x}{y-1}$$

이다. ◀

예제 2 $x^3+y^3-3xy=0$에서 $\dfrac{dy}{dx}$를 구하여라.

풀이 양변을 x로 미분하면

$$3x^2+3y^2\frac{dy}{dx}-3y-3x\frac{dy}{dx}=0$$

따라서,

$$\frac{dy}{dx}=\frac{y-x^2}{y^2-x}(y^2-x\neq 0)$$

이다. ◀

예제 3 곡선 $4x^2+9y^2=40$ 위의 점 (1, 2)에서의 접선의 기울기를 구하여라.

풀이 음함수의 미분법을 이용하면

$$8x+18y\frac{dy}{dx}=0$$

따라서,

$$\frac{dy}{dx}=\frac{-8x}{18y}=\frac{-4x}{9y}$$

이다. 점 (1, 2)에서

$$\left[\frac{dy}{dx}\right]_{\substack{x=1\\y=2}}=\frac{-4\cdot 1}{9\cdot 2}=-\frac{2}{9}$$

이다. ◀

연습문제 2.4

1. 다음 함수에 대한 $\frac{dy}{dx}$를 구하여라.

(1) $x^2+xy+y^2=0$

(2) $x^3y+x^2+y^2=10$

(3) $y\sin x+x\sin y=\pi$

(4) $y^2=\frac{x-y}{x+y}$

(5) $\sqrt{2x}+\sqrt{3y}-5=0(x>0,\ y>0)$

(6) $x^{\frac{2}{3}}+y^{\frac{2}{3}}=a^{\frac{2}{3}}\,(|x|\le a,\ |y|\le a)$

2. 주어진 점에서 접선의 기울기를 구하여라.

(1) $x^2+y^2=25,\ (-4,\ 3)$

(2) $x^2y=-18,\ (3,\ -2)$

(3) $x^2+4x-y^2=3,\ (2,\ 3)$

(4) $2xy-2x+y+14=0,\ (2,\ -2)$

(5) $xy^2=12,\ (3,\ -2)$

(6) $x^3-2x^2+3y^2-4xy+2x+y-58=0,\ (4,\ -1)$

2.5 삼각함수의 미분법

삼각함수의 미분공식을 유도하기 위하여 극한에서 이미 다루었던 몇 개의 극한값을 이용하도록 한다.

(1) $\lim_{x \to 0} \sin x = 0$ (2) $\lim_{x \to 0} \cos x = 1$ (3) $\lim_{x \to 0} \frac{\sin x}{x} = 1$

정리 2.8

(1) $y = \sin x \Rightarrow y' = \cos x$

(2) $y = \cos x \Rightarrow y' = -\sin x$

(3) $y = \tan x \Rightarrow y' = \sec^2 x$

(4) $y = \cot x \Rightarrow y' = -\operatorname{cosec}^2 x$

(5) $y = \sec x \Rightarrow y' = \sec x \tan x$

(6) $y = \operatorname{cosec} x \Rightarrow y' = -\operatorname{cosec} x \cot x$

증명 (1)

$$y' = \lim_{\Delta x \to 0} \frac{\sin(x + \Delta x) - \sin x}{\Delta x}$$

$$= \lim_{\Delta x \to 0} \frac{2\cos\frac{2x + \Delta x}{2} \cdot \sin\frac{\Delta x}{2}}{\Delta x}$$

$$= \lim_{\Delta x \to 0} \frac{\cos\left(x + \frac{\Delta x}{2}\right) \cdot \sin\frac{\Delta x}{2}}{\frac{\Delta x}{2}}$$

$$= \lim_{\Delta x \to 0}\left(\cos x + \frac{\Delta x}{2}\right) \cdot \lim_{\Delta x \to 0} \frac{\sin\frac{\Delta x}{2}}{\frac{\Delta x}{2}}$$

$$= \cos x \cdot 1 = \cos x$$

(2) $y = \cos x = \sin\left(\frac{\pi}{2} + x\right)$이므로 $y' = \cos\left(\frac{\pi}{2} + x\right) = -\sin x$

(3) $y' = (\tan x)' = \left(\dfrac{\sin x}{\cos x}\right) = \dfrac{\cos x(\sin x)' - \sin x(\cos x)'}{\cos^2 x} = \dfrac{1}{\cos^2 x} = \sec^2 x$

(4) $y' = (\cot x)' = \left(\dfrac{\cos x}{\sin x}\right) = \dfrac{(\cos x)'\sin x - \cos x(\sin x)'}{\sin^2 x}$

$$= \frac{(-\sin x)\sin x - \cos x\cos x}{\sin^2 x} = -\frac{1}{\sin^2 x} = -\operatorname{cosec}^2 x$$

(5) $y' = (\sec x)' = \left(\dfrac{1}{\cos x}\right) = \dfrac{1' \cdot \cos x - 1 \cdot (\cos x)'}{\cos^2 x}$

$$= \frac{1}{\cos x} \cdot \frac{\sin x}{\cos x} = \sec x \cdot \tan x$$

(6) $y' = (\operatorname{cosec} x)' = \left(\dfrac{1}{\sin x}\right) = \dfrac{1' \cdot \sin x - 1 \cdot (\sin x)'}{\sin^2 x}$

$$= \frac{0 \cdot \sin x - 1 \cdot \cos x}{\sin^2 x}$$

$$= -\frac{1}{\sin x} \cdot \frac{\cos x}{\sin x}$$

$$= -\operatorname{cosec} x \cdot \cot x$$ ■

예제 1 $y = x^2\cos x$일 때 y'을 구하여라.

풀이 $y' = (x^2)'\cos x + x^2(\cos x)' = 2x\cos x - x^2\sin x$ ◀

예제 2 $y = \sqrt{1+\sin x}$ 일 때 y'을 구하여라.

풀이 $u = 1 + \sin x$라고 두면, $y = \sqrt{u}$ 이다. 따라서

$$y' = \frac{dy}{du} \cdot \frac{du}{dx} = \frac{1}{2\sqrt{u}}\cos x = \frac{\cos x}{2\sqrt{1+\sin x}}$$ ◀

예제 3 $y = \sin(\cos x)$일 때 y'을 구하여라.

풀이 $u = \cos x$라고 두면 $y = \sin u$이므로

$$y' = \frac{dy}{du} \cdot \frac{du}{dx} = (\cos u)(-\sin x) = -\sin x\cos(\cos x)$$ ◀

예제 4 $y=\sin^3 x$일 때 y'을 구하여라.

풀이 $u=\sin x$라고 두면 $y=u^3$

$$y'=\frac{dy}{du}\cdot\frac{du}{dx}=3u^2\cos x=3\sin^2 x\cos x$$

연습문제 2.5

1. 다음 각 함수의 도함수를 구하여라.

(1) $y=2\sin 3x$

(2) $y=\cos(x^2+1)$

(3) $y=4\cot(3-2x)$

(4) $y=2\sec\sqrt{x}$

(5) $y=\frac{x}{2}-\frac{\sin 2x}{4}$

(6) $y=x\sec x$

(7) $y=2\tan\left(\frac{x}{2}\right)-x$

(8) $y=\sec x\sec 2x$

(9) $y=\frac{\sin x}{2+\cos x}$

(10) $y=\frac{1+\tan x}{1-\tan x}$

(11) $y=\sin(ax+b)\cdot\cos(ax-b)$

(12) $y=x-\tan x+\frac{\tan^3 x}{3}$

2. 다음 각 방정식에서 $\frac{dy}{dx}$를 구하여라.

(1) $x=\sec y$

(2) $x=y+\cot y$

(3) $\begin{cases} x=\cos\theta+\theta\sin\theta \\ y=\sin\theta-\theta\cos\theta \end{cases}$

(4) $\begin{cases} x=\theta-\sin\theta \\ y=1-\cos\theta \end{cases}$

(5) $x=\tan(x+y)$

(6) $y\sin x+x\sin y=5$

(7) $\sin(x+y)+\sin(x-y)=1$

(8) $\begin{cases} x=\sin\phi+\cos\phi \\ y=\sin\phi-\cos\phi \end{cases}$

2.6 역삼각함수의 미분법

삼각함수는 모두 주기함수이므로 역함수를 갖지 않는다. 그러나 이들의 정의역을 제한하여 역함수를 갖도록 만들 수 있다.

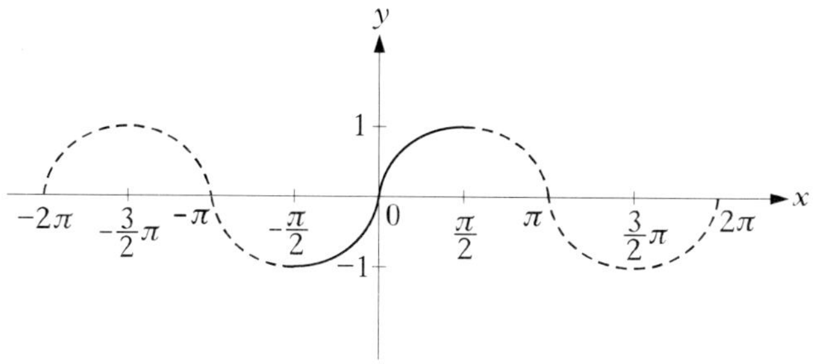

그림 2.3

그림 2.3에서와 같이 x의 범위를 제한하면 $y=\sin x$는 단사가 되고 $-1 \le \sin x \le 1\left(-\frac{\pi}{2} \le x \le \frac{\pi}{2}\right)$이므로 $y=\sin x$는 $[-1, 1]$에서 정의된 역함수를 갖는다. 이 역함수를 $y=\arcsin x$, $y=\sin^{-1}x$와 같이 나타내며, 그 그래프는 그림 2.4와 같이 $y=\sin x$의 그래프를 $y=x$에 관하여 대칭 이동하여 얻을 수 있다. 이때, $y=\sin^{-1}x$의 범위를 arcsine 함수의 **주치**(principal value)라고 한다.

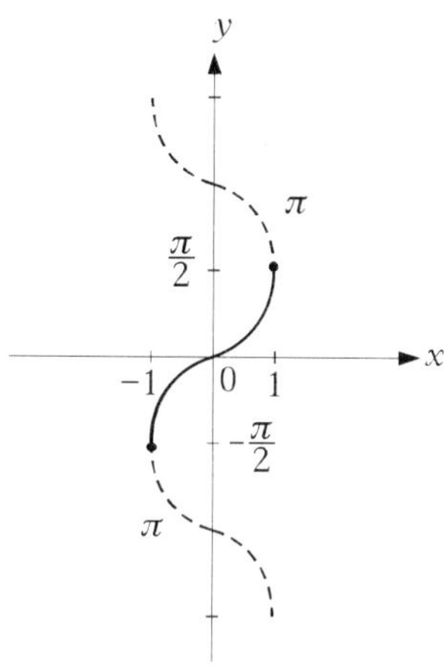

$y=\sin^{-1}x$
$(-1 \le x \le 1)$
그림 2.4

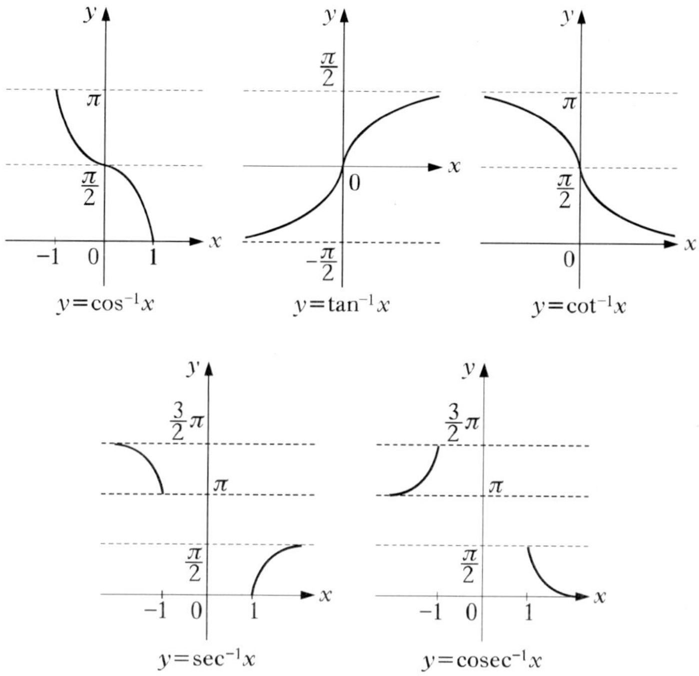

그림 2.5

역함수의 정의에서

$$\sin^{-1}(\sin x) = x\left(-\frac{\pi}{2} \le x \le \frac{\pi}{2}\right)$$

$$\sin(\sin^{-1}x) = x(-1 \le x \le 1)$$

이며 $-\frac{\pi}{2} \le x \le \frac{\pi}{2}$ 일 때 $y = \sin x \Leftrightarrow x = \sin^{-1}y$이다.

나머지 삼각함수의 역함수도 아래와 같이 얻을 수 있다.

(1) $y = \cos^{-1}x$는 $y = \cos x\,(0 \le x \le \pi)$의 역함수

(2) $y = \tan^{-1}x$는 $y = \tan x\left(-\frac{\pi}{2} < x < \frac{\pi}{2}\right)$의 역함수

(3) $y = \cot^{-1}x$는 $y = \cot x\,(0 < x < \pi)$의 역함수

(4) $y = \sec^{-1}x$는 $y = \sec x\left(0 \le x < \frac{\pi}{2},\ \pi \le x < \frac{3}{2}\pi\right)$의 역함수

(5) $y = \mathrm{cosec}^{-1}x$는 $y = \mathrm{cosec}x\left(0 < x \le \frac{\pi}{2},\ \pi < x \le \frac{3}{2}\pi\right)$의 역함수

예제 1 $\sin^{-1}\frac{\sqrt{3}}{2}$을 구하여라.

풀이 $\sin^{-1}\frac{\sqrt{3}}{2}$이라 하면

$$\sin x = \frac{\sqrt{3}}{2}\left(-\frac{\pi}{2} \le x \le \frac{\pi}{2}\right)$$

따라서 $x = \frac{\pi}{3}$이다. ◀

정리 2.9

(1) $\sin^{-1}(-x) = -\sin^{-1}x$

(2) $\cos^{-1}(-x) = \pi - \cos^{-1}x$

(3) $\tan^{-1}(-x) = -\tan^{-1}x$

증명 (1) $\sin^{-1}x = y$라고 두면 $x = \sin y,\ -\frac{\pi}{2} \le y \le \frac{\pi}{2}$이므로

$$-x = -\sin y = \sin(-y),\ -\frac{\pi}{2} \le -y \le \frac{\pi}{2}$$

따라서

$$\sin^{-1}(-x) = -y = -\sin^{-1}x$$

(2) $\cos^{-1}x = y$라고 두면 $x = \cos y,\ 0 \le y \le \pi,\ -x = -\cos y = \cos(\pi - y)$이다.

$0 \le \pi - y \le \pi$이므로 $\cos^{-1}(-x) = \pi - y = \pi - \cos^{-1}x$

(3) $\tan^{-1}(-x) = -\tan^{-1}x$의 증명도 같은 방법으로 할 수 있다. ■

정리 2.10

(1) $y=\sin^{-1}x$일 때 $y'=\dfrac{1}{\sqrt{1-x^2}}$

(2) $y=\cos^{-1}x$일 때 $y'=-\dfrac{1}{\sqrt{1-x^2}}$

(3) $y=\tan^{-1}x$일 때 $y'=\dfrac{1}{1+x^2}$

(4) $y=\cot^{-1}x$일 때 $y'=-\dfrac{1}{1+x^2}$

(5) $y=\sec^{-1}x$일 때 $y'=\dfrac{1}{x\sqrt{x^2-1}}$

(6) $y=\mathrm{cosec}^{-1}x$일 때 $y'=-\dfrac{1}{x\sqrt{x^2-1}}$

증명 (1) $y=\sin^{-1}x$이면 $x=\sin y$이다. 따라서

$$y'=\frac{dy}{dx}=\frac{1}{\frac{dx}{dy}}=\frac{1}{\cos y}=\frac{1}{\pm\sqrt{1-\sin^2 y}}=\frac{1}{\pm\sqrt{1-x^2}}$$

이다. 그러나

$$-\frac{\pi}{2}<y<\frac{\pi}{2}$$

이므로 $\cos y>0$. 따라서

$$y'=\frac{1}{\sqrt{1-x^2}}$$

이다.

(2) $y=\cos^{-1}x$이면 $x=\cos y$이므로

$$\frac{dy}{dx}=\frac{1}{\frac{dx}{dy}}=\frac{1}{-\sin y},\quad 0<y<\pi$$

이므로 $\sin y>0$이다. 따라서

$$\sin y = \sqrt{1-\cos^2 y} = \sqrt{1-x^2}$$

그러므로

$$\frac{dy}{dx} = \frac{1}{\frac{dx}{dy}} = -\frac{1}{\sqrt{1-x^2}}$$

이다.

(3) $y = \tan^{-1}x$이면 $x = \tan y$이므로

$$\frac{dy}{dx} = \frac{1}{\frac{dx}{dy}} = \frac{1}{\sec^2 y} = \frac{1}{1+\tan^2 y} = \frac{1}{1+x^2}$$

이다.

(4), (5), (6)도 같은 방법으로 증명할 수 있다. ■

예제 2 $y = \sin^{-1}(x^3)$일 때 y'을 구하여라.

풀이 $u = x^3$라고 하면 $y = \sin^{-1}u$이므로

$$y' = \frac{dy}{dx} = \frac{dy}{du} \cdot \frac{du}{dx} = \frac{1}{\sqrt{1-u^2}} 3x^2 = \frac{3x^2}{\sqrt{1-x^6}}$$ ◀

예제 3 $y = \sec^{-1}\frac{x^2+1}{x^2-1}$일 때 y'을 구하여라.

풀이 $u = \frac{x^2+1}{x^2-1}$라고 두면 $y = \sec^{-1}u$이므로

$$y' = \frac{dy}{dx} = \frac{dy}{du} \cdot \frac{du}{dx}$$

$$= \frac{1}{u\sqrt{u^2-1}} \cdot \frac{2x(x^2-1)-2x(x^2+1)}{(x^2-1)^2}$$

$$= \frac{(x^2-1)^2}{2x(x^2+1)} \cdot \frac{-4x}{(x^2-1)^2} = -\frac{2}{x^2+1}$$ ◀

예제 4 $y=\tan^{-1}(\cot x)$일 때 y'을 구하여라.

풀이 $u=\cot x$라고 두면 $y=\tan^{-1}u$이므로

$$y'=\frac{dy}{dx}=\frac{dy}{du}\cdot\frac{du}{dx}$$

$$=\frac{1}{1+\cot^2 x}(-\operatorname{cosec}^2 x)$$

$$=\frac{-\operatorname{cosec}^2 x}{\operatorname{cosec}^2 x}=-1$$ ◀

연습문제 2.6

1. 다음 각 함수를 미분하여라.

(1) $y=\tan^{-1}3x$

(2) $y=\sec^{-1}\frac{1}{4}x$

(3) $y=\cos^{-1}(1-x)$

(4) $y=\sin^{-1}\frac{2}{x}$

(5) $y=\operatorname{cosec}^{-1}\sqrt{x}$

(6) $y=\cot^{-1}\sqrt{x^2-2x}$

(7) $y=(\sin^{-1}4x)^2$

(8) $y=x\tan^{-1}\frac{1}{2}x$

(9) $y=x\sqrt{a^2-x^2}+a^2\sin^{-1}\frac{x}{a}$(단 a는 상수)

(10) $y=\cos^{-1}(\sin x)$

2. 다음 각 방정식에서 $\frac{dy}{dx}$를 구하여라.

(1) $\sin^{-1}xy+y=0$

(2) $\cot^{-1}(x+y)=2$

(3) $\tan^{-1}x+y\sqrt{x-y}=2$

(4) $x=\sin^{-1}(2y\sqrt{1-y^2})$

3. 다음 각 함수에 대하여 주어진 점에서의 미분계수를 구하여라.

(1) $y=x\cos^{-1}x\left(x=-\frac{1}{2}\right)$

(2) $y=x+\sin^{-1}x\,(x=-1)$

2.7 로그함수, 지수함수의 미분법

$a>0$, $a\neq 1$에 대하여 지수함수 $y=a^x$, 로그함수 $y=\log_a{}^x\,(x>0)$ 등은 이미 배운 함수들이다. 앞에서 극한값 $\lim_{x\to\infty}\left(1+\frac{1}{x}\right)^x=e$가 존재함을 보았다. 이 e를 밑으로 하는 로그를 **자연로그**(natural logarithm)라 부르고 $\ln x$로 나타낸다.

정리 2.11

(1) $y=\log_a x$일 때 $y'=\dfrac{\log_a e}{x}$

(2) $y=\ln x$일 때 $y'=\dfrac{1}{x}$

증명 (1) $a>0$, $a\neq 1$, $x>0$, $x+\Delta x>0$라 하면

$$
\begin{aligned}
y' &= \lim_{\Delta x\to 0}\frac{\log_a(x+\Delta x)-\log_a x}{\Delta x}\\
&= \lim_{\Delta x\to 0}\frac{1}{\Delta x}\log_a\left(1+\frac{\Delta x}{x}\right)\\
&= \lim_{\Delta x\to 0}\frac{1}{x}\frac{x}{\Delta x}\log_a\left(1+\frac{\Delta x}{x}\right)\\
&= \lim_{\Delta x\to 0}\frac{1}{x}\log_a\left(1+\frac{\Delta x}{x}\right)^{\frac{x}{\Delta x}}
\end{aligned}
$$

여기서 $z=\dfrac{\Delta x}{x}$라 하면 $\Delta x\to 0$ 일 때 $z\to 0$이므로

$$
y'=\lim_{z\to 0}\frac{1}{x}\log_a(1+z)^{\frac{1}{z}}=\frac{1}{x}\log_a e
$$

(2) $a=e$를 (1)에 대입하면 $y'=\dfrac{1}{x}$이다. ■

예제 1 다음 함수에서 y'을 구하여라.

(1) $y=\log_a(2x+1)$

(2) $y=\ln\sin x$

풀이 (1) $u=2x+1$라 두면 $y=\log_a u$. 따라서

$$y'=\frac{dy}{dx}=\frac{dy}{du}\cdot\frac{du}{dx}=\frac{\log_a e}{u}\cdot 2=\frac{2\log_a e}{2x+1}$$

(2) $u=\sin x$라 두면 $y=\ln u$. 따라서

$$y'=\frac{dy}{dx}=\frac{dy}{du}\cdot\frac{du}{dx}=\frac{1}{u}\cdot\cos x=\frac{\cos x}{\sin x}=\cot x$$ ◀

예제 2 $y=\sqrt{\dfrac{(a+x)(b+x)}{(a-x)(b-x)}}$ 일 때 $\dfrac{dy}{dx}$를 구하여라.

풀이 양변에 자연로그를 취하면

$$\ln y=\frac{1}{2}\{\ln(a+x)+\ln(b+x)-\ln(a-x)-\ln(b-x)\}$$

양변을 x에 관하여 미분하면

$$\begin{aligned}\frac{1}{y}\frac{dy}{dx}&=\frac{1}{2}\left(\frac{1}{a+x}+\frac{1}{b+x}-\frac{-1}{a-x}-\frac{-1}{b-x}\right)\\&=\frac{1}{2}\left\{\frac{2a}{a^2-x^2}+\frac{2b}{b^2-x^2}\right\}\\&=\frac{(a+b)(ab-x^2)}{(a^2-x^2)(b^2-x^2)}\end{aligned}$$

따라서

$$\begin{aligned}\frac{dy}{dx}&=\frac{(a+b)(ab-x^2)}{(a^2-x^2)(b^2-x^2)}\sqrt{\frac{(a+x)(b+x)}{(a-x)(b-x)}}\\&=\frac{(a+b)(ab-x^2)}{\{(a+x)(b+x)\}^{\frac{1}{2}}\{(a-b)(b-x)\}^{\frac{3}{2}}}\end{aligned}$$ ◀

이와 같이 주어진 함수를 직접 미분하는 것보다, 로그를 취하여 미분하는 것이 편리하다. 이러한 방법을 로그미분법(logarithmic differentiation)이라고 한다.

예제 3 n이 임의의 실수일 때 $y = x^n\,(x > 0)$의 도함수는 $y' = nx^{n-1}$임을 보여라.

풀이

$y = x^n$의 양변에 자연로그를 취하면 $\ln y = n\ln x$이다. 양변을 x에 관하여 미분하면,

$$\frac{1}{y}\frac{dy}{dx} = \frac{n}{x}$$

이다. 따라서

$$\frac{dy}{dx} = \frac{n}{x}\cdot y = \frac{n}{x}\cdot x^n = nx^{n-1}$$

이다. ◀

예제 4 $y = x^x$일 때 $\dfrac{dy}{dx}$를 구하여라.

풀이 $y = x^x$의 양변에 ln을 취하면 $\ln y = x\ln x$이다. 양변을 x에 관해서 미분하면

$$\frac{1}{y}\frac{dy}{dx} = \ln x + 1$$

따라서

$$\frac{dy}{dx} = y(\ln x + 1) = x^x(\ln x + 1)$$

이다. ◀

정리 2.12

(1) $y = a^x$일 때, $y' = a^x\ln a$

(2) $y = e^x$일 때, $y' = e^x$

증명 (1) $y = a^x$의 양변에 ln를 취하면 $\ln y = x \ln a$이다. 양변을 x에 관하여 미분하면 $\frac{1}{y}\frac{dy}{dx} = \ln a$. 따라서 $y' = y\ln a = a^x \ln a$.

(2) $a = e$를 (1)에 대입하면 $y' = e^x$. ■

예제 5 $y = e^{\tan^{-1}x}$일 때 $\frac{dy}{dx}$를 구하여라.

풀이 $u = \tan^{-1}x$라고 두면 $y = e^u$이다. 따라서

$$\frac{dy}{dx} = \frac{dy}{du} \cdot \frac{du}{dx} = e^u \cdot \frac{1}{1+x^2} = \frac{e^{\tan^{-1}x}}{1+x^2}$$ ◀

예제 6 $y = 2^{\sin x}$를 미분하여라.

풀이 $u = \sin x$라고 두면 $y = 2^u$이다. 따라서

$$\frac{dy}{dx} = \frac{dy}{du} \cdot \frac{du}{dx} = 2^u \cdot \ln 2 \cdot \cos x = 2^{\sin x}\ln 2 \cdot \cos x.$$ ◀

연습문제 2.7

1. 다음 각 함수의 도함수를 구하여라.

(1) $y = \ln(x-1)^3$

(2) $y = \log_a(x^3+3x)$

(3) $y = \ln\sqrt[3]{2x^3-5}$

(4) $y = \ln\frac{x}{1+x}$

(5) $y = \ln x\sqrt{x+1}$

(6) $y = \ln\cos x$

(7) $y = \ln\frac{x^2(x+1)}{(x+2)^3}$

(8) $y = \ln\frac{x-a}{x+a}$

(9) $y = \ln\frac{x^2}{1+x^2}$

(10) $y = \ln(\ln x)$

(11) $y = \sqrt{\log_a x}$

(12) $y = x\ln x^3$

2. 다음 방정식에서 $\frac{dy}{dx}$를 구하여라.

(1) $y^n \ln y = x^3$

(2) $x = a\ln\frac{a+\sqrt{a^2-y^2}}{y}$

(3) $\begin{cases} x = 1-\ln t \\ y = t-\ln t \end{cases}$

3. 다음 각 함수의 도함수를 구하여라.

(1) $y = x^2 e^x$

(2) $y = e^{2x}(2\cos 3x + 3\sin 3x)$

(3) $y = \frac{1}{2}(e^x - e^{-x})$

(4) $y = (\sin x)^x$

(5) $y = \left(\frac{1}{x}\right)^x$

(6) $y = x^{\ln x}$

(7) $y = (\tan x)^{\sin x}$

4. 다음 각 방정식에서 $\frac{dy}{dx}$를 구하여라.

(1) $x^y = y^x$

(2) $y = e^{\frac{x+y}{y}}$

2.8 쌍곡선함수, 역쌍곡선함수의 미분법

$\sinh x = \dfrac{e^{x} - e^{-x}}{2}$, $\cosh x = \dfrac{e^{x} + e^{-x}}{2}$에 의해서 함수 $\sinh x$, $\cosh x$를 정의하고 이들을 각각 **hyperbolic sine함수**, **hyperbolic cosine 함수**라 부르고 이러한 함수를 **쌍곡선함수**(hyperbolic function)라고 한다. 위의 두 함수를 이용하여 다음과 같이 다른 쌍곡선 함수를 정의한다.

$$\tanh x = \frac{\sinh x}{\cosh x} = \frac{e^{x} - e^{-x}}{e^{x} + e^{-x}}, \quad \coth x = \frac{\cosh x}{\sinh x} = \frac{e^{x} + e^{-x}}{e^{x} - e^{-x}}, \quad x \neq 0$$

$$\operatorname{sech} x = \frac{1}{\cosh x} = \frac{2}{e^{x} + e^{-x}}, \quad \operatorname{cosech} x = \frac{1}{\sinh x} = \frac{2}{e^{x} - e^{-x}}, \quad x \neq 0$$

쌍곡선함수들의 값은 삼각함수에서 성립한 항등식과 비슷한 성질을 갖는 항등식을 갖는다. 여러 가지 성질들을 나열하면 다음과 같다.

(1) $\cosh^2 x - \sinh^2 x = 1$

(2) $1 - \tanh^2 x = \operatorname{sech}^2 x$

(3) $\coth^2 x - 1 = \operatorname{csch}^2 x$

(4) $\sinh(x+y) = \sinh x \cosh y + \cosh x \sinh y$

(5) $\cosh(x+y) = \cosh x \cosh y + \sinh x \sinh y$

(6) $\sinh 2x = 2\sinh x \cosh x$

(7) $\cosh 2x = \cosh^2 x + \sinh^2 x$

(8) $\cosh^2 x = \dfrac{1}{2}(\cosh 2x + 1)$

(9) $\sinh^2 x = \dfrac{1}{2}(\cosh 2x - 1)$

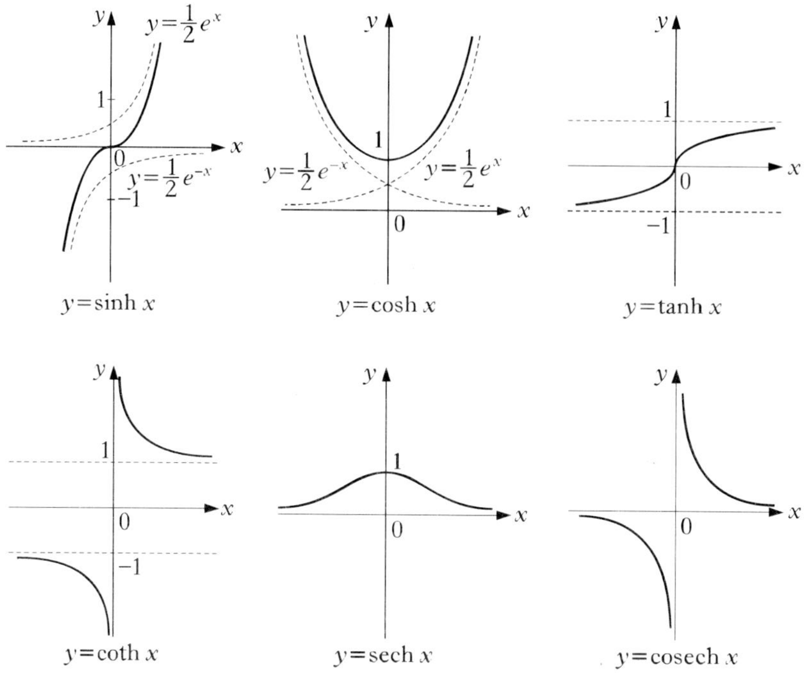

그림 2.6

예제 1 $\cosh^2 x - \sinh^2 x = 1$임을 증명하여라.

풀이 쌍곡선 함수의 정의에 의하여

$$\cosh^2 x - \sinh^2 x = \left(\frac{e^x + e^{-x}}{2}\right)^2 - \left(\frac{e^x - e^{-x}}{2}\right)^2$$

$$= \frac{e^{2x} + 2 + e^{-2x}}{4} - \frac{e^{2x} - 2 + e^{-2x}}{4}$$

$$= \frac{4}{4} = 1$$

◀

예제 2 $\sinh(x+y) = \sinh x \cdot \cosh y + \cosh x \cdot \sinh y$임을 증명하여라.

풀이 $\cosh x + \sinh x = e^x$, $\cosh x - \sinh x = e^{-x}$이므로

$$\sinh(x+y) = \frac{e^{(x+y)} - e^{-(x+y)}}{2} = \frac{e^x e^y - e^{-x} e^{-y}}{2}$$

$$= \frac{1}{2}\{(\cosh x + \sinh x)(\cosh y + \sinh y) - (\cosh x - \sinh x)$$

$$(\cosh y - \sinh y)\}$$

$$= \sinh x \cosh y + \cosh x \sinh y$$ ◀

정리 2.13

(1) $y = \sinh x$ 일 때 $y' = \cosh x$

(2) $y = \cosh x$ 일 때 $y' = \sinh x$

(3) $y = \tanh x$ 일 때 $y' = \mathrm{sech}^2 x$

(4) $y = \coth x$ 일 때 $y' = -\mathrm{cosech}^2 x$

(5) $y = \mathrm{sech}\, x$ 일 때 $y' = -\mathrm{sech}\, x \tanh x$

(6) $y = \mathrm{coseh}\, x$ 일 때 $y' = -\mathrm{cosech}\, x \coth x$

증명 (1) $y' = (\sinh x)' = \left(\frac{e^x - e^{-x}}{2}\right)' = \frac{e^x + e^{-x}}{2} = \cosh x$

(2) $y' = (\cosh x)' = \left(\frac{e^x + e^{-x}}{2}\right)' = \frac{e^x - e^{-x}}{2} = \sinh x$

(3) $y' = (\tanh x)' = \left(\frac{\sinh x}{\cosh x}\right)' = \frac{\cosh^2 x - \sinh^2 x}{\cosh^2 x} = \frac{1}{\cosh^2 x} = \mathrm{sech}^2 x$

(4), (5), (6)은 생략한다. ■

예제 3 다음 함수의 $\frac{dy}{dx}$를 구하여라.

(1) $y = \ln(\tanh x)$

(2) $y = \tanh(1 - x^2)$

풀이 (1) $u=\tanh x$라고 두면 $y=\ln u$. 따라서

$$\frac{dy}{dx}=\frac{dy}{du}\cdot\frac{du}{dx}=\frac{1}{u}sech^2x=\frac{\text{sech}^2x}{\tanh x}$$

(2) $u=1-x^2$라고 두면 $y=\tanh u$. 따라서

$$\frac{dy}{dx}=\frac{dy}{du}\cdot\frac{du}{dx}=(\text{sech}^2u)(-2x)=-2x\,\text{sech}^2(1-x^2)$$ ◀

예제 4 $y=\text{sech}^3\frac{3x}{2}$를 미분하여라.

풀이 $$\frac{dy}{dx}=3\text{sech}^2\frac{3x}{2}\left(-\text{sech}\frac{3x}{2}\cdot\tanh\frac{3x}{2}\right)\cdot\frac{3}{2}$$

$$=-\frac{9}{2}\cdot\text{sech}^3\frac{3x}{2}\cdot\tanh\frac{3x}{2}$$ ◀

$y=\sinh x$와 $y=\tanh x$는 역함수를 가지나 $y=\cosh x$는 역함수를 갖지 않음을 알 수 있다. 삼각함수에서 정의역을 제한함으로써 역함수를 얻는 것과 마찬가지로 $y=\cosh x$도 정의역을 $[0,\ \infty)$로 제한하면 역함수를 얻을 수 있다. 따라서 **역쌍곡선 함수**(Inverse hyperbolic function)들은 다음과 같이 정의된다.

정의 2.4

(1) $y=\sinh^{-1}x \Leftrightarrow x=\sinh y$

(2) $y=\cosh^2 x \Leftrightarrow x=\cosh y,\ y\geq 0$

(3) $y=\tanh^{-1}x \Leftrightarrow x=\tanh y$

(4) $y=\coth^{-1}x \Leftrightarrow x=\coth y$

(5) $y=\text{sech}^{-1}x \Leftrightarrow x=\text{sech}\ y,\ y\geq 0$

(6) $y=\text{cosech}^{-1}x \Leftrightarrow x=\text{cosech}\ y$

예제 5 $\sinh^{-1}x = \ln(x+\sqrt{x^2+1})$임을 증명하여라.

증명 $y=\sinh^{-1}x$라 놓으면 $x=\sinh y = \dfrac{e^y - e^{-y}}{2}$, $2e^y$을 양변에 곱하여 정리하면 $(e^y)^2 - 2xe^y - 1 = 0$. 이차방정식의 근의 공식에 의하여 $e^y = x = \pm\sqrt{1+x^2}$ 이다. 그러나 $e^y > 0$이므로 $e^y = x+\sqrt{1+x^2}$. 따라서 $y=\ln(x+\sqrt{1+x^2})$.

앞의 예와 같은 방법으로 다음 공식이 성립함을 증명할 수 있다.

$$\cosh^{-1}x = \ln(x+\sqrt{x^2-1})$$

$$\tanh^{-1}x = \frac{1}{2}ln\frac{1+x}{1-x}(|x|<1)$$

$$\coth^{-1}x = \frac{1}{2}ln\frac{x+1}{x-1}$$

역쌍곡선함수의 미분을 구해 보자. $\sinh^{-1}x = \ln(x+\sqrt{x^2+1})$이므로

$$\begin{aligned}\frac{dy}{dx} &= \frac{1}{x+\sqrt{x^2+1}}(x+\sqrt{x^2+1})' \\ &= \frac{1}{x+\sqrt{x^2+1}}\left(1+\frac{x}{\sqrt{x^2+1}}\right) \\ &= \frac{1}{\sqrt{x^2+1}}\end{aligned}$$

■

정리 2.14

(1) $y=\sinh^{-1}x$ 일 때 $y' = \dfrac{1}{\sqrt{1+x^2}}$

(2) $y=\cosh^{-1}x$ 일 때 $y' = \dfrac{1}{\sqrt{x^2-1}}$

(3) $y=\tanh^{-1}x$ 일 때 $y' = \dfrac{1}{1-x^2}$

(4) $y=\coth^{-1}x$ 일 때 $y' = \dfrac{1}{1-x^2}$

(5) $y = \text{sech}^{-1}x$ 일 때 $y' = -\dfrac{1}{x\sqrt{1-x^2}}$

(6) $y = \text{cosech}^{-1}x$ 일 때 $y' = -\dfrac{1}{x\sqrt{1+x^2}}$

증명 생략 ■

예제 6 $y = \tanh^{-1}(\sin x)$의 도함수를 구하여라.

풀이 $u = \sin x$라고 두면 $y = \tanh^{-1}u$. 따라서

$$\frac{dy}{dx} = \frac{dy}{du} \cdot \frac{du}{dx} = \frac{1}{1-u^2}\cos x = \frac{1}{1-\sin^2 x}\cos x$$

$$= \frac{\cos x}{\cos^2 x} = \sec x$$ ◀

연습문제 2.8

1. 다음 각 함수들을 미분하여라.

(1) $y = \sinh^2 x$

(2) $y = \ln \cosh 2x$

(3) $y = \cosh \dfrac{1}{x}$

(4) $y = \coth(1 - x^2)$

(5) $y = e^x \sinh x$

(6) $y = \sinh(\sin x)$

(7) $y = \sinh(\ln x^2)$

(8) $y = \operatorname{sech}^3(1 - x^2)$

2. 다음에서 $\dfrac{dy}{dx}$를 구하여라.

(1) $y = \sinh^{-1} 3x$

(2) $y = \cosh^{-1}(\sec x)$

(3) $y = \operatorname{cosech}^{-1}(\tan x)$

(4) $y = \tanh^{-1} e^x$

(5) $y = \operatorname{sech}^{-1}(\sin x)$

(6) $y = \tanh^{-1}(\cos x)$

(7) $y = \coth^{-1}(\sec x)$

(8) $y = \sinh^{-1}(\tan x)$

3. $\sinh(\sinh^{-1} x) = x$와 $\cosh(\sinh^{-1} x) = \sqrt{1 + x^2}$을 증명하여라.

Chapter 3

도함수의 응용

3.1 평균값의 정리

이 절에서는 직관적으로 분명한 다음 두 정리를 증명하고자 한다. 먼저 함수 $f(x)$가 폐구간 $[a, b]$에서 그림 3.1과 같은 그래프를 가진다고 할 때 롤(Roll)의 정리라고 부르는 다음 정리를 얻는다.

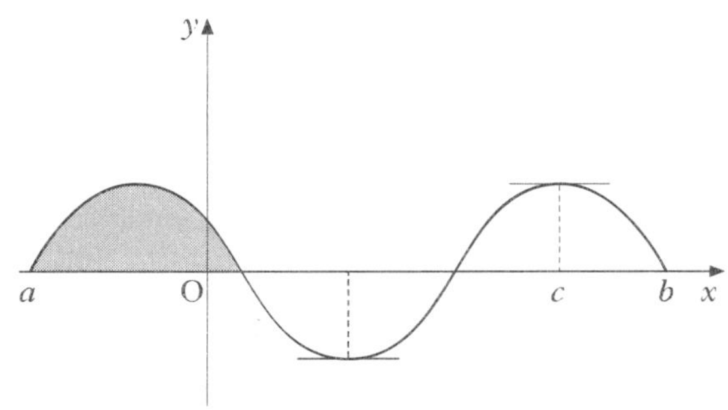

그림 3.1

정리 3.1 Roll의 정리

함수 $f(x)$가 개구간 (a, b)에서 미분가능하고, 폐구간 $[a, b]$에서 연속이고 $f(a)=f(b)=0$이면

$$f'(c)=0 \quad (\text{단, } a<c<b)$$

이 되는 c가 a와 b 사이에 적어도 하나 존재한다.

증명 (1) $f(x)$가 폐구간 $[a, b]$에서 0이면 $f(x)$가 개구간 (a, b)에서 상수함수이므로 그 구간의 모든 점에서 $f'(x)=0$이다.

(2) $f(x)$가 폐구간 $[a, b]$에서 0이 아니면, $f(x)>0$ 혹은 $f(x)<0$인 한 점 x가 a와 b 사이에 반드시 존재한다.

(i) $f(x)>0$인 경우:

$f(x)$가 폐구간 $[a, b]$에서 연속이므로 $f(x)$는 폐구간 $[a, b]$의 한 점 c에서 최대값을 갖는다. 또한 $f(a)=f(b)=0$이고 (a, b)에서 $f(x)>0$이므로 c는 끝점이 아니다. 가정에서 $f(x)$가 (a, b)에서 미분가능이므로 $f(x)$는 c에서 미분가능하고 $f'(c)=0$이다.

(ii) $f(x)<0$인 경우:

같은 방법으로 증명하면 된다. ■

Roll의 정리의 기하학적 의미는 곡선 $f(x)$에 접하고 x축과 평행인 직선을 개구간 (a, b)에서 적어도 하나 그을 수 있음을 나타낸다.

예제 1 폐구간 $[-4, 4]$에서 정의된 함수 $f(x)=x^3-16x$가 Roll의 정리를 만족하는 점을 구하여라.

풀이 $f(x)=x^3-16x$는 폐구간 $[-4, 4]$에서 연속이고 $f'(x)=3x^2-16$은 개구간 $(-4, 4)$의 모든 점에서 존재한다. 그리고 $f(4)=f(-4)=0$이므로 Roll의 정리를 만족한다. 따라서

$$f'(x)=3x^2-16=0 \Leftrightarrow x=\pm\frac{4}{\sqrt{3}}$$

이고 $-4<-\frac{4}{\sqrt{3}}<4$, $-4<\frac{4}{\sqrt{3}}<4$이므로 구하는 점은

$$c=-\frac{4}{\sqrt{3}},\ \frac{4}{\sqrt{3}}$$ ◀

정리 3.2 평균값의 정리

함수 $f(x)$가 개구간 $(a,\ b)$에서 미분가능하고 폐구간 $[a,\ b]$에서 연속이면

$$\frac{f(b)-f(a)}{b-a}=f'(c),\ (\text{단, } a<c<b)$$

을 만족하는 c가 적어도 하나 존재한다.

증명 $\frac{f(b)-f(a)}{b-a}=k$라 두고 $F(x)=f(x)-f(a)-k(x-a)$를 생각하면 $F(x)$는 $[a,\ b]$에서 연속이고, $(a,\ b)$에서 미분가능이며, $F(a)=F(b)=0$이므로 Roll의 정리에 의하여 $F'(c)=0$인 c가 a와 b 사이에 적어도 하나 존재한다.

$F'(c)=f'(c)-k$이므로 $f'(c)=\frac{f(b)-f(a)}{b-a}$인 c가 a와 b 사이에 적어도 하나 존재한다. ■

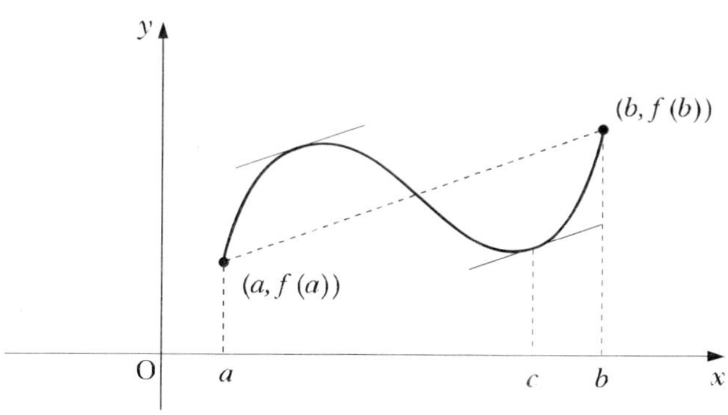

그림 3.2

평균값의 정리는 두 점 $(a, f(a))$, $(b, f(b))$를 잇는 직선에 평행이고, 곡선 $f(x)$에 접하는 직선을 (a, b)에서 적어도 하나 그을 수 있음을 보여 준다.

예제 2 폐구간 $[0, 2]$에서 정의된 함수 $f(x)=x^3-2x^2+3x-2$가 주어졌을 때, 평균값 정리를 만족하는 c를 구하여라.

풀이 $f'(x)=3x^2-4x+3$, $f(2)=4$, $f(0)=-2$이므로

$$3c^2-4c+3=\frac{4-(-2)}{2-0}=3,$$

$$c(3c-4)=0.$$

따라서 $c=0$ 또는 $c=\frac{4}{3}$. 여기서 $c=0$는 $0<c<2$를 만족시키지 못하므로 버린다.

평균값 정리에서

$$\theta=\frac{c-a}{b-a}, \quad h=b-a$$

라고 놓으면

$$f(a+h)=f(a)+hf'(a+\theta h),\ 0<\theta<1$$

이 되므로, h가 충분히 작을 때에는 $a+\theta h$를 a와 거의 같다고 보고, 근사식

$$f(a+h)\fallingdotseq f(a)+hf'(a)$$

를 얻는다. ◀

예제 3 $f(x)=x^3+2x^2-3x+1$에서 $f(1.97)$의 근사값을 구하여라.

풀이 평균값 정리의 근사식에서,

$a=2$, $h=-0.03$이라 하면 $f'(x)=3x^2+4x-3$이므로

$$f(1.97)\fallingdotseq f(2)+(-0.03)\cdot(3\cdot 2^2+4\cdot 2-3)=10.49.$$

실제로 $f(1.97)$을 구하면, $f(1.97)=10.497173$이다. ◀

정리 3.3 Cauchy의 평균값의 정리

함수 $f(x)$, $g(x)$가 $[a,\ b]$에서 연속이고 $(a,\ b)$에서 미분가능하며 $g'(x) \neq 0$이면,

$$\frac{f'(c)}{g'(c)} = \frac{f(b)-f(a)}{g(b)-g(a)},\quad a < c < b$$

인 c가 적어도 하나 존재한다.

Cauchy의 정리에서 $g(x) = x$라 하면 평균값 정리가 된다.

3.2 함수의 극대 · 극소

정의 3.1

함수 $f(x)$가 구간 I에 있는 임의의 두 점 x_1, x_2에 대해

$$x_1 < x_2 \text{이면 } f(x_1) < f(x_2)$$

를 만족하면 $f(x)$는 I에서 **증가한다**(increase)라고 말한다.

또, I에 있는 임의의 두 점 x_1, x_2에 대해

$$x_1 < x_2 \text{이면 } f(x_1) > f(x_2)$$

를 만족하면 $f(x)$는 I에서 **감소한다**(decrease)라고 말한다.

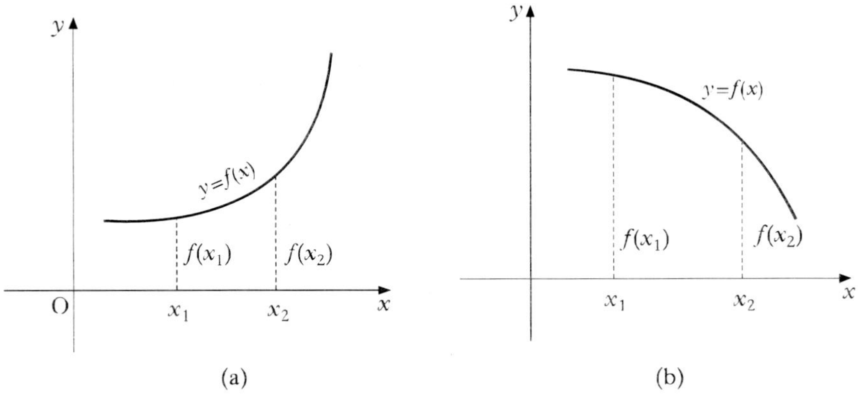

그림 3.3

정리 3.4

함수 $f(x)$가 개구간 $(a,\ b)$에서 미분가능하고 $(a,\ b)$에서

(1) $f'(x) > 0$이면 $f(x)$는 $[a,\ b]$에서 증가하고

(2) $f'(x) < 0$이면 $f(x)$는 $[a,\ b]$에서 감소한다.

정의 3.2

함수 $f(x)$가 $x=a$의 근방에서 정의되어 있고 충분히 작은 양수 h에 대해서 $f(a-h) < f(a)$, $f(a+h) < f(a)$ 일 때 $f(x)$는 $x=a$에서 **극대**(maximal)가 된다고 하며 $f(a)$를 **극대값**(maximal value)라고 한다. 이와 반대로 $f(a+h) > f(a)$, $f(a-h) > f(a)$일 때 $f(x)$는 $x=a$에서 **극소**(minimal)가 된다고 하며 $f(a)$를 **극소값**(minimal value)라고 한다. 극대값과 극소값을 합쳐서 **극값**(extreme value)이라 한다.

정리 3.5

함수 $f(x)$가 $x=a$의 근방에서 미분가능이고 $x=a$에서 극값을 가지면 $f'(a)=0$이다.

정리 3.6 1차 도함수에 의한 극값 판정법

함수 $f(x)$가 $x=a$의 근방에서 미분가능이고 $f'(a)=0$일 때 $x=a$에서

(1) $f'(a)$가 양에서 음으로 변하면 $x=a$에서 극대값 $f(a)$를 가지고

(2) $f'(a)$가 음에서 양으로 변하면 $x=a$에서 극소값 $f(a)$를 가진다.

(3) $f'(a)$의 부호가 변하지 않으면 $f(a)$는 극값이 아니다.

증명 정리 3.5와 정의 3.2에 의하여 명백하다. ■

예제 1 $y=x\cdot e^{-x}$의 극값을 구하여라.

풀이 $y'=e^{-x}+x(-e^{-x})=e^{-x}(1-x)$

$y'=0$이라 두면 $e^{-x}>0$이므로 $x=1$

x		1	
y'	+	0	−
y	↗	극대	↘

$x=1$에서 극대값 $\frac{1}{e}$을 가진다. ◀

예제2 $f(x)=\sqrt[3]{(x-1)^2}$의 극값을 구하여라.

풀이 $f'(x)=\frac{2}{3}(x-1)^{-\frac{1}{3}}=\frac{2}{3\sqrt[3]{x-1}}\cdot f'(x)=0$이 되는 x의 값은 존재하지 않는다.

x	$1-h$	1	$1+h$
$f'(x)$	−		+
$f(x)$	↘	극소	↗

$x=1$일 때 극소값 $f(1)=0$을 갖는다. ◀

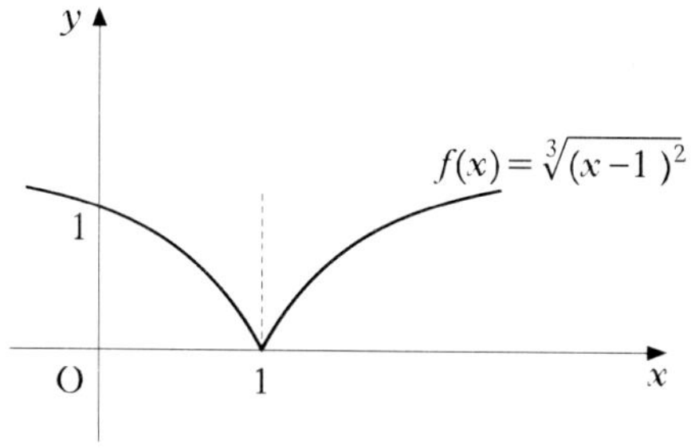

그림 3.4

정리 3.7 2차 도함수에 의한 극값 판정법

함수 $f(x)$가 $x = a$의 근방에서 연속인 $f''(x)$를 가지고 $f'(a) = 0$일 때

(1) $f''(a) < 0$이면 $x = a$에서 극대값 $f(a)$를 가진다.

(2) $f''(a) > 0$이면 $x = a$에서 극소값 $f(a)$를 가진다.

예제 3 $f(x) = 2x^3 - 3x^2 - 12x + 5$의 극대값과 극소값을 구하여라.

풀이 $f'(x) = 6x^2 - 6x - 12 = 6(x+1)(x-2)$,

$$f''(x) = 12x - 6$$

이므로 $f'(x) = 0$으로 하는 x의 값은 $x = -1$과 $x = 2$이다.

$$f''(-1) = -18 < 0, \quad f''(2) = 18 > 0$$

따라서 $f(-1) = 12$는 극대값이고, $f(2) = -15$는 극소값이다. ◀

3.3 곡선의 오목 · 볼록

정의 3.3

함수 $f(x)$가 미분가능하다고 하고 점 $P(c,\ f(c))$를 곡선 $y=f(x)$ 위의 한 점이라 하자. 적당한 실수 $\delta>0$가 있어서 $0<|x-c|<\delta$인 모든 x에 대해서 점 $Q(x,\ f9x))$가 P에서의 곡선에 대한 접선의 위쪽에 있으면 이 곡선은 점 P에서 **위로 오목**(concave up)하다고 하고, 접선의 아래쪽에 있으면 곡선은 점 P에서 **아래로 오목**(concave down)하다고 말한다.

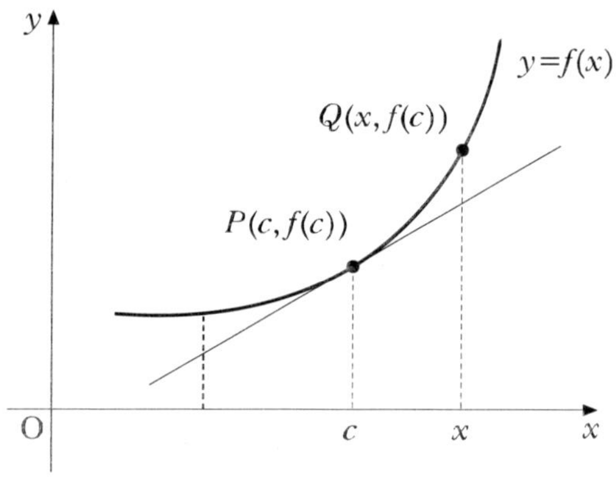

그림 3.5

곡선 $y=f(x)$가 곡선 위의 어떤 점 P의 한 쪽에서는 위로 오목하고, 다른 한 쪽에서는 아래로 오목하면, 즉 점 P의 좌우에서 곡선의 오목 방향이 바뀌면 P를 곡선 $y=f(x)$의 **변곡점**(inflection point)이라 한다.

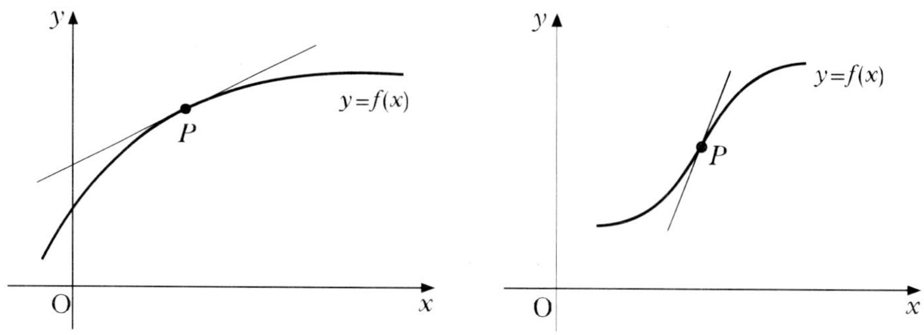

그림 3.6

다음 정리는 2계 도함수를 이용하여 곡선의 오목성을 어떻게 판정할 수 있는가를 말해준다.

정리 3.8

함수 $f(x)$가 점 c를 포함하는 어떤 개구간 I에서 미분가능하고, $f''(c)$가 존재할 때

(1) $f''(c) > 0$이면 $y = f(x)$는 점 $(c,\ f(c))$에서 위로 오목하고,

(2) $f''(c) < 0$이면 곡선 $y = f(x)$는 점 $(c,\ f(c))$에서 아래로 오목하다. 또 구간 I에서 $f''(x)$가 존재하고 점 $(c,\ f(c))$가 변곡점이면 $f''(c) = 0$이다.

점 $(c,\ f(c))$가 변곡점인 경우에는 (1)과 (2)의 결과를 써서 $f'(c) = 0$이 됨을 쉽게 알 수 있다.

예제 1 곡선 $y = \frac{1}{3}x^3 - x^2 + 2$가 위로 오목한 구간과 아래로 오목한 구간을 구하여라. 또 곡선의 변곡점을 구하여라.

풀이

$y' = x^2 - 2x$, $y'' = 2x - 2 = 2(x-1)$이므로 $x < 1$일 때 $y'' < 0$이고 $x > 1$일 때 $y'' > 0$이다. 따라서 주어진 곡선은 $x < 1$인 점에서 아래로 오목하고 $x > 1$인 점에

서 위로 오목하므로 $x=1$일 때, 변곡점 $\left(1,\ \frac{4}{3}\right)$를 얻는다. ◀

예제 2 $f(x)=\frac{1}{3}x^3-3x^2+8x$의 위로 오목한 구간과 아래로 오목한 구간을 조사하여라.

풀이 $f'(x)=x^2-6x+8$, $f''(x)=2x-6$이므로 $x=3$일 때 $f''(3)=0$. 따라서 $x>3$일 때 $f''(x)>0$이므로 $f(x)$는 위로 오목하고 $x<3$일 때 $f''(x)<0$이므로 $f(x)$는 아래로 오목하다. 따라서 (3, 6)은 변곡점이다. ◀

주의 $f''(c)=0$은 $(c,\ f(c))$가 변곡점이기 위한 필요조건이지만 충분조건은 되지 않는다. 예를 들면, 함수 $f(x)=x^4$은 $f''(0)=0$인 조건을 만족하나 점 (0, 0)은 주어진 곡선의 변곡점은 아니다.

3.4 미분과 근사값

함수 $y=f(x)$가 미분가능하면 $f'(x)=\lim_{\Delta x\to 0}\frac{\Delta y}{\Delta x}$이므로 $\frac{\Delta y}{\Delta x}=f'(x)+\varepsilon$로 두면 $\Delta x\to 0$일 때 $\varepsilon\to 0$이다. 따라서

$$\Delta y=f'(x)\Delta x+\varepsilon\cdot\Delta x$$

이다. 여기서 $\Delta x\to 0$일 때 $f'(x)$는 일정하나 $\varepsilon\to 0$이므로 $f'(x)\Delta x$를 Δy의 근사값으로 취할 수 있다. $f'(x)\Delta x$를 $f(x)$의 **미분**(differential)이라 하고 dy, $df(x)$로 표시한다. 즉

$$dy=df(x)=f'(x)\Delta x$$

$f(x)=x$일 때 $f'(x)=1$이므로 $dx=\Delta x$이다. 즉 x의 미분은 증분 Δx로 정의한다. 따라서 $dy=f'(x)dx$로 표시된다.

예제 1 다음 함수들의 미분을 구하여라.

(1) $y = \sqrt{x}$

(2) $y = \tan^{-1}x$

풀이 (1) $dy = \dfrac{1}{2\sqrt{x}}dx$

(2) $dy = \dfrac{1}{1+x^2}dx$ ◀

y의 미분과 증분의 기하학적 의미를 고찰하여 보자.

그림 3.7에서 $\mathrm{P}(x,\ y)$, $\mathrm{Q}(x+\Delta x,\ y+\Delta y)$라 두면

$$\Delta y = \overline{\mathrm{MQ}}$$

$$dy = f'(x)\Delta x = \overline{\mathrm{PM}}\,tan\alpha = \overline{\mathrm{MR}}$$

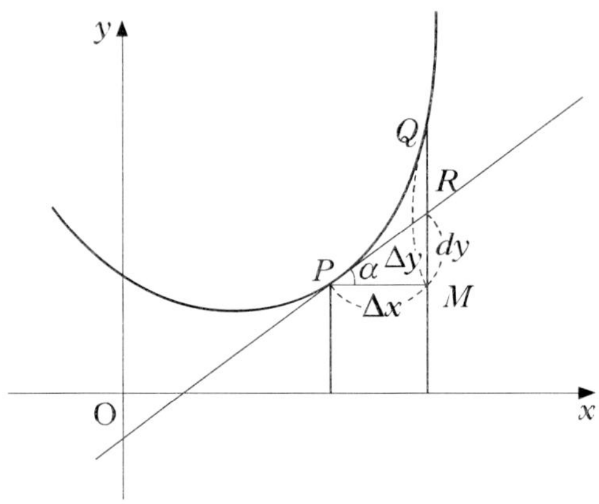

그림 3.7

이다. 즉, Δy는 x의 증분 Δx에 대응하는 곡선 $y=f(x)$의 증분이고 y의 미분 dy는 x의 증분 Δx에 대응하는 곡선 $f(x)$상의 점 $\mathrm{P}(x,\ y)$에서 이 곡선에 그은 접선의 증분이다.

예제 2 x가 2에서 2.01로 변하면 $x=2.01$일 때 $y=x^2+x+1$의 근사값을 구하여라.

풀이 $dy=(2x+1)dx$, $\Delta x=dx=0.01$이므로 $dy=0.05$
$x=2$일 때 $y=7$이므로 $x=2.01$에서의 y의 근사값은

$$y+dy=7+0.05=7.05$$ ◀

예제 3 미분을 이용해서 $\sqrt{98}$의 근사값을 구하여라.

풀이 $y=\sqrt{x}$라 놓으면 $dy=\dfrac{1}{2\sqrt{x}}dx$이다. $x=100$을 택하면 $dx=-2$이므로

$$dy=\frac{-2}{2\sqrt{100}}=-0.1$$

따라서

$$\sqrt{98}=y+dy=\sqrt{100}-0.1=9.9$$

이다. ◀

3.5 속도와 가속도

직선 위를 움직이는 물체가 출발점 O을 출발하여 t초 후에 점 P에 도착했다 하자. 출발점 O에서 P까지의 거리를 x라 하면 x는 t에 관한 함수로 나타낸다. t와 x 사이의 관계를 $x=f(t)$라 할 때 이것을 질점 P의 **운동방정식**이라 한다.

운동방정식 $x=f(t)$에서 질점 P가 시각 Δt 동안에 P에서 Q까지 Δx만큼 이동했다면, 거리 x의 변화량 Δx는

$$\Delta x=f(t+\Delta t)-f(t)$$

이고 $\dfrac{\Delta x}{\Delta t}$는 질점이 P에서 Q까지 이동할 때의 평균속도이다. 이 때 극한값

$$\lim_{\Delta t \to 0} \frac{\Delta x}{\Delta t}$$

가 존재하면 그 극한값을 점 P에서 질점의 **속도**(velocity)라 한다.

따라서 운동방정식 $x = f(t)$에 의한 질점 P의 속도 $v(t)$는

$$v(t) = \frac{dx}{dt} = f'(t)$$

이다. 즉 속도는 시간에 대한 거리의 순간변화율임을 알 수 있다. 같은 방법으로 시간에 대한 속도의 순간변화율로 정의되는 **가속도**(acceleration) $\alpha(t)$는

$$\alpha(t) = \frac{d}{dt}v(t) = \frac{d^2 f(t)}{dt^2}$$

이다.

예제 1 x축, y축 위의 각각 양 끝점 A, B가 있는 길이 5cm인 선분이 제1사분면에 있다고 한다. 지금 B가 매초 0.3cm의 일정한 속도로 원점을 향하여 움직인다고 하면 $\overline{\mathrm{OB}}$=3cm일 때 A는 어떤 속도로 움직이고 있느냐?

풀이

$\overline{\mathrm{OA}} = x$, $\overline{\mathrm{OB}} = y$라 하면 $x^2 + y^2 = 5^2$의 관계가 있고, x, y는 모두 시간 t의 함수이므로 이 식을 t로 미분하면

$$2x\frac{dx}{dt} + 2y\frac{dy}{dt} = 0$$ ◀

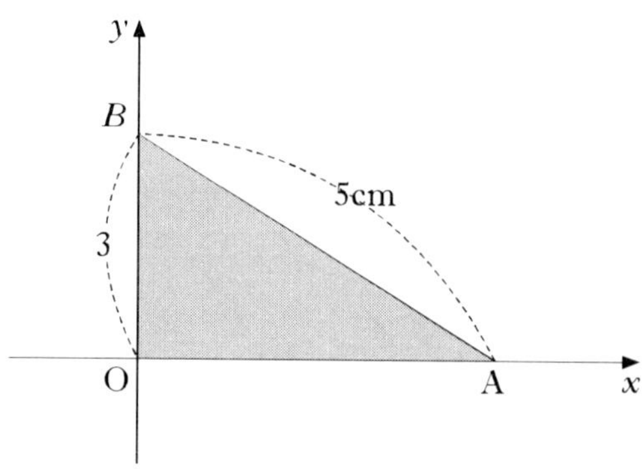

그림 3.8

그런데 B는 매초 0.3cm의 일정한 속도로 원점을 향하고 있으므로 $\frac{dy}{dt}=-0.3$. 따라서

$$\frac{dx}{dt}=\frac{0.3y}{x}=(0.3)\cdot\frac{3}{4}=0.225(\text{cm})$$

질점 P가 평면 위를 운동할 때 P의 좌표를 $(x,\ y)$라고 하면 $x,\ y$는 시간 t의 함수이다. 이것을 t를 매개변수로 하여

$$x=f(t),\ y=g(t)$$

로 나타낼 수 있다.

질점 P가 그리는 곡선에서 시간 t와 $t+\Delta t$에서의 질점의 위치를 각각 $\text{P}(x,\ y)$, $\text{Q}(x+\Delta x,\ y+\Delta y)$라고 하면 $\frac{\Delta x}{\Delta t}$, $\frac{\Delta y}{\Delta t}$를 각각 x성분 y성분으로 하는 벡터가 질점의 평균속도를 표시하고, $\Delta t\to 0$일 때의 극한

$$v_x=\frac{dx}{dt},\ v_y=\frac{dy}{dt}$$

를 각각 x성분, y성분으로 하는 벡터가 질점의 속도 $v=(v_x,\ v_y)$이다. 이 v_x, v_y를 각각 질점의 속도의 x성분, y성분이라고 하며 또, x방향 및 y방향의 **분속도**라고 한다.

속도가 v이므로 방향각을 θ라고 하면 $v_x=|v|\cos\theta$, $v_y=|v|\sin\theta$이다. 따라서

$$|v|=\sqrt{{v_x}^2+{v_y}^2}$$

$$\tan\theta=\frac{v_y}{v_x}=\frac{dy}{dx}$$

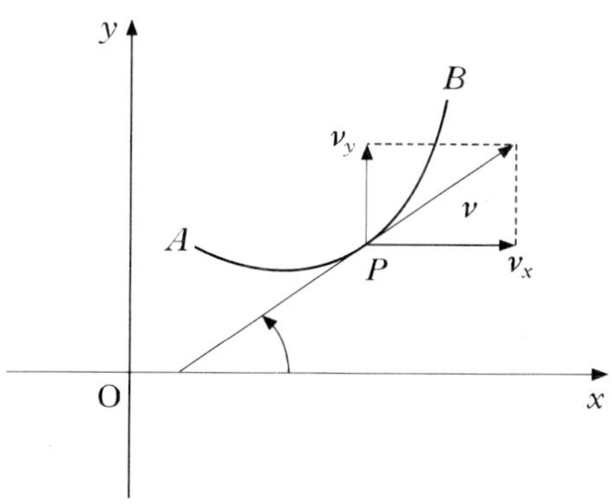

그림 3.9

그러므로 속도는 질점이 그리는 곡선의 접선 위의 벡터임을 알 수 있다. 가속도 α는 속도의 변화율이고, 방향각을 θ라고 하면, 가속도의 x 성분 α_x, y성분 α_y는 각각

$$\alpha_x = |a|\cos\theta = \frac{dv_x}{dt},$$

$$a_y = |a|\sin\theta = \frac{dv_y}{dt}$$

예제 2 반지름의 길이가 a인 원주 위를 일정한 가속도 ω로 운동하는 질점 P의 속도와 가속도를 구하여라.

풀이

원의 중심을 원점으로 하고 $t=0$일 때 질점 P의 위치를 $(a, 0)$로 하면

$$x = a\cos\omega t, \quad y = a\sin\omega t$$

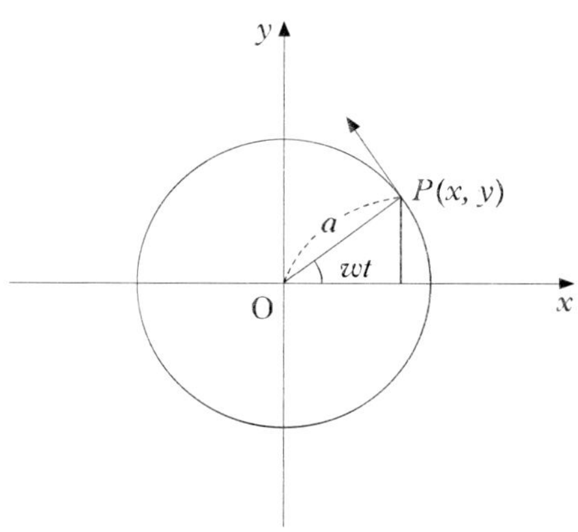

그림 3.10

이다. 따라서 x축과 y축 방향의 분속도는

$$v_x = -a\omega\sin\omega t,$$

$$v_y = a\omega\cos\omega t$$

이므로 속도의 크기는

$$|v| = \sqrt{(-a\omega \sin\omega t)^2 + (a\omega \cos\omega t)^2}$$
$$= a\omega$$

또 분가속도는

$$\alpha_x = \frac{dv_x}{dt} = -a\omega^2 \cos\omega t,$$

$$\alpha_y = \frac{dv_y}{dt} = -a\omega^2 \sin\omega t$$

이므로 가속도의 크기는

$$\alpha = \sqrt{(-a\omega^2 \cos\omega t)^2 + (-a\omega^2 \sin\omega t)^2}$$
$$= a\omega^2$$ ◀

예제 3 $x = t^2 - 2$, $y = 3t^2 - \frac{t^4}{4}$ 으로 운동방정식이 나타날 때 $t = 2$에서의 속도 및 가속도와 이들의 방향을 구하여라.

풀이 $v_x = 2t$, $v_y = 6t - t^3$

$t = 2$일 때 $v_x = 4$, $v_y = 4$

$$|v| = \sqrt{v_x{}^2 + v_y{}^2} = \sqrt{16 + 16} = 4\sqrt{2}$$

$$\tan\theta = \frac{v_y}{v_x} = 1, \quad \theta = \frac{\pi}{4}$$

또 $t = 2$일 때 $\alpha_x = 2$, $\alpha_y = -6$

$$|\alpha| = \sqrt{a_x{}^2 + a_y{}^2} = 2\sqrt{10}$$

$$\tan\psi = \frac{\alpha_y}{a_x} = \frac{-6}{2}, \quad \psi = \tan^{-1}(-3)$$ ◀

3.6 부정형의 극한값

정의 3.4

x가 a 또는 ∞일 때, 이들을 $\dfrac{f(x)}{g(x)}$, $f(x) \cdot g(x)$, $f(x)-g(x)$, $\{f(x)\}^{g(x)}$에 대입한 결과, 이들이

$$\frac{0}{0},\ \frac{\infty}{\infty},\ 0 \cdot \infty,\ \infty-\infty,\ 1^{\infty},\ 0^{0},\ \infty^{0}$$

인 꼴이면, 이들 함수는 $x=a$ 또는 $x=\pm\infty$에서 **부정형**(indefinite form)을 갖는다고 한다.

정리 3.9 L'Hospital의 정리

함수 $f(x)$, $g(x)$가 점 $x=a$의 근방에서 미분가능하고 그 근방에서 $g'(x) \neq 0$이며, 또한 $f(a)=g(a)=0$이고 $x \to a$일 때 $\dfrac{f'(x)}{g'(x)}$의 극한값이 존재하면

$$\lim_{x \to a}\frac{f(x)}{g(x)}=\lim_{x \to a}\frac{f'(x)}{g'(x)}$$

이다 (단, a 대신 ∞, $-\infty$)라고 하여도 된다.

증명 $f(x)$, $g(x)$가 Cauchy의 평균값 정리의 조건을 만족하고 $f(a)=g(a)=0$이므로

$$\frac{f'(c)}{g'(c)}=\frac{f(x)-f(a)}{g(x)-g(a)}$$

인 점 c가 a와 x 사이에 적어도 하나 존재한다.

그런데 $a \leq c \leq x$이므로 $x \to a$이면, $c \to a$가 되어서

$$\lim_{x\to a}\frac{f(x)}{g(x)}=\lim_{c\to a}\frac{f'(c)}{g'(c)}=\lim_{x\to a}\frac{f'(x)}{g'(x)}$$

가 된다. 또 $x\to\pm\infty$일 때에는 $x=\frac{1}{t}$이라 두면, $x\to\pm\infty$일 때 $t\to 0$가 되므로

$$\lim_{x\to\pm\infty}\frac{f(x)}{g(x)}=\lim_{t\to 0}\frac{f\left(\frac{1}{t}\right)}{g\left(\frac{1}{t}\right)}=\lim_{t\to 0}\frac{f'\left(\frac{1}{t}\right)\left(-\frac{1}{t^2}\right)}{g'\left(\frac{1}{t}\right)\left(-\frac{1}{t^2}\right)}=\lim_{t\to 0}\frac{f'\left(\frac{1}{t}\right)}{g'\left(\frac{1}{t}\right)}$$

$$=\lim_{x\to\pm\infty}\frac{f'(x)}{g'(x)}$$

이다. ■

예제 1 다음 극한값을 구하여라.

(1) $\lim_{x\to 4}\frac{x^2-16}{x^2+x-20}$

(2) $\lim_{x\to 0}\frac{e^x-1}{x}$

풀이 (1) $\lim_{x\to 4}\frac{x^2-16}{x^2+x-20}=\lim_{x\to 4}\frac{(x^2-16)'}{(x^2+x-20)'}$

$$=\lim_{x\to 4}\frac{2x}{2x+1}=\frac{8}{9}$$

(2) $\lim_{x\to 0}\frac{e^x-1}{x}=\lim_{x\to 0}\frac{(e^x-1)'}{(x)'}$

$$=\lim_{x\to 0}\frac{e^x}{1}=e^0=1$$ ◀

정리 3.10 L'Hospital의 정리

함수 $f(x)$, $g(x)$가 점 $x=a$의 근방에서 미분가능하고 이 근방에서 $g'(x)\neq 0$이며 $x\to a$일 때 $f(x)$, $g(x)\to\pm\infty$이고 $\frac{f'(x)}{g'(x)}$의 극한값이 존재하면

$$\lim_{x\to a}\frac{f(x)}{g(x)}=\lim_{x\to a}\frac{f'(x)}{g'(x)}$$

이다(단, a 대신 ∞, $-\infty$라고 하여도 된다.).

예제 2 다음 극한값을 구하여라.

(1) $\lim_{x\to\infty}\frac{\ln x}{x}$ (2) $\lim_{x\to\infty}\frac{e^{2x}}{x^3}$

(3) $\lim_{x\to 0}\frac{x-\sin x}{x^3}$ (4) $\lim_{x\to\infty}\frac{e^x}{x^n}$

풀이 (1) $\lim_{x\to\infty}\frac{\ln x}{x}=\lim_{x\to\infty}\frac{(\ln x)'}{(x)'}$

$$=\lim_{x\to\infty}\frac{1}{x}=0$$

(2) $\lim_{x\to\infty}\frac{e^{2x}}{x^3}=\lim_{x\to\infty}\frac{2e^{2x}}{3x^2}=\lim_{x\to\infty}\frac{4e^{2x}}{6x}$

$$=\lim_{x\to\infty}\frac{8e^{2x}}{6}=\infty$$

(3) $\lim_{x\to 0}\frac{x-\sin x}{x^3}=\lim_{x\to 0}\frac{(x-\sin x)'}{(x^3)'}=\lim_{x\to 0}\frac{1-\cos x}{3x^2}$

$$=\lim_{x\to 0}\frac{\sin x}{6x}$$

$$=\lim_{x\to 0}\frac{\cos x}{6}=\frac{1}{6}$$

(4) $\lim_{x\to\infty}\frac{e^x}{x^n}=\lim_{x\to\infty}\frac{e^x}{nx^{n-1}}=\cdots$

$$=\lim_{x\to\infty}\frac{e^x}{n(n-1)\cdots 2\cdot 1}=\infty$$ ◀

3.7 극좌표

지금까지 평면상의 점의 위치를 나타내는데 직교좌표를 사용하였다. 직교좌표계에서는 점의 위치를 서로 수직인 두 좌표축까지의 거리로써 표시했는데 본절에서는 이와는 다른 방법으로 평면상의 점을 표시하는 방법에 대해서 공부해 보고자 한다.

정의 3.5

극좌표란 평면상에 한 점 O와 반직선 OX를 잡고 O를 원점 반직선 OX를 **극축**이라 부른다.

평면상의 한 점 P에서 원점까지의 거리가 r, OP와 극축 OX가 이루는 각 $\angle$POX가 θ 일 때 (r, θ)를 P의 **극좌표**(polar coordinate), r을 P의 **동경**(radius), θ을 P의 **편각**(argument)이라 부른다.

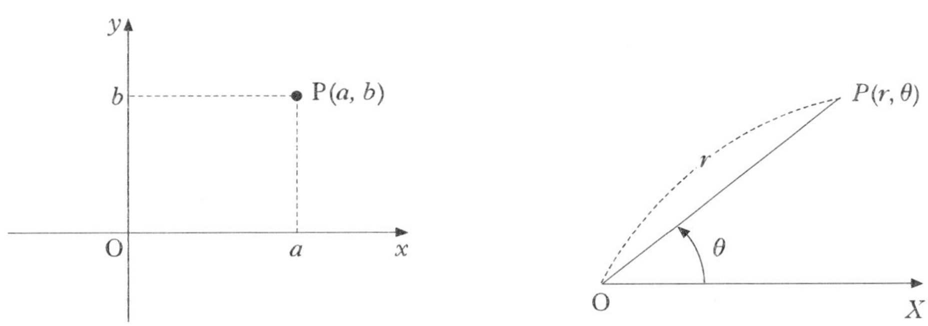

직교좌표계　　　　극좌표계

그림 3.11

예제 1 극좌표 $\left(3, \dfrac{\pi}{3}\right)$, $\left(2, \dfrac{3}{4}\pi\right)$, $\left(2, -\dfrac{1}{3}\pi\right)$를 표시하여라.

풀이

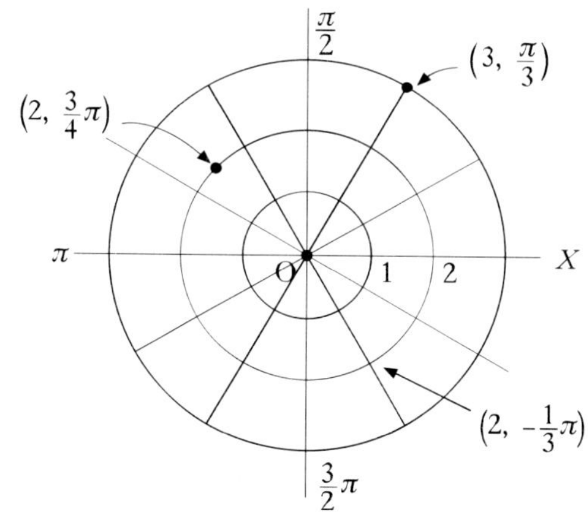

그림 3.12

극좌표에서의 편각은 극축으로부터 시계바늘 반대 방향으로 잰 각을 양으로, 시계바늘 방향으로 잰 각을 음으로 표시한다. 따라서 극좌표에서는 한 점의 극좌표가 여러 가지로 표시될 수 있다. 예를 들면 $(1,\ -45°)$, $(1,\ 675°)$, $(1,\ 315°)$는 모두 같은 점을 표시한다. ◀

일반적으로 $(r,\ \theta \pm 2n\pi)$는 모두 같은 점이다. 극좌표의 정의로부터 동경 r은 음이 아니다. 그러나 극좌표로 표시된 곡선을 그리다보면 r이 음수가 되는 경우도 나타나는데 이런 경우를 생각하여 r이 음수일 때의 극좌표를 다음과 같이 정의해 준다. 즉,

정의 3.6

P의 좌표가 $(r,\ \theta)$ 일 때 $(-r,\ \theta)$는 P와 원점 O에 대칭인 점을 뜻한다.

$(r,\ \theta)$와 $(r,\ \theta+\pi)$는 원점에 대칭이므로 따라서 $(-r,\ \theta)$는 $(r,\ \theta+\pi)$와 같은 점이 된다.

예제 2 $\left(-2,\ \frac{\pi}{6}\right)$, $\left(-3,\ \frac{\pi}{4}\right)$, $\left(3,\ \frac{5}{4}\pi\right)$를 극좌표로 나타내어라.

풀이

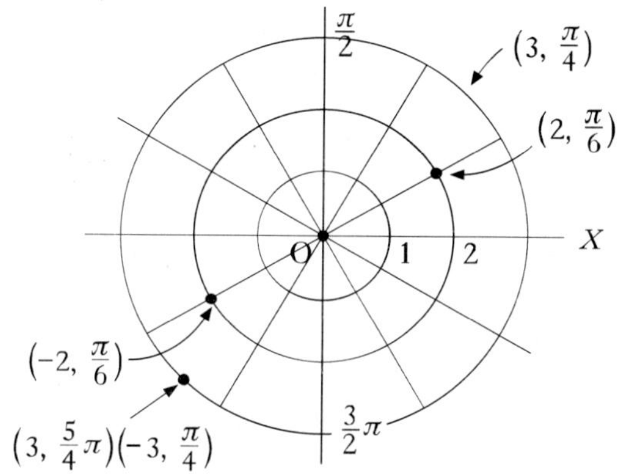

그림 3.13 ◀

극좌표축을 그림 3.14와 같이 직교좌표축의 x축의 양의 방향과 같게 잡으면 한 점 P의 극좌표 $(r,\ \theta)$와 직교좌표 $(x,\ y)$ 사이의 관계식

$$x = r\cos\theta,\ \ r = \sqrt{x^2 + y^2}$$

$$y = r\sin\theta,\ \ \theta = \tan^{-1}\frac{y}{x}$$

를 얻는다.

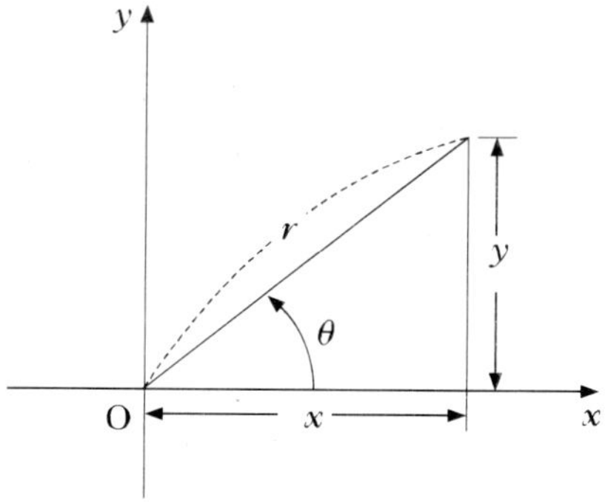

그림 3.14

예제 3 직교좌표 $(-2,\ 2\sqrt{3})$을 극좌표로 나타내어라.

풀이 $r^2 = (-2)^2 + (2\sqrt{3})^2 = 16,\ \tan\theta = \dfrac{2\sqrt{3}}{-2} = -\sqrt{3}$.

따라서 극좌표는 $\left(4,\ \dfrac{2}{3}\pi\right)$가 된다. 그러나

$$\left(4,\ \frac{2}{3}\pi + 2n\pi\right),\ \left(-4,\ \frac{2}{3}\pi + 3n\pi\right)$$

들도 모두 $(-2,\ 2\sqrt{3})$의 극좌표이다. $(n = 0,\ \pm 1,\ \pm 2,\ \cdots)$ ◀

예제 4 극좌표 $\left(2,\ \dfrac{\pi}{3}\right)$의 직교좌표를 구하여라.

풀이 $x = 2\cos\dfrac{\pi}{3} = 2 \times \dfrac{1}{2} = 1$

$$y = 2\sin\frac{\pi}{3} = 2 \times \frac{\sqrt{3}}{2} = \sqrt{3}$$

따라서 극좌표 $\left(2,\ \dfrac{\pi}{3}\right)$의 직교좌표는 $(1,\ \sqrt{3})$이다. ◀

예제 5 극방정식 $r = \sin\theta$를 직교방정식으로 바꾸어라.

풀이 $r = \sin\theta$와 $r^2 = r\sin\theta$는 같은 곡선을 나타낸다.

$$r^2 = x^2 + y^2,\ r\sin\theta = y$$

이므로 주어진 식은 직교좌표로 바꾸면

$$x^2 + y^2 = y,\ \text{즉}\ x^2 + \left(y - \frac{1}{2}\right)^2 = \frac{1}{4}$$

로 표시되고 원을 나타내는 방정식이다. ◀

예제 6 극좌표로 $r = \sin\theta(0 \le \theta \le \pi)$로 주어진 곡선의 개형을 그려라.

풀이 θ의 값이 0에서 $\dfrac{\pi}{2}$까지 증가하면 r의 값은 0에서 1까지 증가하고 θ가 $\dfrac{\pi}{2}$에서 π까지 증가하면 r의 값은 1에서 0으로 감소한다. θ의 몇 개의 값에 대한 r의 값을 나타내는 표는 다음과 같다.

θ	$r=\sin\theta$
0	0
$\frac{\pi}{6}$	$\frac{1}{2}$
$\frac{\pi}{4}$	$\frac{1}{\sqrt{2}}$
$\frac{\pi}{3}$	$\frac{\sqrt{3}}{2}$
$\frac{\pi}{2}$	1

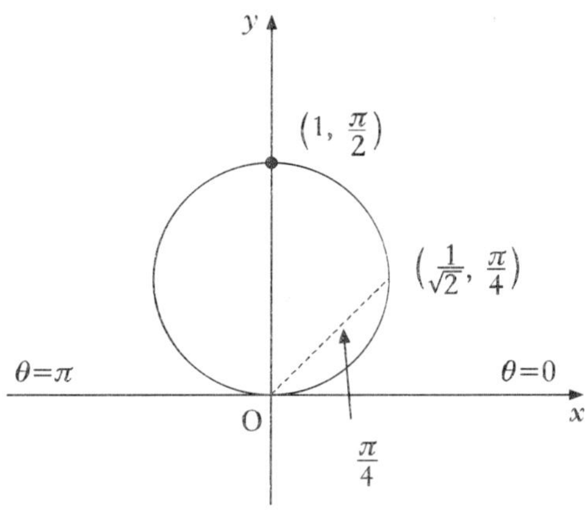

그림 3.15 ◀

예제 7 극방정식으로 주어진 곡선 $r=\sin 2\theta$의 개형을 그려라.

풀이 θ의 값의 변화에 따른 r의 값의 변화를 표로 나타내면 다음과 같다.

θ	$r=\sin 2\theta$
0에서 $\frac{\pi}{4}$까지 증가	0에서 1까지 증가
$\frac{\pi}{4}$에서 $\frac{\pi}{2}$까지 증가	1에서 0까지 감소
$\frac{\pi}{2}$에서 $\frac{3\pi}{4}$까지 증가	0에서 −1까지 감소
$\frac{3\pi}{4}$에서 π까지 증가	−1에서 0까지 증가
⋮	⋮

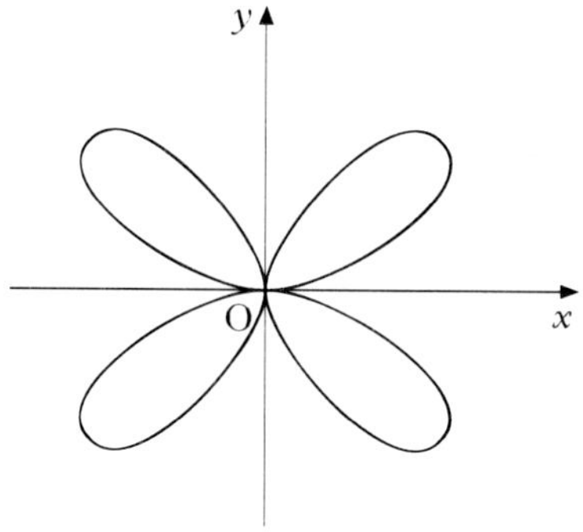

그림 3.16

위의 표에서 θ가 제2사분면에서는 $r<0$이 되어 곡선은 제4사분면에 나타나게 된다.

◀

예제 8 극방정식으로 주어진 곡선 $r=1+\sin\theta$의 개형을 그려라.

풀이 θ의 값의 변화에 따른 r의 값의 변화를 표로 나타내면 다음과 같다.

θ	$\sin\theta$	$r=1+\sin\theta$
0에서 $\frac{\pi}{2}$까지 증가	0에서1까지 증가	1에서 2까지 증가
$\frac{\pi}{2}$에서 π까지 증가	1에서 0까지 감소	2에서 1까지 감소
π에서 $\frac{3\pi}{2}$까지 증가	0에서 -1까지 감소	1에서 0까지 감소
$\frac{3\pi}{2}$에서 2π까지 증가	-1에서 0까지 감소	0에서 1까지 증가

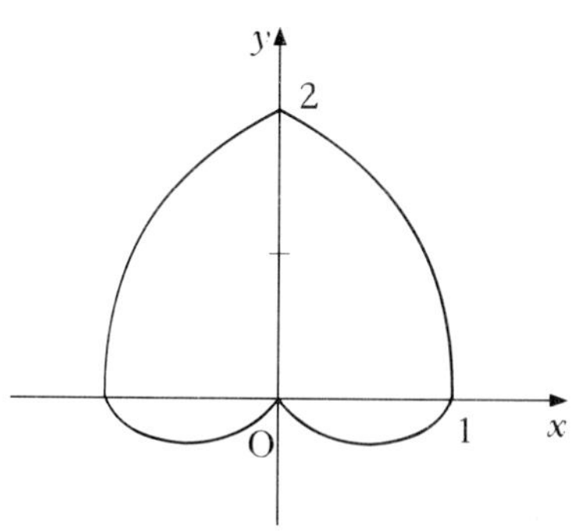

그림 3.17

◀

예제 9 극방정식 $r = 1 + 2\sin\theta$의 개형을 그려라.

풀이 앞의 예제에서와 같이 개형을 그릴 수 있다. 구간

$$\frac{7}{6}\pi < \theta < \frac{11}{6}\pi$$

에서는 $r < 0$가 됨에 주의하여 개형을 그려보면 다음과 같다.

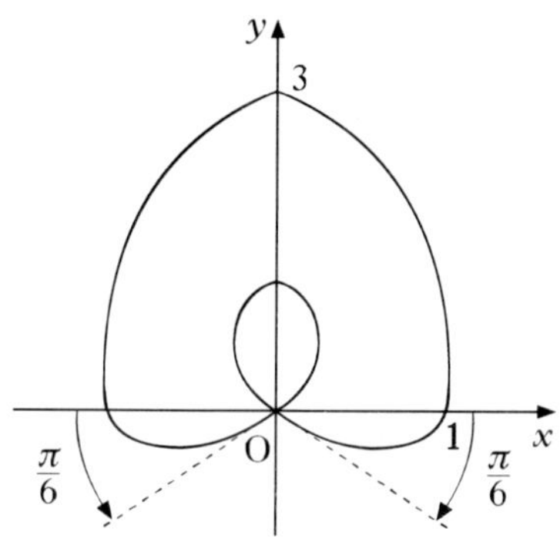

그림 3.18

◀

연습문제 3.1

1. 다음 함수의 증가 감소를 판별하여라.

(1) $y = x^3 - 3x - 5$ (2) $y = xe^{-x}$

(3) $y = e^{-x}\sin x\,[0,\ 2\pi]$ (4) $y = x^2(x-3)$

2. $f(x) = x^3 - 3ab + b$에서 극대값 6, 극소값이 2가 되도록 a, b의 값을 구하여라.

3. $x > 0$일 때 $x - \dfrac{x^2}{2} < \ln(1+x) < x$임을 보여라.

4. 다음 함수가 주어진 구간에서 평균값 정리를 만족하는 점을 구하여라.

(1) $f(x)=x^2+2x-1$, $[0,\ 1]$ (2) $f(x)=x^{\frac{2}{3}}$, $[0,\ 1]$

5. $y=ax^3+bx^2$이 $(1,\ 2)$에서 변곡점을 가지도록 a, b를 결정하여라.

6. 다음 함수의 극값을 구하여라.

(1) $f(x)=\dfrac{x+1}{x^2+1}$ (2) $f(x)=x^4-9x^2+4x+12$

7. 다음 극한값을 구하여라.

(1) $\lim\limits_{x\to1}\dfrac{\ln x}{x-1}$ (2) $\lim\limits_{x\to0}\dfrac{e^x-1}{\sin x}$

(3) $\lim\limits_{\theta\to0}\dfrac{\tan\theta}{\theta}$ (4) $\lim\limits_{x\to1}\dfrac{\ln x}{\tan\pi x}$

(5) $\lim\limits_{x\to\pi^+}\dfrac{\sin x}{x-\pi}$ (6) $\lim\limits_{x\to\frac{1}{2}\pi^-}\dfrac{\cos x}{\sqrt{\dfrac{\pi}{2}-x}}$

(7) $\lim\limits_{x\to0}\dfrac{e^x+e^{-x}-2}{1-\cos2x}$ (8) $\lim\limits_{x\to0}\dfrac{x-\tan x}{\sin x-x}$

8. 다음 방정식을 직교좌표에서 극좌표로 바꾸어라.

(1) $y^2=4ax$ (2) $y^3=ax^2$

9. 다음 방정식을 극좌표에서 직교좌표로 바꾸어라.

(1) $r=a\sec\theta$ (2) $r=\tan\theta\sec\theta$

10. 다음 곡선의 교점을 구하여라.

(1) $\begin{cases} r=1+\sin\theta \\ r=5-3\sin\theta \end{cases}$ (2) $\begin{cases} r=\cos2\theta \\ r=\cos\theta \end{cases}$

11. 직선상을 움직이는 점 P가 출발점으로부터 t초 후에 이동한 거리 $s\,(m)$가 $s=t^3-3t-5$로 주어질 때, P가 출발한지 2초 후의 속도와 가속도의 크기를 구하여라.

Chapter 4

적분법

4.1 부정적분

정의 4.1

함수 $f(x)$를 도함수로 하는 함수 $F(x)$ 즉, $F'(x)=f(x)$인 함수 $F(x)$를 $f(x)$의 **원시함수**(primitive function) 또는 **부정적분**(indefinite integral)이라 하고, 기호로는

$$F(x)=\int f(x)dx$$

로 나타낸다.

이때 $f(x)$를 **피적분함수**(integrand), 그리고 x를 **적분변수**(integrable variation)라 하고, $f(x)$의 원시함수 $F(x)$를 구하는 것을 $f(x)$를 **적분한다**(integrate)고 하며, 그 계산법을 **적분법**(integration)이라고 한다.

주어진 함수 $f(x)$의 원시함수는 여러 개 있겠는가? 만약 $F(x)$, $G(x)$가 모두 $f(x)$의 원시함수라고 하면 $F'(x)=G'(x)=f(x)$이므로 $F'(x)-G'(x)=0$이다. 곧, $(F(x)-G(x))'=0$이므로 $F(x)-G(x)=c$(상수)이다. 다시말하면 $f(x)$의 원시함수

의 하나가 $G(x)$일 때, $f(x)$의 다른 원시함수는 모두 $G(x)+c$의 꼴로 표시된다. 이때 상수 c를 **적분상수**(intergral constant)라고 한다.

원시함수의 정의로부터 적분법은 미분법의 역산이다. 그러므로 $f(x)$의 원시함수의 도함수는 다시 $f(x)$가 된다. 곧,

$$\frac{d}{dx}\left(\int f(x)dx\right)=f(x).$$

예제 1 $\int f(x)dx = x^2+x+c$인 $f(x)$를 구하여라.

풀이

$f(x)$는 우변을 미분한 것이므로

$$(x^2+x+c)'=2x+1\text{에서 } f(x)=2x+1$$

이다. ◀

정리 4.1

(1) $\int kdx = kx+c$ (k: 상수)

(2) $\int x^n dx = \frac{1}{n+1}x^{n+1}+c$ (n: 실수, $n\neq -1$)

$n=-1$일 때는 $\int \frac{1}{x}dx = \ln|x|+c$

(3) $\int kf(x)dx = k\int f(x)dx$ (k: 상수)

(4) $\int \{f(x)\pm g(x)\}dx = \int f(x)dx \pm \int g(x)dx$ (복호동순)

증명 이 기본공식은 우변을 미분하여 피적분함수가 나옴을 밝히면 된다.

(1) $\frac{d}{dx}(kx+c)=k$

$\therefore \int kdx = kx+c$

(2) $\dfrac{d}{dx}\left(\dfrac{1}{x+1}x^{n+1}+c\right)=(n+1)\dfrac{1}{n+1}x^{n}=x^{n}$

$\therefore\ \displaystyle\int x^{n}dx=\frac{1}{n+1}x^{n+1}+c$

특히 $n=-1$인 경우에는

$x>0$일 때

$$\frac{d}{dx}(\ln|x|+c)=\frac{d}{dx}(\ln x+c)=\frac{1}{x}$$

$x<0$일 때

$$\frac{d}{dx}(\ln|x|+c)\frac{d}{dx}(\ln(-x)+c)=\frac{-1}{-x}=\frac{1}{x}$$

$\dfrac{d}{dx}(\ln|x|+c)=\dfrac{1}{x}$이므로 $\displaystyle\int\frac{1}{x}dx=\ln|x|+c$

(3) $\dfrac{d}{dx}\left\{k\displaystyle\int f(x)dx\right\}=k\dfrac{d}{dx}\left\{\displaystyle\int f(x)dx\right\}=kf(x)$

$\therefore\ \displaystyle\int kf(x)dx=k\int f(x)dx$

(4) $\dfrac{d}{dx}\left\{\displaystyle\int f(x)dx\pm\int g(x)dx\right\}=\dfrac{d}{dx}\left\{\displaystyle\int f(x)dx\right\}\pm\dfrac{d}{dx}\left\{\displaystyle\int g(x)dx\right\}$

$$=f(x)\pm g(x)$$

$\therefore\ \displaystyle\int\{f(x)\pm g(x)\}dx=\int f(x)dx\pm g(x)dx$ ■

예제 2 다음 부정적분을 구하여라.

(1) $\displaystyle\int 4dx$ (2) $\displaystyle\int\sqrt[3]{x^{2}}\,dx$ (3) $\displaystyle\int\frac{2}{x}dx$

풀이 (1) $\displaystyle\int 4dx=4x+c$

(2) $\displaystyle\int\sqrt[3]{x^{2}}\,dx=\int x^{\frac{2}{3}}dx=\frac{3}{5}x^{\frac{5}{3}}+c$

(3) $\displaystyle\int\frac{2}{x}dx=2\int\frac{1}{x}dx=2\ln|x|+c$ ◀

예제 3 다음 부정적분을 구하여라.

(1) $\int 3x^3\sqrt{x}\,dx$

(2) $\int x(x+1)(x+2)dx$

(3) $\int \frac{x^4+x^2+1}{x^2+x+1}dx$

(4) $\int \left(\frac{1}{1+\tan^2\theta}+\frac{1}{1+\cot^2\theta}\right)d\theta$

풀이 (1) $\int 3x^3\sqrt{x}\,dx = 3\int x^{\frac{4}{3}}dx$

$$= 3\cdot\frac{3}{7}\cdot x^{\frac{7}{3}}+c = \frac{9}{7}x^{\frac{7}{3}}+c$$

(2) $\int x(x+1)(x+2)dx = \int (x^3+3x^2+2x)dx$

$$= \int x^3dx + 3\int x^2dx + 2\int xdx$$

$$= \frac{1}{4}x^4+x^3+x^2+c$$

(3) $\int \frac{x^4+x^2+1}{x^2+x+1}dx = \int (x^2-x+1)dx$

$$= \frac{1}{3}x^3-\frac{1}{2}x^2+x+c$$

(4) $\int \left(\frac{1}{1+\tan^2\theta}+\frac{1}{1+\cot^2\theta}\right)d\theta = \int (\cos^2\theta+\sin^2\theta)d\theta$

$$= \int d\theta = \theta + c$$ ◀

예제 4 $\int \cos^2\frac{x}{2}dx$를 구하여라.

풀이 $\cos^2\frac{x}{2}=\frac{1}{2}(1+\cos x)$이므로

$$\int \cos^2\frac{x}{2}dx = \frac{1}{2}\int (1+\cos x)dx = \frac{1}{2}(x+\sin x)+c$$ ◀

예제 5 $f(a+b)=f(a)+f(b)+1$이 임의의 실수 a, b에 대하여 성립하고, $f(x)$가 미분가능하며 $f'(0)=5$일 때, $f(x)$를 구하여라.

풀이 $a=b=0$로 놓으면, $f(0)=2f(0)+1$. $\therefore f(0)=-1$

$$f'(x)=\lim_{h\to0}\frac{f(x+h)-f(x)}{h}=\lim_{h\to0}\frac{f(x)+f(h)+1-f(x)}{h}$$

$$=\lim_{h\to0}\frac{f(h)+1}{h}=\lim_{h\to0}\frac{f(0+h)-f(0)}{h}$$

$$=f'(0)=5$$

$\therefore f(x)=\int 5dx=5x+c$ 또 $f(0)=c=-1$

$\therefore f(x)=5x-1$ ◀

예제 6 다음 등식이 성립함을 증명하여라.

(1) $\int \sin x dx=-\cos x+c$

(2) $\int \sec^2 kx dx=\frac{1}{k}\tan kx+c$

(3) $\int a^x dx=\frac{1}{\ln a}a^x+c(a>0,\ a\neq 1)$

(4) $\int e^{kx}dx=\frac{1}{k}e^{kx}+c$

(5) $\int \frac{1}{\sqrt{a^2-x^2}}dx=\sin^{-1}\frac{x}{a}+c$

(6) $\int \frac{1}{a^2+x^2}dx=\frac{1}{a}\tan^{-1}\frac{x}{a}+c$

증명 초월함수의 부정적분도 미분공식을 기억하면서 앞의 기본공식과 같이 우변을 미분한 것이 피적분함수가 됨을 밝히면 된다.

(1) $\frac{d}{dx}(-\cos x+c)=\sin x$

$\therefore \int \sin x dx=-\cos x+c$

(2) $\frac{d}{dx}\left(\frac{1}{k}tankx+c\right)=\frac{1}{k}(\sec^2 kx)\cdot k=\sec^2 kx$

$\therefore \int \sec^2 kx dx=\frac{1}{k}tankx+c$

(3) $\frac{d}{dx}\left(\frac{a^x}{\ln a}+c\right)=\frac{1}{\ln a}a^x\ln a=a^x$

$\therefore \int a^x dx=\frac{a^x}{\ln a}+c$

(4) $\frac{d}{dx}\left(\frac{1}{k}e^{kx}\right)=\frac{1}{k}e^{kx}k=e^{kx}$

$\therefore \int e^{kx}dx=\frac{1}{k}+c$

(5) $\frac{d}{dx}\left(\sin^{-1}\frac{x}{a}+c\right)=\frac{1}{\sqrt{1-\left(\frac{x}{a}\right)^2}}\frac{1}{a}=\frac{1}{\sqrt{a^2-x^2}}$

$\therefore \int \frac{1}{\sqrt{a^2-x^2}}dx=\sin^{-1}\frac{x}{a}+c$

(6) $\frac{d}{dx}\left(\frac{1}{a}tan^{-1}\frac{x}{a}+c\right)=\frac{1}{a}\frac{1}{1+\left(\frac{x}{a}\right)^2}\frac{1}{a}=\frac{1}{a^2+x^2}$

$\therefore \int \frac{1}{a^2+x^2}dx=\frac{1}{a}tan^{-1}\frac{x}{a}+c$ ■

연습문제 4.1

1. 다음 부정적분을 구하여라.

(1) $\int \frac{x-1}{\sqrt{x}} dx$

(2) $\int \left(x - \frac{1}{x}\right)^3 dx$

(3) $\int \frac{x^3}{x+1} dx + \int \frac{1}{x+1} dx$

(4) $\int \left(3x^4 - \frac{1}{x} + \frac{5}{\sqrt{1-x^2}}\right) dx$

(5) $\int 10^x dx$

(6) $\int \frac{1}{x^3} dx$

(7) $\int (2x+1)^2 dx - \int (2x-1)^2 dx$

(8) $\int \left(\sqrt{x} + e^x - 4\cos^2 \frac{x}{2}\right) dx$

(9) $\int \frac{xe^x - 2}{x} dx$

2. $f(x)$의 부정적분을 $F(x)$라 할 때 $F(x) = xf(x) + x^2$을 만족하는 $f(x)$를 구하여라. 단, $f(x)$는 어디서나 미분가능하고 $f(0) = 1$이다.

4.2 치환적분법과 부분적분법

정리 4.3 (치환적분법)

$\int f(x)dx$에서 $x=g(t)$로 치환하면

$$\int f(x)dx = \int f\{g(t)\}g'(t)dt$$

증명 $F(x) = \int f(x)dx$에서 $\frac{d}{dx}F(x) = f(x)$라 하자.

$x=g(t)$라 치환하여 $F(x)$를 t의 함수 $F\{g(t)\}$로 생각하면

$$\frac{d}{dt}F(x) = \frac{d}{dx}F(x)\frac{dx}{dt} = f(x)\frac{dx}{dt} = f\{g(t)\}\frac{d}{dt}g(t) = f\{g(t)\}g'(t)$$

그러므로 $F(x) = \int f\{g(t)\}g'(t)dt$ 즉,

$$\int f(x)dx = \int f\{g(t)\}g'(t)dt$$

이다. ■

위 정리에서 $f(x)$를 x에 대하여 적분하는 것은 새로운 변수 t를 $x=g(t)$에 의하여 도입하여 $f\{g(t)\}g'(t)$를 t에 대하여 적분하는 것과 같다. 이와 같은 적분법을 **치환적분법**(integration by substitution)이라 한다.

예제 1 $\int f(x)dx = F(x)$라 할 때 $\int f(ax)dx = \frac{1}{a}F(ax)+c \quad (a \neq 0)$임을 보여라.

증명 $ax=t$라 하면 $adx=dt$

$$\int f(ax)dx = \int f(t)\frac{1}{a}dt = \frac{1}{a}\int f(t)dt = \frac{1}{a}F(t) = \frac{1}{a}F(ax)$$

$$\therefore \int f(ax)dx = \frac{1}{a}F(ax) + c \qquad \blacksquare$$

예제 2 $\int \frac{f'(x)}{f(x)}dx = \ln|f(x)| + c$임을 보여라.

증명 $f(x) = t$라 하면, $f'(x)dx = dt$이므로

$$\int \frac{f'(x)}{f(x)}dx = \int \frac{dt}{t} = \ln|t| + c = \ln|f(x)| + c \qquad \blacksquare$$

예제 3 다음을 치환적분법으로 구하여라.

(1) $\int (x^4 + 3x^2 - 1)^3 (2x^3 + 3x)dx$

(2) $\int (3x - 8)^{29} dx$

(3) $\int 3e^{3x-1} dx$

(4) $\int \cot x dx$

풀이

(1) $t = x^4 + 3x^2 - 1$라 하면 $2(2x^3 + 3x)dx = dt$이므로

$$\int (x^4 + 3x^2 - 1)^3 (2x^3 + 3x)dx = \int \frac{1}{2}t^3 dt$$

$$= \frac{1}{8}t^4 + c = \frac{1}{8}(x^4 + 3x^2 - 1)^4 + c$$

(2) $3x - 8 = t$라 하면 $3dx = dt$이므로

$$\int (3x - 8)^{29} dx = \frac{1}{3}\int t^{29} dx$$

$$= \frac{1}{3} \cdot \frac{1}{30}t^{30} + c = \frac{1}{90}(3x - 8)^{30} + c$$

(3) $t=3x-1$라 하면 $dt=3dx$이므로

$$\int 3e^{3x-1}dx=\int e^t dt=e^t+c=e^{3x-1}+c$$

(4) $t=\sin x$라 하면 $\cos x dx=dt$이므로

$$\int \cot x dx=\int \frac{\cos x}{\sin x}dx=\int \frac{dt}{t}=\ln|t|+c=\ln|\sin x|+c$$ ◀

예제 4 다음 부정적분을 구하여라.

(1) $\int \tan x dx$ (2) $\int \frac{1}{\sqrt{4-3x}}dx$

(3) $\int \frac{1}{x\cdot\ln x}dx$ (4) $\int \frac{x^3}{\sqrt{x^2+1}}dx$

풀이 (1) $\int \tan x dx=\int \frac{\sin x}{\cos x}dx=-\int \frac{(\cos x)'}{\cos x}dx=-\ln|\cos x|+c$

(2) $\sqrt{4-3x}=t$라 하면 $4-3x=t^2$이므로 $-3dx=2tdt$이므로

$$\int \frac{dx}{\sqrt{4-3x}}=\int \frac{1}{t}\left(-\frac{2}{3}t\right)dt=-\frac{2}{3}\int dt$$

$$=-\frac{2}{3}t+c=-\frac{2}{3}\sqrt{4-3x}+c$$

(3) $\ln x=t$라 하면 $\frac{1}{x}dx=dt$이므로

$$\int \frac{1}{x\ln x}dx=\int \frac{1}{t}dt=\ln|t|+c=\ln|\ln x|+c$$

(4) $x^2+1=t$라 하면 $2xdx=dt$이므로

$$\int \frac{x^3}{\sqrt{x^2+1}}dx=\frac{1}{2}\int \frac{t-1}{\sqrt{t}}dt=\frac{1}{2}\int\left(\sqrt{t}-\frac{1}{\sqrt{t}}\right)dt$$

$$=\frac{1}{3}(t-3)\sqrt{t}+c=\frac{1}{3}(x^2-2)\sqrt{x^2+1}+c$$ ◀

정리 4.3 (부분적분법)

함수 $f(x)$와 $g(x)$가 미분가능 하면

$$\int f'(x)g(x)dx = f(x)g(x) - \int f(x)g'(x)dx$$

이다.

증명 $\dfrac{d}{dx}\{f(x)g(x)\} = f'(x)g(x) + f(x)g'(x)$이므로

부정적분의 정의에 의하여

$$f(x)g(x) = \int f'(x)g(x)dx + \int f(x)g'(x)dx$$

이다. 따라서

$$\int f(x)g'(x)dx = f(x)g(x) - \int f'(x)g(x)dx$$ ■

위 정리에 의한 적분법을 **부분적분법**(integration by parts)이라 한다. 부분적분법은 형식적으로 적분 $\int f(x)g'(x)dx$를 다른 적분 $\int f'(x)g(x)dx$로 바꾸어 적분하는 것이다. 따라서 $f(x)$, $g'(x)$를 적당히 선택하여 후자가 전자보다 간단한 적분이 되도록 하여 적분을 구하는 방법이 곧 부분적분법이다.

예제 5 다음 부정적분을 구하여라.

(1) $\int x\cos x dx$　　　　(2) $\int x^2 \ln x dx$

(3) $\int \ln x dx$　　　　(4) $\int x^2 e^x dx$

풀이 (1) $f(x) = x$, $g'(x) = \cos x$이라 하면

$$f'(x) = 1,\ g(x) = \sin x$$

이므로

$$\int x\cos x dx = x\sin x - \int \sin x dx = x\sin x + \cos x + c$$

(2) $f(x) = \ln x$, $g'(x) = x^2$이라 하면

$$f'(x) = \frac{1}{x},\ g(x) = \frac{1}{3}x^3$$

이므로

$$\int x^2 \ln x dx = \frac{1}{3}x^3\ln x - \frac{1}{3}\int x^2 dx = \frac{1}{3}x^3\ln x - \frac{1}{9}x^3 + c$$

(3) $f(x) = \ln x$, $g'(x) = 1$이라 하면

$$f'(x) = \frac{1}{x},\ g(x) = x$$

이므로

$$\int x\ln x dx = x\ln x - \int dx = x\ln x - x + c$$

(4) $f(x) = x^2$, $g'(x) = e^x$이라 하면

$$f'(x) = 2x,\ g(x) = e^x$$

이므로

$$\int x^2 e^x dx = x^2 e^x - 2\int xe^x dx$$

$\int xe^x dx$에 한 번 더 부분적분법을 적용하면

$$\int xe^x dx = xe^x - \int e^x dx = xe^x - e^x$$

이므로

$$\int x^2 e^x dx = x^2 e^x - 2(xe^x - e^x) = (x^2 - 2x + 2)e^x + c$$

이다. ◀

예제 6 $\int \sin^{-1}x dx$를 구하여라.

풀이 $f(x)=\sin^{-1}x$, $g'(x)=1$이라 하면

$$f'(x)=\frac{1}{\sqrt{1-x^2}},\quad g(x)=x$$

이므로

$$\int \sin^{-1}x dx = x\sin^{-1}x - \int \frac{x}{\sqrt{1-x^2}}dx =$$

$$x\sin^{-1}x + \sqrt{1-x^2}+c$$ ◀

연습문제 4.2

1. 다음 부정적분을 치환적분법으로 구하여라.

(1) $\int (x^2+2x+2)^5(x+1)dx$

(2) $\int \sin 2x \cos 2x dx$

(3) $\int e^x \sqrt{e^x+2}\, dx$

(4) $\int \frac{1+\cos x}{x+\sin x}dx$

(5) $\int \frac{e^x}{e^x+1}dx$

(6) $\int \sin x \sqrt[3]{2\cos x+5}\, dx$

2. 다음 부정적분을 부분적분법으로 구하여라.

(1) $\int x \ln x dx$

(2) $\int x e^x dx$

(3) $\int x^2 \cos x dx$

3. $I_n=\int x\sin^n x dx$이면 $I_n=-\frac{1}{n}sin^{-1}x\cos x+\frac{n-1}{n}I_{n-2}$임을 증명하여라.

4.3 유리식의 적분법

n이 음이 아닌 정수이고 a_0, a_1, a_2, $\cdots$, a_n은 실수이고 $a_n \neq 0$이면

$$p(x) = a_n x^n + a_{n-1}x^{n-1} + \cdots + a_0$$

을 계수 a_0, a_1, a_2, $\cdots$, a_n을 갖는 x에 관한 n**차다항식**(polynomial)이라 하고 두 다항식의 비를 유리식이라 한다.

예를 들면 $\dfrac{x^2-2x+3}{x-1}$, $\dfrac{1}{x^2+1}$ 등은 유리식이다. 일반적으로 유리식은

$$F(x) = \frac{a_n x^n + a_{n-1}x^{n-1} + \cdots + a_0}{b_m x^m + b_{m-1}x^{m-1} + \cdots + b_0} = \frac{B(x)}{D(x)}$$

의 형태를 갖는다. 그러면 유리식의 적분법에 대하여 알아보자.

모든 유리식 $F(x)$는 아래와 같은 형식의 항들의 합으로 쓸 수 있다.

$$q_r x^r + q_{r-1}x^{r-1} + q_0, \quad \frac{A}{(x-a)^r}$$

$$\frac{B_x + D}{(x^2+bx+c)^r} \quad (\text{단, } b^2 - 4c < 0)$$

이것을 **부분분수**(partial fraction)로 **분해한다**고 한다. 그러면 유리식 $F(x)$의 적분은 바로 위식의 항들의 적분으로 귀착되는데 이들의 적분은 어렵지 않다. 따라서 유리식을 저군하려면 부분분수로 분해한 다음 적분을 하게 된다. 우선 유리식 $F(x)$를 부분분수로 고치려면 분자의 차수를 낮추어야 한다. 즉 유리식 $F(x)$의 분자의 차수가 분모의 차수보다 크거나 같다고 하면($n \geq m$)

$$F(x) = Q(x) + \frac{R(x)}{D(x)}$$

로 분해된다. 여기서 $Q(x)$는 다항식이고 $R(x)$의 차수는 $D(x)$의 차수보다 작다.

예제 1 $\int \frac{x^3+1}{x-2}dx$를 구하여라.

풀이

$$
\begin{array}{rl}
 & x^2+2x+4 \\
x-2\,) & \overline{x^3 \qquad\qquad +1} \\
 & x^3-2x^2 \\
\hline
 & 2x^2 \qquad +1 \\
 & 2x^2-4x \\
\hline
 & 4x \;+1 \\
 & 4x \;-8 \\
\hline
 & 9
\end{array}
$$

이므로

$$\frac{x^3+1}{x-2} = x^2+2x+4+\frac{9}{x-2}$$

이다. 그러므로

$$
\begin{aligned}
\int \frac{x^3+1}{x-2}dx &= \int\left(x^2+2x+4+\frac{9}{x-2}\right)dx \\
&= \int x^2dx + 2\int xdx + \int 4dx + 9\int\frac{1}{x-2}dx \\
&= \frac{1}{3}x^3+x^2+4x+9\ln|x-2|+c
\end{aligned}
$$
◀

첫 단계의 분해식에서 유리식 $\frac{R(x)}{D(x)}$가 또 부분분수로 분해가 된다고 가정하자. 그러면 분모 $D(x)$는 실인수의 곱으로 인수분해된다. 이 때 인수는 $x-a$나 x^2+bx+c (단 $b^2-4c<0$)의 두 가지 형태 중의 하나로 된다. 만일 $b^2-4c \geq 0$이면 x^2+bx+c는 두 개의 실인수로 분해된다. 몇몇 인수들은 반복될 수 있기 때문에 분모는 이런 인수들의 멱승의 곱으로 된다. 분모의 인수 $(x-a)^r$은 주어진 식의 분해에서

$$\frac{A_1}{x-a}+\frac{A_2}{(x-a)^2}+\cdots+\frac{A_r}{(x-a)^r}$$

의 형태로 된다.

예제 2 $\displaystyle\int \frac{x^2-7x+8}{(x-2)(x-3)^2}dx$를 구하여라.

풀이 우선 분자의 차수가 분모의 차수보다 작다는 것을 알 수 있다.

$$\frac{x^2-7x+8}{(x-2)(x-3)^2}=\frac{A}{x-2}+\frac{B}{x-3}+\frac{C}{(x-3)^2}$$

A, B, C를 결정한다. 양변에 $(x-2)(x-3)^2$을 곱하면

$$\begin{aligned}x^2-7x+8&=A(x-3)^2+B(x-2)(x-3)+C(x-2)\\&=(A+B)x^2+(-6A-5B+C)x+9A+6B-2C\end{aligned}$$

이다. 대응하는 계수를 같게 놓았을 때 다음 연립방정식을 얻는다.

$$A+B=1,\quad -6A-5B+C=-7,\quad 9A+6B-2C=8$$

이들로부터 $A=-2$, $B=3$, $C=-4$를 얻는다.
따라서

$$\frac{x^2-7x+8}{(x-2)(x-3)^2}=\frac{-2}{x-2}+\frac{3}{x-3}-\frac{4}{(x-3)^2}$$

이다. 그러므로

$$\begin{aligned}\int \frac{x^2-7x+8}{(x-2)(x-3)^2}dx&=-2\int\frac{dx}{x-2}+3\int\frac{dx}{x-3}-4\int\frac{dx}{(x-3)^2}\\&=-2\ln|x-2|+3\ln|x-3|+\frac{4}{x-3}+c\end{aligned}$$ ◀

예제 3 $\displaystyle\int \frac{x^2-4x-2}{x^3-x^2-2x}dx$를 구하여라.

풀이 $$\frac{x^2-4x-2}{x^3-x^2-2x}=\frac{x^2-4x-2}{x(x+1)(x-2)}=\frac{A}{x}+\frac{B}{x+1}+\frac{C}{x-2}$$

A, B, C의 값을 구하면 $A=1$, $B=1$, $C=-1$

$$\begin{aligned}\therefore\ \int \frac{x^2-4x-2}{x^3-x^2-2x}dx&=\int\frac{1}{x}dx+\int\frac{1}{x+1}dx-\int\frac{1}{x-2}dx\\&=\ln|x|+\ln|x+1|-\ln|x-2|+c\\&=\ln\left|\frac{x(x+1)}{x-2}\right|+c\end{aligned}$$ ◀

연습문제 4.3

1. 다음 각 부정적분을 구하여라.

(1) $\displaystyle\int \frac{5x+2}{x^2-4}dx$

(2) $\displaystyle\int \frac{x^3+2}{x-1}dx$

(3) $\displaystyle\int \frac{dx}{x^3(x-1)}$

(4) $\displaystyle\int \frac{x^3}{(x+1)^2}dx$

(5) $\displaystyle\int \frac{3x^2+4x+4}{x(x+1)(x+2)}dx$

(6) $\displaystyle\int \frac{x^3+3x}{x^4+2x^2+1}dx$

(7) $\displaystyle\int \frac{3x^2+2x+1}{(x+1)(x^2+x+1)}dx$

(8) $\displaystyle\int \frac{(x+1)^2}{x^2+1}dx$

2. 다음 적분공식을 증명하여라.

$$\int \frac{dx}{x^2-a^2} = \frac{1}{2a} ln\left|\frac{x-a}{x+a}\right| + c$$

4.4 삼각함수의 적분법

앞 절에서 다룬 기본적인 삼각함수의 부정적분에 관하여 다시 한 번 확인하자.

$$\int \sin x dx = -\cos x + c$$

$$\int \cos x dx = \sin x + c$$

$$\int \tan x dx = \ln|\sec x| + c$$

$$\int \sec^2 x dx = \tan x + c$$

$$\int \csc^2 x dx = -\cot x + c$$

이다. 다음은 $\sec x$에 대한 공식을 구하여 보자.

$$\int \sec x dx = \int \frac{\sec x(\sec x + \tan x)}{\sec x + \tan x} dx = \int \frac{\sec x \tan x + \sec^2 x}{\sec x + \tan x} dx$$

이므로

$$\int \sec x dx = \ln|\sec x + \tan x| + c$$

이다.

삼각함수를 갖는 피적분함수의 적분에는 여러 가지 삼각등식을 사용하게 된다. 가장 유용한 삼각등식은 다음과 같다.

$$\sin^2 x + \cos^2 x = 1$$

$$\tan^2 x = \sec^2 x - 1$$

$$\cot^2 x = \csc^2 x - 1$$

$$\sin^2 x = \frac{1 - \cos 2x}{2}$$

$$\cos^2 x = \frac{1 + \cos 2x}{2}$$

예제 1 $\int \frac{dx}{1-\sin x}$를 구하여라.

풀이 $$\int \frac{dx}{1-\sin x} = \int \frac{1+\sin x}{(1-\sin x)(1+\sin x)}dx$$

$$= \int \frac{1+\sin x}{\cos^2 x}dx$$

$$= \int (\sec^2 x + \sec x \tan x)dx$$

$$= \int \sec^2 x dx + \int \sec x \tan x dx$$

$$= \tan x + \sec x + c$$ ◀

예제 2 $\int \tan^4 x dx$를 구하여라.

풀이 $$\int \tan^4 x dx = \int \tan^2 x(\sec^2 x - 1)dx$$

$$= \int \tan^2 x \sec^2 x dx - \int \tan^2 x dx$$

에서 각각을 적분하면

$$\int \tan^2 x \sec^2 x dx = \frac{1}{3}\tan^3 x$$

이고

$$\int \tan^2 x dx = \int (\sec^2 x - 1)dx = \tan x - x$$

이다. 따라서

$$\int \tan^4 x dx = \frac{1}{3}tan^3 x - \tan x + x + c$$

$\int \sin^m x \cos^n x dx$에서 지수 n이 홀수이면 $\sin x = t$로 치환하고 m이 홀수이면 $\cos x = t$로 치환한다. 만일 m, n 둘다 짝수이면 적어도 하나의 지수가 홀수가 되는 유사한 문제로 변환시켜야 한다. ◀

예제 3 $\int \sin^4 x \cos^5 x dx$를 구하여라.

풀이 $\int \sin^4 x \cos^5 x dx = \int \sin^4 x(1-\sin^2 x)^2 \cos x dx$

이므로 $t = \sin x$로 놓으면 $\cos x dx = dt$가 되고

$$\begin{aligned}\int t^4(1-t^2)^2 dt &= \int (8t^8 - 2t^6 + t^4)dt \\ &= \frac{1}{9}t^9 - \frac{2}{7}t^7 + \frac{1}{5}t^5 + c \\ &= \frac{1}{9}\sin^9 x - \frac{2}{7}\sin^7 x + \frac{1}{5}\sin^5 x + c\end{aligned}$$ ◀

지금까지의 삼각등식 이외에도 많은 삼각등식이 있으며 그 중에 다음 등식은 적분을 구하는데 유용하게 쓰인다.

$$\sin A \cos B = \frac{1}{2}\{\sin(A+B) + \sin(A-B)\}$$

$$\sin A \sin B = \frac{1}{2}\{\cos(A+B) - \cos(A-B)\}$$

$$\cos A \cos B = \frac{1}{2}\{\cos(A+B) + \cos(A-B)\}$$

예제 4 $\int \cos 6x \cos 4x dx$를 구하여라.

풀이 위의 식을 이용하여

$$\begin{aligned}\int \cos 6x \cos 4x dx &= \frac{1}{2}\int (\cos 2x + \cos 10x)dx \\ &= \frac{1}{4}\sin 2x + \frac{1}{20}\sin 10x + c\end{aligned}$$ ◀

적분변수를 바꿀 때 치환하는 식이 삼각함수를 포함하고 있어서 피적분함수가 x와 다음 중 어느 하나를 품는 함수일 때 다음과 같은 치환적분법이 자주 이용된다.

$$\sqrt{a^2-x^2}\text{ 이면 } \quad x=a\sin\theta$$

$$\sqrt{a^2+x^2}\text{ 이면 } \quad x=a\tan\theta$$

$$\sqrt{x^2-a^2}\text{ 이면 } \quad x=a\sec\theta$$

예제 5 $\int \frac{\sqrt{9-x^2}}{x}dx$를 구하여라.

풀이 $x=3\sin\theta$로 놓고, θ를 예각이라 하면
$\sqrt{9-x^2}=3\cos\theta, dx=3\cos\theta d\theta$이므로

$$\begin{aligned}\int \frac{\sqrt{9-x^2}}{x}dx &= \int \frac{3\cos\theta}{3\sin\theta}\cdot 3\cos\theta d\theta \\ &= 3\int \frac{\cos^2\theta}{\sin\theta}d\theta \\ &= 3\int \frac{1-\sin^2\theta}{\sin\theta}d\theta \\ &= 3\int (\csc\theta-\sin\theta)d\theta \\ &= 3\int \csc d\theta - 3\int \sin\theta d\theta \\ &= 3\ln|\csc\theta-\cot\theta|+3\cos\theta+c \\ &= 3(\ln|\csc\theta-\cot\theta|+\cos\theta)+c\end{aligned}$$

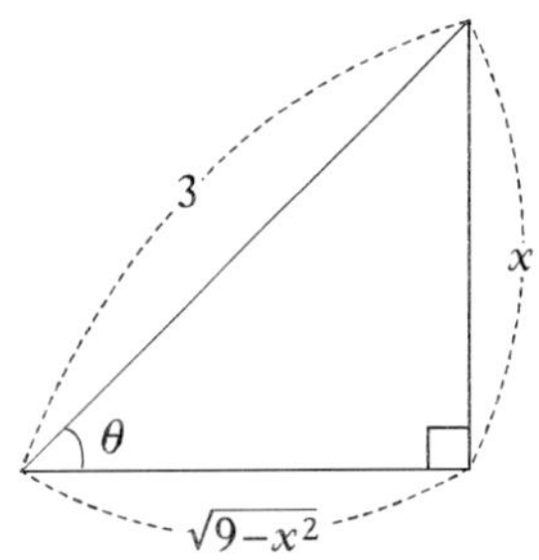

그림 4.1

이다. 여기서 $\csc\theta=\frac{3}{x}$이므로

$$\cot\theta=\frac{\sqrt{9-x^2}}{x}, \quad \cos\theta=\frac{\sqrt{9-x^2}}{3}$$

$$\therefore \int \frac{\sqrt{9-x^2}}{x}dx = 3\ln\left|\frac{3-\sqrt{9-x^2}}{x}\right| + \sqrt{9-x^2}+c$$ ◀

예제 6 다음 적분공식을 삼각함수로 치환하여 증명하여라.

$$\int \frac{dx}{\sqrt{a^2+x^2}} = \ln|x+\sqrt{a^2+x^2}|+c$$

증명 그림 4.2에서 표시한 바와 같이 $x = a\tan\theta$로 치환하면

$$\sqrt{a^2+x^2} = a\sec\theta, \quad dx = a\sec^2\theta d\theta$$

이므로

$$\begin{aligned}\int \frac{dx}{\sqrt{a^2+x^2}} &= \int \frac{a\sec^2\theta}{a\sec\theta}d\theta \\ &= \int \sec\theta d\theta \\ &= \ln|\sec\theta+\tan\theta|+c \\ &= \ln\left|\frac{\sqrt{a^2+x^2}}{a}+\frac{x}{a}\right|+c \\ &= \ln|x+\sqrt{a^2+x^2}|+c\end{aligned}$$

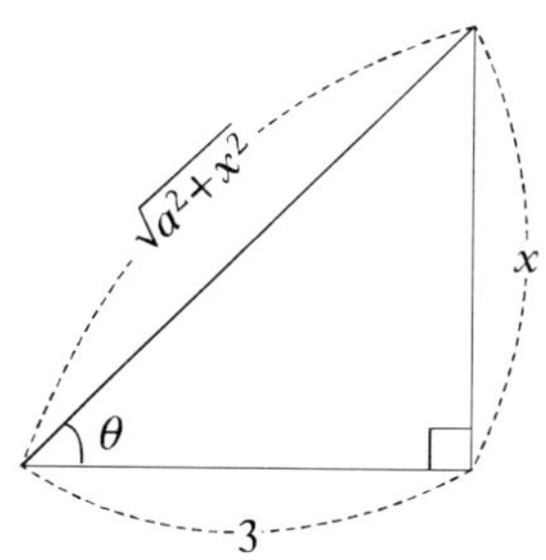

그림 4.2 ■

연습문제 4.4

1. 다음 부정적분을 구하여라.

(1) $\int \cos\frac{3}{2}x dx$

(2) $\int \frac{1}{x^2} sin\frac{\pi}{x} dx$

(3) $\int \cot\frac{1}{2}x dx$

(4) $\int \sin^3 x \cos^3 x dx$

(5) $\int \cos^2\frac{1}{2}x dx$

(6) $\int \tan^2\frac{3}{4}x dx$

(7) $\int \sin 3x \cos 5x dx$

(8) $\int \sin 2x \sin 3x dx$

(9) $\int \sec^4 x dx$

(10) $\int \tan^3 x \sec^3 x dx$

2. 다음 각 부정적분을 구하여라.

(1) $\int \frac{dx}{x^2\sqrt{4-x^2}}$

(2) $\int \frac{\sqrt{x^2-25}}{x} dx$

(3) $\int \frac{dx}{(9-x^2)^{\frac{3}{2}}}$

4.5 무리식의 적분법

무리식의 적분은 유리식과 같이 항상 적분이 가능하지는 않다. 그러나 무리식인 피적분함수는 초등함수, 즉 유리식, 삼각함수, 역삼각함수, 지수함수, 로그함수만으로 표시할 수 있으면 적분이 가능하다. 초등함수로 적분할 수 있는 무리식의 적분법에 관해서 알아보자.

정리 4.4

(1) 피적분함수가 $\sqrt[n]{ax+b}$를 포함하는 경우;

$\sqrt[n]{ax+b}=t$로 치환한다.

(2) 피적분함수가 $\sqrt[n]{\dfrac{ax+b}{cx+d}}$, $(ad-bc\neq 0)$를 포함하는 경우;

$\sqrt[n]{\dfrac{ax+b}{cx+d}}=t$로 치환한다.

(3) 피적분함수가 $\sqrt{ax^2+bx+c}$를 포함하는 경우;

(i) $a>0$일 때

$\sqrt{ax^2+bx+c}=t-\sqrt{a}\,x$로 치환한다.

(ii) $a<0$, $ax^2+bx+c=-a(x-\alpha)(x-\beta)(\alpha<\beta)$ 일 때

$\sqrt{\dfrac{x-\alpha}{\beta-x}}=t$로 치환한다.

(4) 피적분함수가 $\sqrt[m]{ax+b}$, $\sqrt[n]{ax+b}$를 포함하는 경우;

m과 n의 최소공배수를 r라고 하면 $\sqrt[r]{ax+b}=t$로 치환한다.

예제 1 $\displaystyle\int \frac{x^2}{\sqrt{1+2x}}dx$를 구하여라.

풀이 $\sqrt{1+2x}=t$로 치환하면 $x=\dfrac{t^2-1}{2}$, $dx=tdt$이므로

$$\int \frac{x^2}{\sqrt{1+2x}}dx = \int\left(\frac{t^2-1}{2}\right)^2 dt = \frac{1}{4}\int(t^4-2t^2+1)dt$$

$$= \frac{1}{4}\left(\frac{t^5}{5} - \frac{2}{3}t^3 + t\right) + c = \frac{1}{60}t(13t^4 - 10t^2 + 15) + c$$

$$= \frac{1}{60}\sqrt{1+2x}\{3(1+2x)^2 - 10(1+2x) + 15\} + c$$

$$= \frac{1}{15}\sqrt{1+2x}(3x^2 - 2x + 2) + c$$ ◀

예제 2 $\int \frac{dx}{\sqrt{x}(1+\sqrt[3]{x})}$를 구하여라.

풀이 $\sqrt[6]{x} = t$로 치환하면 $x = t^6$, $dx = 6t^5dt$이므로

$$\int \frac{dx}{\sqrt{x}(1+\sqrt[3]{x})} = \int \frac{6t^5dt}{t^3(1+t^2)} = 6\int \frac{t^2}{1+t^2}dt$$

$$= 6\int\left(1 - \frac{1}{1+t^2}\right)dt = 6(t - \tan^{-1}t) + c$$

$$3 = 6(\sqrt[6]{x} - \tan - 1\sqrt[6]{x}) + c$$ ◀

예제 3 $\int \sqrt{\frac{x-1}{2-x}}dx$를 구하여라.

풀이 $\sqrt{\frac{x-1}{2-x}} = t$로 치환하면 $x = \frac{2t^2+1}{t^2+1}$, $dx = \frac{2t}{(t^2+1)^2}dt$이므로

$$\int \sqrt{\frac{x-1}{2-x}}dx = \int t\frac{2t}{(t^2+1)^2}dt = 2\int \frac{t^2+1-1}{(t^2+1)^2}dt$$

$$= 2\int \frac{dt}{t^2+1} - 2\int \frac{dt}{(t^2+1)^2}$$

$$= 2\tan^{-1}t - 2\int \frac{dt}{(t^2+1)^2}$$

이다. 여기서 우변의 제2항을 계산하기 위해 $t = \tan\theta$로 치환하면 $dt = \sec^2\theta d\theta$이므로

$$2\int\frac{dt}{(t^2+1)^2}=2\int\frac{\sec^2\theta d\theta}{\sec^4\theta}=2\int\cos^2\theta d\theta=\int(1+\cos2\theta)d\theta$$

$$=\theta+\frac{1}{2}sin2\theta=\theta+\sin\theta\cos\theta$$

$$=\tan^{-1}t+\frac{t}{\sqrt{1+t^2}}\frac{1}{\sqrt{1+t^2}}$$

$$=\tan^{-1}t+\frac{t}{1+t^2}$$

이다. 따라서

$$\int\sqrt{\frac{x-1}{2-x}}dx=2\tan^{-1}t-\left(\tan^{-1}t+\frac{t}{1+t^2}\right)+c$$

$$=\tan^{-1}t-\frac{t}{1+t^2}+c$$

$$=\tan^{-1}\sqrt{\frac{x-1}{2-x}}-\sqrt{(x-12)(2-x)}+c$$ ◀

예제 4 $\int\frac{dx}{\sqrt{x^2+A}}$를 구하여라.

풀이 $\sqrt{x^2+A}=t-x$로 치환하면 $x=\frac{t^2-A}{2t}$이고

$\sqrt{x^2+A}=t-\frac{t^2-A}{2t}=\frac{1}{2}\left(t+\frac{A}{t}\right)$, $dx=\frac{1}{2}\left(1+\frac{A}{t^2}\right)dt$이므로

$$\int\frac{dx}{\sqrt{x^2+A}}=\int\frac{1+\frac{A}{x^2}}{t+\frac{A}{t}}dt=\int\frac{dt}{t}$$

$$=\ln|t|+c=\ln|x+\sqrt{x^2+A}|+c$$ ◀

예제 5 $\displaystyle\int \frac{dx}{x\sqrt{(x-1)(3-x)}}$ 를 구하여라.

풀이 x^2의 계수가 음이므로 $\sqrt{\dfrac{x-1}{3-x}}=t$로 치환하면

$$x=\frac{3t^2+1}{1+t^2},\quad 3-x=\frac{2}{1+t^2},\quad dx=\frac{4t}{(1+t^2)^2}dt$$

이고

$$\sqrt{(x-1)(3-x)}=\frac{2t}{1+t^2}$$

이므로

$$\begin{aligned}\int \frac{dx}{x\sqrt{(x-1)(3-x)}} &= \int \frac{1+t^3}{3t^2+1}\frac{1+t^2}{2t}\frac{4t}{(1+t^2)^2}dt\\ &= \int \frac{2}{3t^2+1}dt\\ &= \frac{2}{\sqrt{3}}tan^{-1}\sqrt{3}\,t+c\\ &= \frac{2}{\sqrt{3}}tan^{-1}\sqrt{\frac{3(x-1)}{3-x}}+c\end{aligned}$$

◀

연습문제 4.5

1. 다음 각 부정적분을 구하여라.

(1) $\displaystyle\int \frac{dx}{x\sqrt{x+1}}$

(2) $\displaystyle\int x^3\sqrt{1+x}\,dx$

(3) $\displaystyle\int \sqrt{\frac{1-x}{1+x}}\,dx$

(4) $\displaystyle\int \frac{dx}{x-\sqrt[3]{x}}$

(5) $\displaystyle\int \frac{dx}{x\sqrt{x^2+x+2}}$

(6) $\displaystyle\int \frac{dx}{x\sqrt{5x-6-x^2}}$

(7) $\displaystyle\int \frac{dx}{(x+1)^{\frac{2}{3}}-(x+1)^{\frac{1}{2}}}$

(8) $\displaystyle\int \frac{\sqrt{x^2+4x}}{x^2}dx$

Chapter 5

정적분

5.1 넓이와 정적분

1. 넓이

미분에서 중요한 개념인 도함수를 소개하기 위해 곡선의 기울기의 기하학적 개념을 이용했다. 여기서는 정적분의 개념을 이끌어내기 위해 또 다른 기하학적 생각인 곡선으로 둘러싸인 영역의 넓이를 이용한다. 넓이란 무엇인가? 이것은 단순한 질문은 아니다. 곡선으로 둘러싸인 영역의 정의는 기울기의 경우와 마찬가지로 극한의 개념에 기본을 두어야 한다.

5.4절에서 이 질문에 대한 답이 주어질 것이다. 그러나 지금은 넓이에 대한 다음 성질들을 직관으로 받아들일 것을 바란다.

(1) 평면의 넓이는 음이 아닌 수이다.
(2) 합동인 영역은 같은 넓이를 갖는다.
(3) 공통부분이 없는 두 영역의 합의 넓이는 두 영역의 넓이의 합과 같다.

즉 R_1 과 R_2가 그림 5.1과 같다면,

$$A(R_1 \cup R_2) = A(R_1) + A(R_2)$$

단, $A(R_1)$은 영역 R_1의 넓이를 나타낸다.

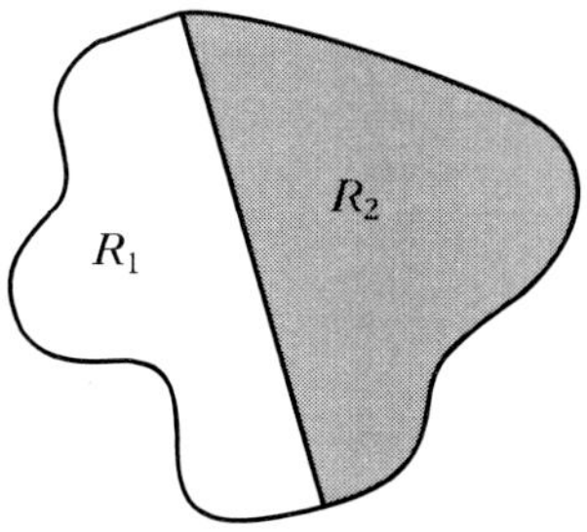

그림 5.1

(4) 직사각형의 넓이는 가로와 세로의 곱이다.

지금까지 배웠던 넓이에 관한 공식을 다시 알아보자(그림 5.2).

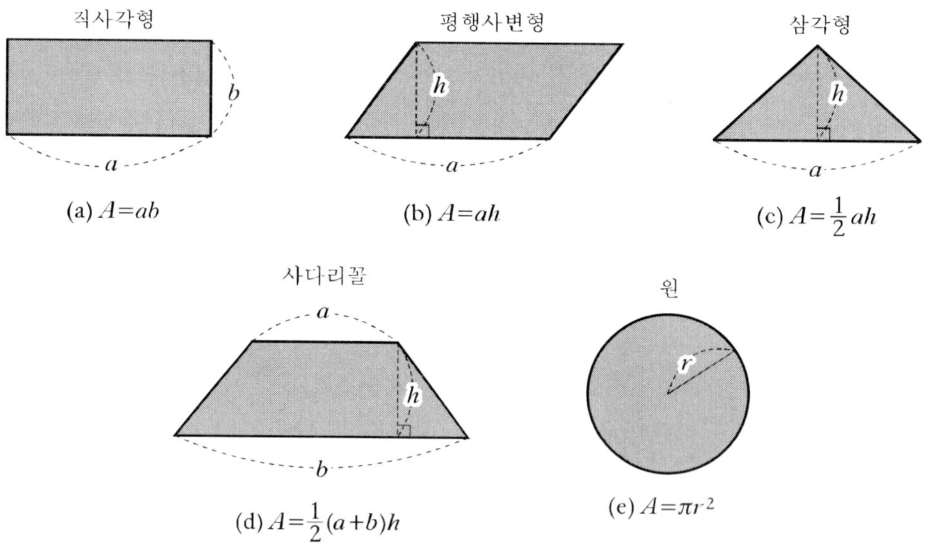

그림 5.2

예제 1 그림 5.3의 영역 $R = R_1 \cup R_2 \cup R_3$의 넓이를 구하여라.

풀이 $A(R) = A(R_1) + A(R_2) + A(R_3)$

$$= \frac{1}{2} \cdot 8 \cdot 6 + 8 \cdot 10 + \frac{1}{2} \cdot \pi \cdot 4^2$$

$$= 24 + 80 + 8\pi$$

$$= 104 + 8\pi$$

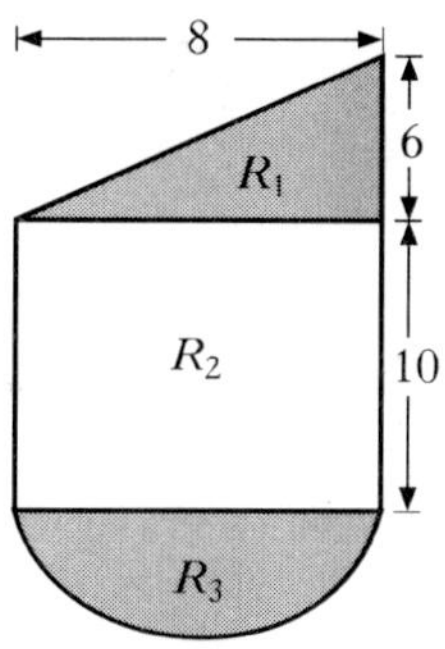

그림 5.3

2. 정적분

xy평면에서 곡선 $y = f(x)$와 x축 $x = a$, $x = b$(그림 5.4)로 둘러싸인 영역 R을 생각하자. 일반적으로 R은 두 부분 R_a, R_b로 이루어졌다.

정적분을 다음 정의 5.1과 같이 이 두 영역의 넓이의 식으로 a에서 b까지 정의한다.

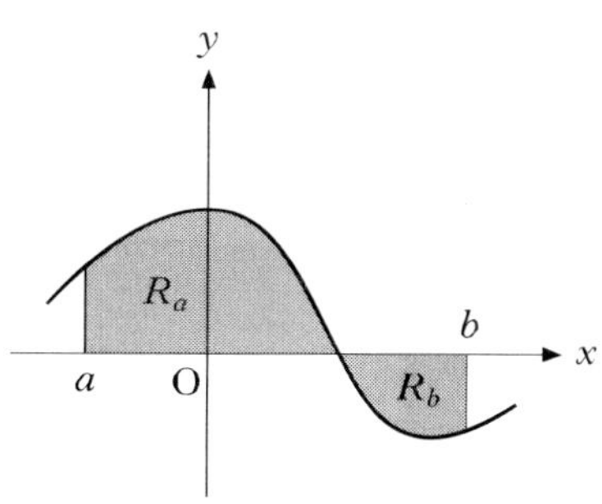

그림 5.4

정의 5.1

기호 $\int_a^b f(x)dx$를 $f(x)$의 a부터 b까지의 정적분이라 하고, R_a의 넓이에서 R_b의 넓이를 뺀 것으로 정의한다. 즉,

$$\int_a^b f(x)dx = A(R_a) - A(R_b)$$

우선 간단한 정적분을 계산해 보자.

예제 2 구간 [−2, 4]에서 $f(x) = -\frac{1}{2}x$라고 한다. 그래프를 그리고 $\int_{-2}^{4} f(x)dx$를 구하여라.

풀이

그래프는 그림 5.5와 같고,

$$\int_{-2}^{4} f(x)dx = A(R_a) - A(R_b)$$

$$= 1 - 4 = -3$$

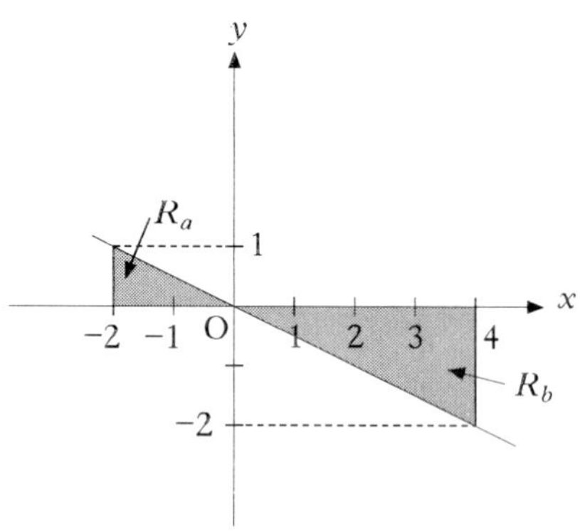

그림 5.5

◀

예제 3 $f(x)$의 그래프가 그림 5.6과 같다. $\int_{-1}^{3} f(x)dx$를 계산하여라.

풀이 영역 R_a와 R_b는 그림 5.6과 같고 둘 다 반원이다.

$$\int_{-1}^{3} f(x)dx = A(R_a) - A(R_b)$$

$$= \frac{\pi(1.5)^2}{2} - \frac{\pi(0.5)^2}{2} = \pi$$

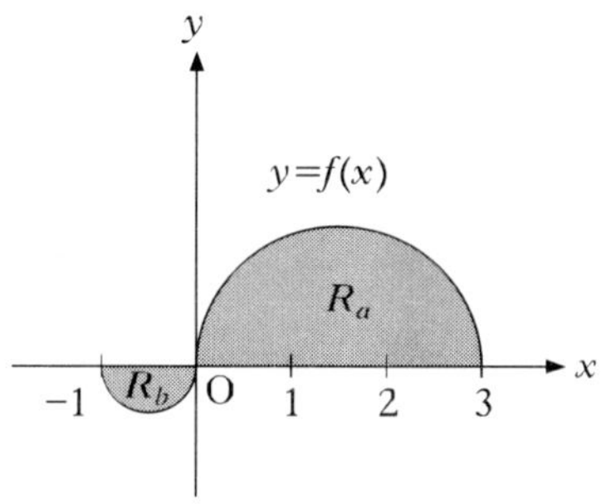

그림 5.6

◀

예제 4 $f(x)$가 다음과 같을 때 그래프를 그리고, $\int_{-1}^{2} f(x)dx$를 계산하여라.

$$f(x) = \begin{cases} 3x & -1 \le x \le 1 \\ -x+1 & 1 < x \le 2 \end{cases}$$

풀이 f의 그래프와 영역 R_a, R_b는 그림 5.7과 같다. −1과 1 사이에서 x축 위, 아래 부분은 같은 크기이다. 따라서 적분값은 0이 된다. 1에서 2까지 계산하면 $-\frac{1}{2}$이다.

$$\int_{-1}^{2} f(x)dx = \int_{1}^{2} f(x)dx = -\frac{1}{2}$$

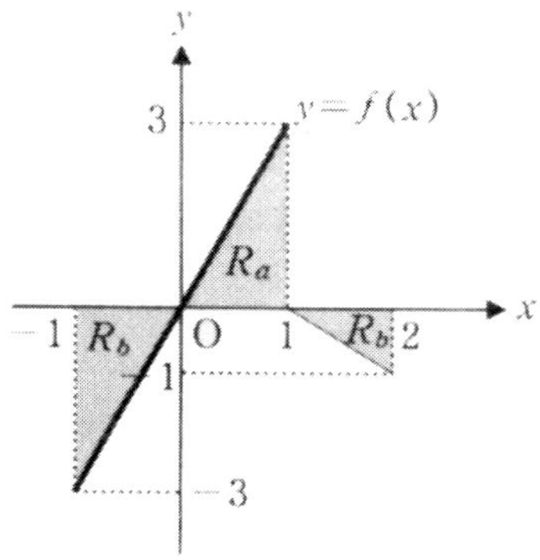

그림 5.7

◀

3. 대칭의 이용

예제 4는 정적분을 계산하는데 대칭을 이용하는 것이 도움을 준다는 것을 보여준다.

f가 기함수이면 (즉 $f(-x)=-f(x)$), 그 그래프는 원점에 대하여 대칭이고 f가 우함수이면 (즉 $f(-x)=f(x)$), 그 그래프는 y축에 대하여 대칭이다.

예를 들면 $f(x)=x^3$은 기함수, $g(x)=x^2$은 우함수이다.

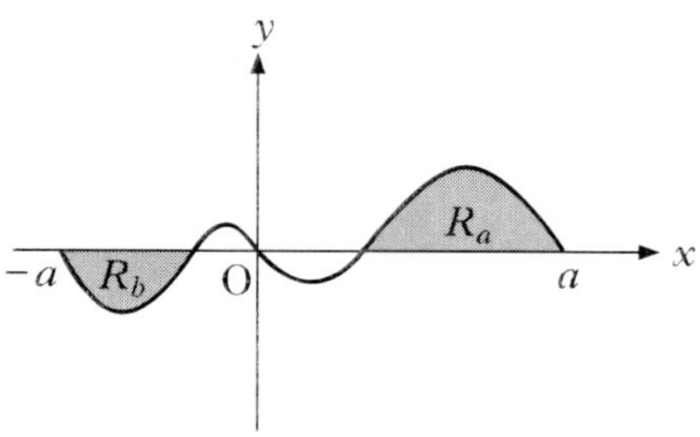

(a) 기함수 $A(R_a)=A(R_b)$

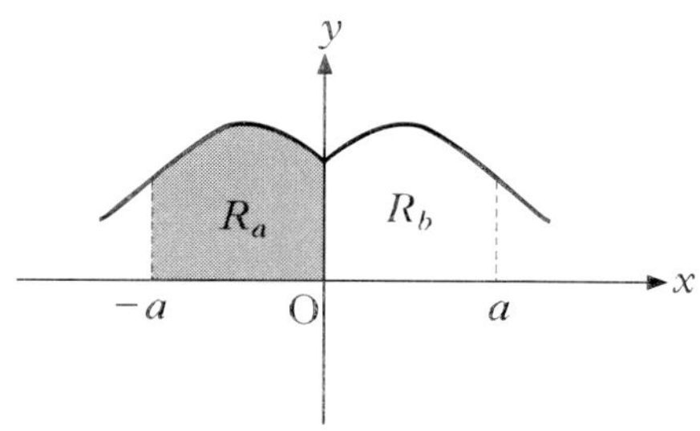

(b) 우함수 $A(R_a)=A(R_b)$

그림 5.8

위 그림 5.8에 의하면 다음 결론을 얻는다.

1. f가 기함수이면, $\int_{-a}^{a} f(x)dx = 0$

2. f가 우함수이면, $\int_{-a}^{a} f(x)dx = 2\int_{0}^{a} f(x)dx$

예제 5 다음 절에서 우리는 $\int_{0}^{a} x^n dx = \dfrac{a^{n+1}}{n+1} (n \neq -1)$을 배울 것이다.

이 사실과 대칭을 이용하여 다음을 계산하여라.

(1) $\int_{-4}^{4} x^2 dx$ (2) $\int_{-2}^{2} 5x^3 dx$ (3) $\int_{-1}^{1} x^6 dx$

풀이 (1) $\int_{-4}^{4} x^2 dx = 2\int_{0}^{4} x^2 dx = \dfrac{2(4^3)}{3} = \dfrac{128}{3}$

(2) $\int_{-2}^{2} 5x^3 dx = 0$ ($\because$ $f(x) = 5x^3$이 기함수이다.)

(3) $\int_{-1}^{1} x^6 dx = 2\int_{0}^{1} x^6 dx = \dfrac{2(1^7)}{7} = \dfrac{2}{7}$ ◀

연습문제 5.1

1. 다음 색칠한 도형의 넓이를 구하여라.

(1)
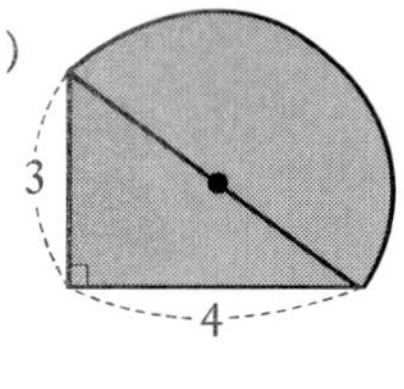

(2)
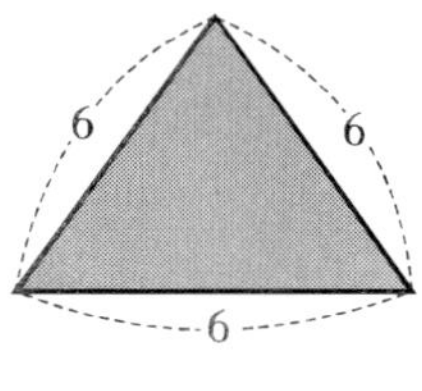

(3)
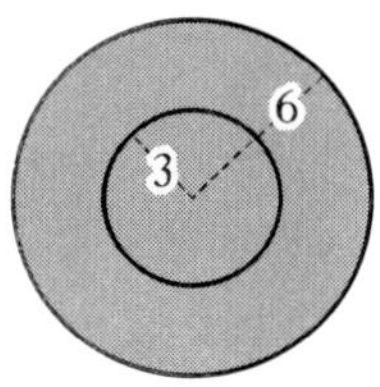

(4)
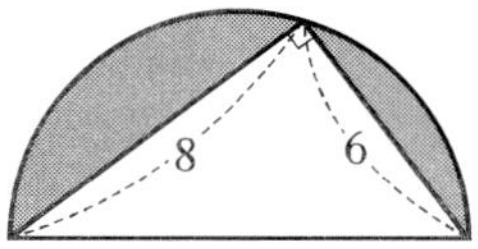

(5)
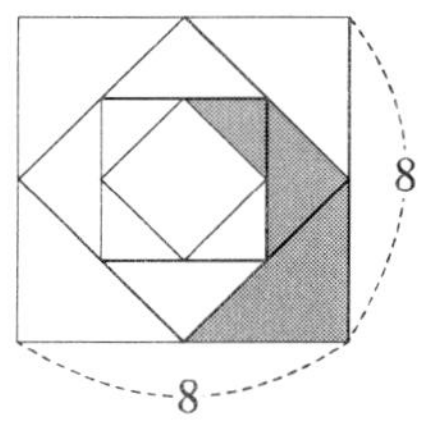

2. 구간 $[a, b]$에서 f의 그래프를 그리고 $\int_a^b f(x)dx$를 계산하여라.

(1) $f(x)=2x;\ a=-1,\ b=2$

(2) $f(x)=1.5x;\ a=-4,\ b=1$

(3) $f(x)=-0.5x+2;\ a=0,\ b=6$

(4) $f(x)=2x-3;\ a=0,\ b=4$

3. f의 그래프가 다음과 같이 주어졌을 때,

(1) $\int_{-2}^{8} f(x)dx$를 구하여라.

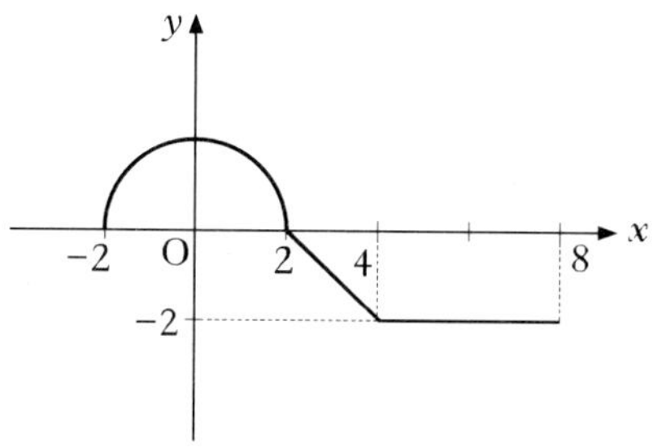

(2) $\int_{-3}^{3} f(x)dx$를 구하여라.

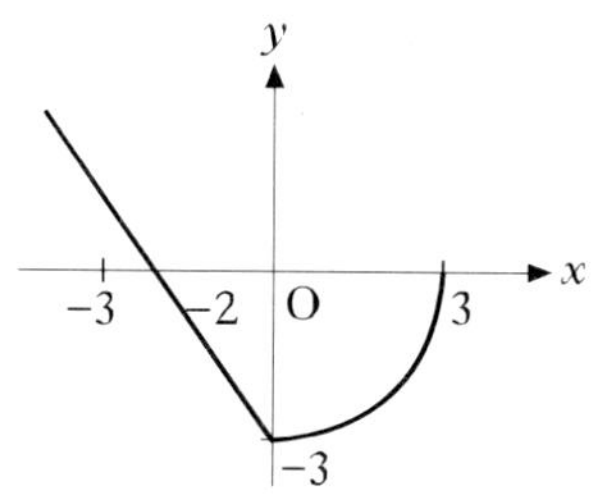

(3) $\int_{-2}^{5} f(x)dx$

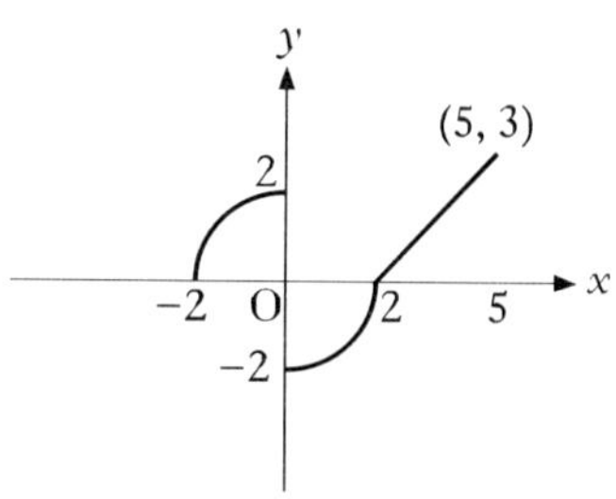

(4) $\int_{-1}^{8} f(x)dx$를 계산하여라.

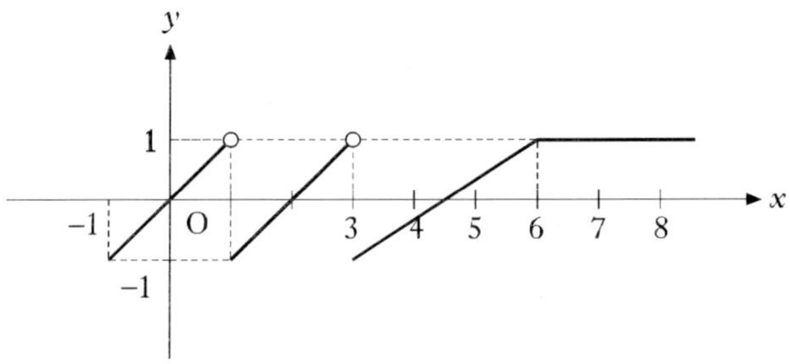

4. 공식 $\int_{0}^{a} x^n dx = \frac{a^{n+1}}{n+1}$을 이용하여 다음 정적분의 값을 구하여라.

(1) $\int_{0}^{3} x^2 dx$ (2) $\int_{0}^{2} x^3 dx$

(3) $\int_{0}^{\pi} x^4 dx$ (4) $\int_{0}^{\sqrt{2}} x^3 dx$

(5) $\int_{0}^{4} \sqrt{x}\, dx$ (6) $\int_{0}^{8} x^{\frac{2}{3}} dx$

5. 다음 함수가 우함수, 기함수, 또는 우함수도 기함수도 아님을 구별하여라.

(1) $f(x) = 2x^3 - x$ (2) $f(x) = 2x^2 + 5$

(3) $f(x) = x^3 + 2^2 - 1$ (4) $f(x) = \frac{x^2 + 4}{x^7 + 4x}$

6. 대칭성을 이용하여 다음 정적분의 값을 구하여라.

(1) $\int_{-2}^{2} 2x^3 dx$ (2) $\int_{-2}^{2} x^2 dx$

(3) $\int_{-1}^{1} x^4 dx$ (4) $\int_{-3}^{3} (x^5 - 4x^3) dx$

7. 피적분 함수의 그래프를 그리고 $\int_a^b f(x)dx = A(R_a) - A(R_b)$를 이용하여 다음 정적분의 값을 구하여라. (단, $[x]$는 x를 넘지 않는 최대정수)

(1) $\int_0^4 (2x-3)dx$

(2) $\int_2^2 (-3x+1)dx$

(3) $\int_0^3 |x-2|dx$

(4) $\int_{-1}^2 |2x-1|dx$

5.2 미적분학의 기본정리

제목으로부터 무언가 중요한 것이 나올 것으로 생각될 것이다. 다음은 간단한 방법으로 정적분을 계산할 수 있는 정리이다.

정리 5.1 (미적분학의 기본정리)

$f(x)$는 폐구간 $[a,\ b]$에서 연속이고, $F(x)$는 $f(x)$의 원시함수(또는 부정적분)이다. 이때

$$\int_a^b f(x)dx = F(b) - F(a) = [F(x)]_a^b$$

이 유명한 정리의 증명을 하기 전에, 이 정리를 이용해서 정적분의 값을 계산해 보자.

예제 1 $\int_1^4 x^2 dx$를 계산하여라.

풀이 $F(x) = \dfrac{x^3}{3}$은 $f(x) = x^2$의 부정적분이다.

기보정리 6.1에 의하여

$$\int_1^4 x^2 dx = F(4) - F(1) = \frac{4^3}{3} - \frac{1^3}{3} = \frac{63}{3} = 21$$ ◀

1. 기본정리의 증명

증명을 하기 위해 우선

$$\int_a^b f(x)dx = \int_a^b f(t)dt = \int_a^b f(u)du$$

임을 알고 있어야 한다.

a는 정해진 수이고 $x \geq a$라 하자. 함수 G는 다음과 같이 정의한다.

$$G(x) = \int_a^x f(t)dt$$

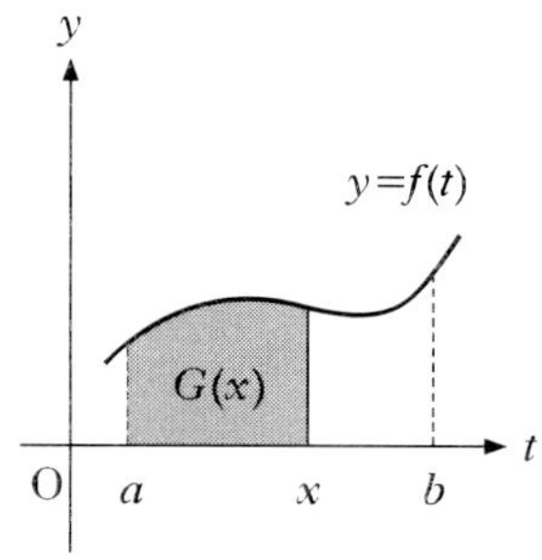

그림 5.9

그림 5.9는 함수 G의 기하학적 표현이다.

f가 음이 아닌 함수이면, $G(x)$는 곡선 $y = f(t)$ 아래쪽 a에서 x까지의 넓이이다. $G(a) = 0$이고 $G(b)$는 구하려고 하는 정적분이다.

$G'(x)$를 구하려면 도함수의 정의로부터

$$G'(x) = \lim_{h \to 0} \frac{G(x+h) - G(x)}{h}$$

$G(x+h) - G(x)$는 그림 5.10의 어두운 부분의 넓이이다.

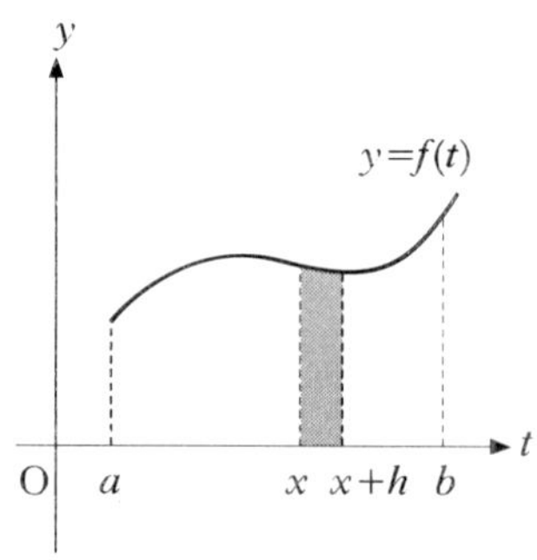

그림 5.10

f가 연속이기 때문에 이 넓이의 값은 $f(\xi)h$에 가깝다$(x<\xi<x+h)$.
따라서

$$G'(x)=\lim_{h\to 0}\frac{G(x+h)-G(x)}{h}=\lim_{\xi\to x}f(\xi)=f(x)$$

이 때 $G(x)$는 $f(x)$의 원시함수(또는 부정적분)이다.
이제 $f(x)$의 부정적분을 $F(x)$라 하면 $G(x)=F(x)+C$이다(C는 상수).
$G(a)=0$이므로 $F(a)+C=0$. 따라서 $C=-F(a)$ $G(x)=F(x)-F(a)$이고

$$\int_a^x f(t)dt=F(x)-F(a)$$

이 식의 양변에 $x=b$를 대입하면

$$\int_a^b f(t)dt=\int_a^b f(x)dx=F(b)-F(a)$$

즉 원하는 결과를 얻었다. 그런데 $f(x)$가 음이 아니고 $h>0$일 때, 미적분학의 기본정리를 보였다. 이들 가정이 없어도 같은 결과를 얻을 수 있다.

2. 기본정리의 연습

위의 결과를 이용하여 앞에서 계산한 5.1절의 예제 2를 풀어보자.

예제 2 $\int_{-2}^4 f(x)dx$를 구하여라. 단 $f(x)=-\frac{1}{2}x$

풀이 $F(x)=-\frac{1}{4}x^2$이 $f(x)$의 원시함수이므로

$$\int_{-2}^4\left(-\frac{1}{2}x\right)dx=F(4)-F(-2)$$

$$=\left(-\frac{1}{4}\right)\cdot 4^2-\left(-\frac{1}{4}\right)\cdot(-2)^2$$

$$=-4+1=-3$$

◀

예제 3 $\int_0^2 3e^x dx$를 구하여라.

풀이 $F(x) = 3e^x$는 $f(x) = 3e^x$의 원시함수이다.

$$\int_0^2 3e^x dx = F(2) - F(0) = 3e^2 - 3e^0 = 3(e^2 - 1)$$

$F(b) - F(a)$ 대신에 $[F(x)]_a^b = F(b) - F(a)$를 이용하자.
이를테면

$$[x^2 - 3]_2^4 = 4^2 - 3 - (2^2 - 3) = 13 - 1 = 12$$ ◀

예제 4 $\int_1^2 (4x^3 + 3x)dx$를 계산하여라.

풀이 $\int_1^2 (4x^3 + 3x)dx = \left[x^4 + \frac{3x^2}{2}\right]_1^2$

$$16 + 6 - \left(1 + \frac{3}{2}\right) = \frac{39}{2}$$ ◀

예제 5 곡선 $y = \sqrt{x}$의 $x = 1$과 $x = 4$ 사이에 있는 아래 부분의 영역의 넓이를 구하여라(그림 5.11).

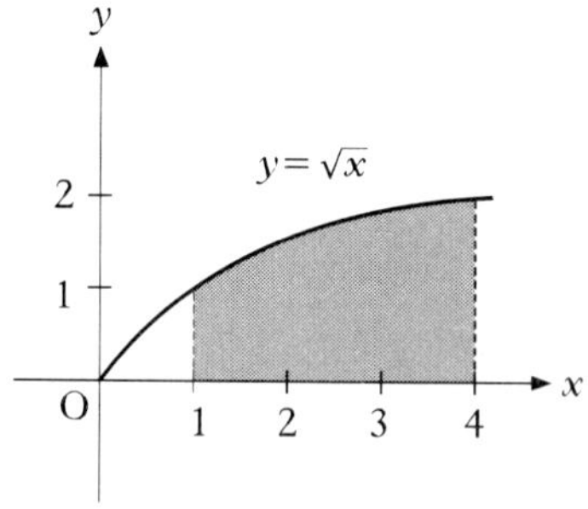

그림 5.11

풀이 정적분을 이용하여 이 넓이를 계산한다.

$$\int_1^4 \sqrt{x}\,dx = \int_1^4 x^{\frac{1}{2}}dx = \left[\frac{2}{3}x^{\frac{3}{2}}\right]_1^4$$

$$= \frac{16}{3} - \frac{2}{3} = \frac{14}{3}$$ ◀

3. 정적분의 몇 가지 성질

자주 이용되는 몇 가지 성질은 다음과 같다.

성질 1. $\int_a^b cf(x)dx = c\int_a^b f(x)dx$, c는 상수

성질 2. $\int_a^b [f(x) \pm g(x)]dx = \int_a^b f(x)dx \pm \int_a^b g(x)dx$

성질 3. $\int_a^b f(x)dx = \int_a^c f(x)dx + \int_c^b f(x)dx \quad (a < c < b)$

처음 두 가지 성질은 부정적분에 대한 성질로부터 알 수 있고 세 번째 성질은 $a < b < c$일 때 그림 5.12를 봄으로써 알 수 있다. 실제로 성질 3은 다음을 정의하면 a, b, c가 어떤 수라도 성립한다.

$$\int_a^b f(x)dx = -\int_b^a f(x)dx$$

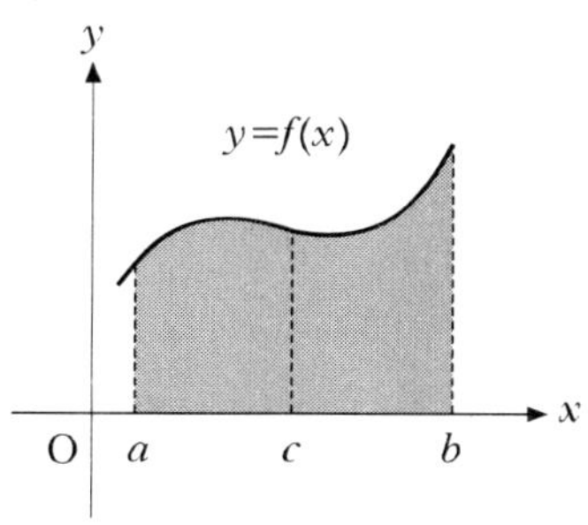

그림 5.12

예제 6 $\int_1^3 f(x)dx = 4$이고, $\int_1^3 g(x)dx = -2$일 때, $\int_1^3 \{3f(x)+5g(x)\}dx$를 계산하여라.

풀이 성질 2, 성질 1을 차례로 이용한다.

$$\begin{aligned}\int_1^3 [3f(x)+5g(x)]dx &= \int_1^3 3f(x)dx + \int_1^3 5g(x)dx \\ &= 3\int_1^3 f(x)dx + 5\int_1^3 g(x)dx \\ &= 3(4)+5(-2) = 2\end{aligned}$$

◀

예제 7 $\int_{-2}^4 f(x)dx$를 계산하여라.

$$f(x) = \begin{cases} -2x & -2 \le x \le 0 \\ x^2-2 & 0 < x \le 2 \\ -2x+8 & 2 < x \le 4 \end{cases}$$

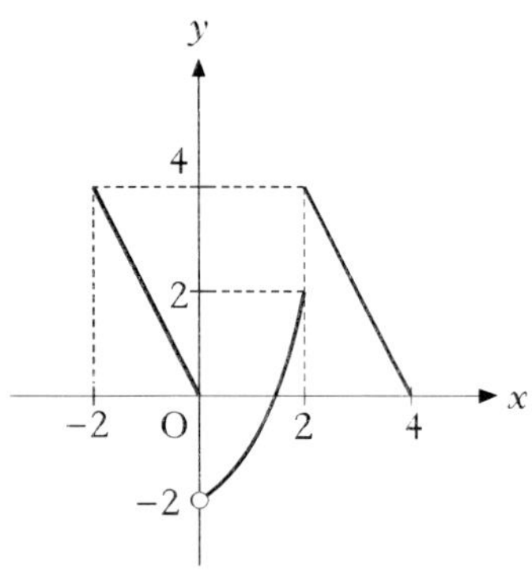

그림 5.13

풀이 f의 그래프는 그림 5.13과 같다. 적분값을 구하기 위해 성질3을 이용하여 세 부분으로 나눈다.

$$\begin{aligned}\int_{-2}^{4} f(x)dx &= \int_{-2}^{0}(-2x)dx + \int_{0}^{2}(x^2-2)dx + \int_{2}^{4}(-2x+8)dx \\ &= [-x^2]_{-2}^{0} + \left[\frac{x^3}{3} - 2x\right]_0^2 + [-x^2+8x]_2^4 \\ &= [0-(-4)] + \left[\frac{8}{3} - 4 - (0-0)\right] + [-16+32-(-4+16)] \\ &= \frac{20}{3}\end{aligned}$$

◀

연습문제 5.2

1\. 다음 정적분을 두 가지 방법으로 풀어라.

(i) 그래프를 그리고, $A(R_a)-A(R_b)$를 이용

(ii) 미적분학의 기본정리를 이용

(1) $\int_{-1}^{3} 2x dx$　　(2) $\int_{-3}^{1}(x+2)dx$

(3) $\int_{0}^{3}(-x+1)dx$　　(4) $\int_{0}^{3}(-2x+4)dx$

2\. 미적분학의 기본정리를 이용하여 정적분을 구하여라.

(1) $\int_{-1}^{2}\left(-\frac{3}{4}x\right)dx$　　(2) $\int_{-2}^{3}\left(-\frac{2}{3}x\right)dx$

(3) $\int_{-2}^{3} 6x^2 dx$　　(4) $\int_{1}^{2} 4x^3 dx$

(5) $\int_{1}^{3}(3x^2+2x-8)dx$　　(6) $\int_{0}^{2}(x^2+4x-3)dx$

(7) $\int_{0}^{2}(2x^3-x-3)dx$　　(8) $\int_{-1}^{2}(5x^4-3x)dx$

(9) $\int_{-2}^{2}(x-2)^2 dx$

(10) $\int_{-1}^{1}(x+1)^3 dx$

(11) $\int_{1}^{8}4\sqrt[3]{x}\,dx$

(12) $\int_{1}^{32}14x^{\frac{2}{5}}dx$

(13) $\int_{1}^{e}\frac{1}{x}dx$

(14) $\int_{1}^{3}-2x^{-2}dx$

(15) $\int_{0}^{1}(5e^{x}-2x)dx$

(16) $\int_{0}^{1}(4e^{-x}+1)dx$

3. 구간 $[a, b]$에서 주어진 함수의 그래프를 그린 다음 그래프 아래쪽의 영역의 넓이를 구하여라(예제 5 참조).

(1) $f(x)=x^2+4;\ a=-1,\ b=3$

(2) $f(x)=x^2+4x+4;\ a=-2,\ b=1$

(3) $f(t)=t^{\frac{2}{3}};\ a=0,\ b=8$

(4) $f(t)=t^{\frac{3}{2}};\ a=0,\ b=4$

4. $\int_{-1}^{3}f(x)dx=-8$, $\int_{3}^{5}f(x)dx=4$, $\int_{-1}^{3}g(x)dx=5$이고 $\int_{3}^{5}g(x)dx=2$일 때, 정적분의 성질을 이용하여 다음을 구하여라(예제 6 참조).

(1) $\int_{3}^{-1}f(x)dx$

(2) $\int_{5}^{3}g(x)dx$

(3) $\int_{-1}^{3}-2f(x)dx$

(4) $\int_{-1}^{3}0.4g(x)dx$

(5) $\int_{3}^{5}[2f(x)+3g(x)]dx$

(6) $\int_{3}^{5}[2g(x)-f(x)]dx$

5. 예제 7과 같이 $\int_{-2}^{3} f(x)dx$를 구하여라.

(1) $f(x)=\begin{cases} x^2+4x+3 & -2 \le x < 0 \\ -x+3 & 0 \le x \le 3 \end{cases}$

(2) $f(x)=\begin{cases} x+1 & -2 \le x < 1 \\ x^2+x-2 & 1 \le x \le 3 \end{cases}$

(3) $f(x)=\begin{cases} x^2 & -2 \le x < 0 \\ x & 0 \le x < 2 \\ 4-x^2 & 2 \le x \le 3 \end{cases}$

(4) $f(x)=\begin{cases} -\dfrac{x}{2} & -2 \le x < 0 \\ x-1 & 0 \le x < 1 \\ x^2-4 & 1 \le x \le 3 \end{cases}$

6. 다음 계산을 하여라.

(1) $\int_{1}^{4} (5x^{\frac{3}{2}} - 3\sqrt{x})dx$

(2) $\int_{1}^{4} (x^{-2} + 2x^{-1})dx$

(3) $\int_{0}^{1} (e^x + x^e)dx$

(4) $\int_{-1}^{1} (x^3-2)^2 dx$

(5) $\int_{0}^{3} 2|t-2|dt$

(6) $\int_{-5}^{0} 4|u+3|du$

5.3 정적분의 계산

이제 복잡한 정적분, 치환하여 구하는 문제를 생각하여 보자. 우선 다음을 계산하는 방법을 알아보자.

$$\int_0^1 (2x+1)^5 dx$$

이 문제를 풀기 위해 두 단계를 거친다.

대응하는 부정적분을 알아본 다음 미적분학의 기본정리를 적용한다.

치환적분법에 의해 $u = 2x+1$이라 놓으면 $du = 2dx$

$$\int (2x+1)^5 dx = \frac{1}{2}\int (2x+1)^5 \cdot 2dx = \frac{1}{2}\int u^5 du$$

$$= \frac{1}{2}\frac{u^6}{6} + c = \frac{1}{12}(2x+1)^6 + C$$

미적분학의 기본정리에 의해,

$$\int_0^1 (2x+1)^5 dx = \left[\frac{1}{12}(2x+1)^6\right]_0^1$$

$$= \frac{3^6}{12} - \frac{1^6}{12} = \frac{728}{12} = \frac{182}{3}$$

이 두 단계를 거치지 않는 지름길을 알아보자. 이것을 정적분의 치환법이라고 한다.

1. 정적분의 치환법

정적분에서의 치환은 부정적분에서의 치환과 같다. 차이점은 위끝, 아래끝을 새로운 변수의 값으로 바꾸는 것이다. 위의 예를 다시 풀어보면서 설명해 보자.

예제 1 $\int_0^1 (2x+1)^5 dx$를 구하여라.

풀이 $u=2x+1$이라 놓으면 $du=2dx$이고,
따라서,

x	0→1
u	1→3

$$\int_0^1 (2x+1)^5 dx = \frac{1}{2}\int_1^3 u^5 du = \left[\frac{u^6}{12}\right]_1^3$$

$$= \frac{3^6}{12} - \frac{1^6}{12} = \frac{728}{12}$$

$$= \frac{182}{3} \approx 60.67$$ ◀

예제 2 $\int_3^6 \frac{3}{x-2} dx$를 구하여라.

풀이 $u=x-2$라 놓으면 $du=dx$이고
따라서,

x	3→6
u	1→4

$$\int_3^6 \frac{3}{x-2} dx = 3\int_1^4 \frac{1}{u} du = 3[\ln u]_1^4$$

$$= 3(\ln 4 - \ln 1)$$

$$= 3\ln 4 \approx 4.16$$ ◀

예제 3 $\int_0^2 e^{-3t} dt$를 구하여라.

풀이 $u=-3t$라 놓으면 $du=-3dt$이고,
따라서

t	0→2
u	0→-6

$$\int_0^2 e^{-3t} dt = -\frac{1}{3}\int_0^2 e^{-3t}(-3)dt = -\frac{1}{3}\int_0^{-6} e^u du$$

$$= -\frac{1}{3}[e^u]_0^{-6} = -\frac{1}{3}(e^{-6} - e^0) = -\frac{1}{3}\left(\frac{1}{e^6} - 1\right)$$

$$= \frac{1}{3}\left(1 - \frac{1}{e^6}\right) \approx 0.3325$$ ◀

예제 4 $\int_{\frac{1}{4}}^{1}(\ln 4x)^3\frac{1}{x}dx$를 구하여라.

풀이 $u=\ln 4x$라 놓으면, $du=\frac{4}{4x}dx=\frac{1}{x}dx$이고,

x	$\frac{1}{4}\to 1$
u	$0\to\ln 4$

따라서

$$\int_{\frac{1}{4}}^{1}(\ln 4x)^3\frac{1}{x}dx=\int_{0}^{\ln 4}u^3du=\left[\frac{u^4}{4}\right]_0^{\ln 4}$$

$$=\frac{(\ln 4)^4}{4}-\frac{0^4}{4}=\frac{(\ln 4)^4}{4}$$

$$\approx 0.9233$$ ◀

2. 정적분에서의 부분적분

정적분에서 이용하는 부분적분공식은 다음과 같다.

$$\int_a^b f(x)g'(x)dx=[f(x)g(x)]_a^b-\int_a^b f'(x)g(x)dx$$

예제 5 $\int_1^2 x\ln x dx$를 구하여라.

풀이 $f(x)=\ln x$, $g'(x)=x$라 놓으면 $f'(x)=\frac{1}{x}$, $g(x)=\frac{x^2}{2}$이고 공식에 의해

$$\int_1^2 x\ln x dx=\left[\frac{x^2}{2}\ln x\right]_1^2-\int_1^2\frac{x^2}{2}\cdot\frac{1}{x}dx$$

$$=\left[\frac{x^2}{2}\ln x\right]_1^2-\left[\frac{x^2}{4}\right]_1^2$$

$$=2\ln 2-0-\left(\frac{4}{4}-\frac{1}{4}\right)$$

$$=2\ln 2-\frac{3}{4}\approx 0.6363$$ ◀

예제 6 $\int_1^e \ln x dx$를 구하여라.

풀이 $u = \ln x$, $dv = 1dx$, $du = \frac{1}{x}dx$, $v = x$

따라서,

$$\int_1^e \ln x dx = [x \ln x]_1^e - \int_1^e x \cdot \frac{1}{x} dx$$

$$= (e \ln e - 1 \ln 1) - \int_1^e 1 dx$$

$$= e - [x]_1^3 = e - (e-1) = 1$$

◀

3. 적분공식 이용

책의 뒤에 있는 적분공식을 이용하여 정적분을 한다.

예제 7 $\int_0^4 \sqrt{x^2+9}\, dx$를 구하여라.

풀이

$$\int_0^4 \sqrt{x^2+9}\, dx = \left[\frac{x}{2}\sqrt{x^2+9} + \frac{9}{2}\ln|x + \sqrt{x^2+9}|\right]_0^4$$

$$= 2(5) + \frac{9}{2}\ln(4+5) - \frac{9}{2}\ln(0+3)$$

$$= 10 + \frac{9}{2}(\ln 9 - \ln 3) = 10 + 4.5\ln\frac{9}{3}$$

$$= 10 + 4.5\ln 3 \approx 14.9438$$

◀

4. 주기함수의 적분

함수 f의 정의구역에 속하는 x와 $x+p$에 대해 $f(x) = f(x+p)$가 성립하는 실수 p가 존재할 때 함수 f를 주기함수(periodic function)라 한다.

위의 성질을 만족하는 p들 중에서 가장 작은 양수 p를 주기함수 f의 주기(period)라고 한다. 예를 들면 $\sin x$와 $\cos x$는 주기가 2π인 주기함수이고 $\tan x$는 주기가 π인 주기함수이다.

정리 5.2 (주기함수의 적분)

함수 f가 $[a,\ b]$에서 연속이고 주기가 p인 주기함수이면

$$\int_{a+p}^{b+p} f(x)dx = \int_{a}^{b} f(x)dx$$

예제 8 $\int_{0}^{2\pi} |\cos x| dx$를 구하여라.

풀이 $f(x) = |\cos x|$는 주기 π인 주기함수이다. 따라서

$$\begin{aligned}\int_{0}^{2\pi} |\cos x| dx &= \int_{0}^{\pi} |\cos x| dx + \int_{\pi}^{2\pi} |\cos x| dx \\ &= \int_{0}^{\pi} |\cos x| dx + \int_{0}^{\pi} |\cos x| dx \\ &= 2\int_{0}^{\pi} |\cos x| dx \\ &= 2\left[\int_{0}^{\frac{\pi}{2}} \cos x dx + \int_{\frac{\pi}{2}}^{\pi} (-\cos x) dx\right] \\ &= 2\left\{[\sin x]_{0}^{\frac{\pi}{2}} + [-\sin x]_{\frac{\pi}{2}}^{\pi}\right\} \\ &= 4\end{aligned}$$

◀

연습문제 5.3

1. 치환적분을 이용하여 정적분의 값을 구하여라.

(1) $\int_{0}^{1}(2x-1)^2 2dx$ (2) $\int_{-1}^{2}(3x+2)^2 3dx$

(3) $\int_{0}^{2}(x^2-3)^2 xdx$ (4) $\int_{0}^{1}(x^2+4)^2 xdx$

(5) $\int_{0}^{1}(2x-1)^4 dx$ (6) $\int_{0}^{1}(3x-2)^3 dx$

(7) $\int_{0}^{3}\sqrt{x^2+16}\,xdx$ (8) $\int_{0}^{3}\frac{x}{\sqrt{x^2+16}}dx$

(9) $\int_{5}^{8}\frac{5}{x-4}dx$ (10) $\int_{-1}^{3}\frac{3}{x+2}dx$

(11) $\int_{0}^{2}\frac{x}{2x^2+1}dx$ (12) $\int_{3}^{5}\frac{x}{x^2-8}dx$

(13) $\int_{0}^{1}3e^{2x}dx$ (14) $\int_{0}^{2}4e^{-2x}dx$

(15) $\int_{0}^{2}xe^{-x^2}dx$ (16) $\int_{1}^{4}\frac{e^{\sqrt{x}}}{\sqrt{x}}dx$

2. 정적분에서의 부분적분을 이용하여 다음을 구하여라.

(1) $\int_{0}^{2}xe^{2x}dx$ (2) $\int_{0}^{3}xe^{-x}dx$

(3) $\int_{1}^{e}x^{\frac{3}{2}}\ln x dx$ (4) $\int_{e}^{e^2}\sqrt{x}\ln x dx$

(5) $\int_{0}^{1}x(1-x)^4 dx$ (6) $\int_{0}^{2}(x-2)^6 xdx$

5.4 극한으로서의 정적분

정적분의 정의를 앞에서 넓이로 나타냈었다. 그러나 넓이는 무엇인가? 실제로 어려운 질문이다. 이제 대답을 하려고 한다. 의미있는 접근을 하기 위해 직선 $y=5-x$, x축 $x=0$과 $x=4$로 둘러싸인 영역 R의 넓이를 생각하자(그림 5.14). 구간 [0, 4]를 5, 10, 20 그리고 일반으로 n등분하고 대응하는 내접다각형을 만들어 R_5, R_{10}, R_{20} 그리고 R_n이라 하자(그림 5.15).

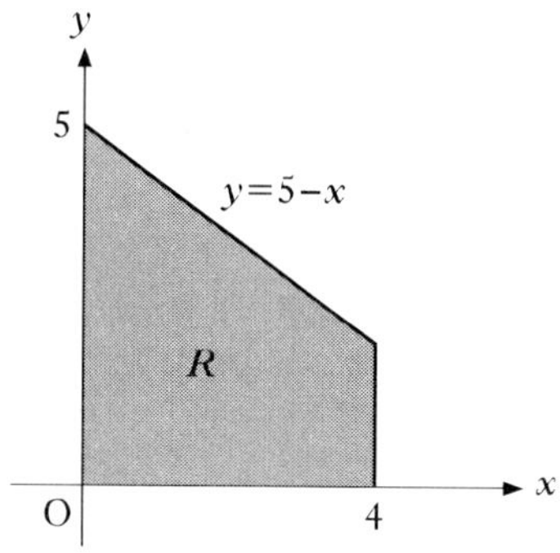

그림 5.14

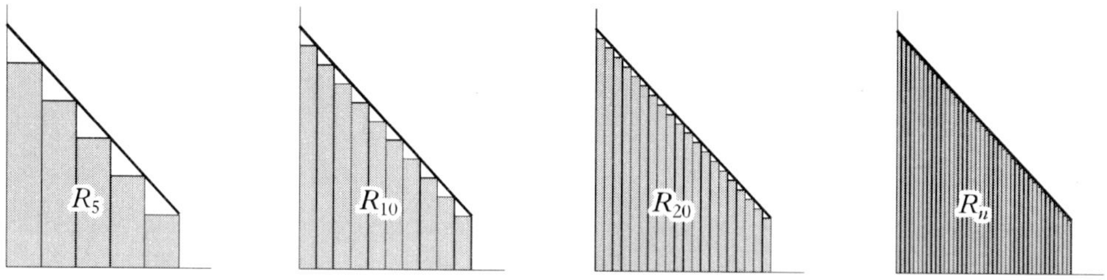

그림 5.15

분할의 점을 증가시킴에 따라 대응하는 사각형들의 넓이가 점점 더 R의 넓이에 가까워진다. 즉

$$A(R) = \lim_{n \to \infty} A(R_n)$$

이 절 끝(예제 4)에서 실제로 극한값을 계산하여 사다리꼴의 넓이와 같은 값을 얻게 된다. 곡선에 대해서도 위의 과정이 적용된다.

1. 정적분의 정의

함수 f는 구간 $[a, b]$에서 연속이다. 이 구간을 n등분하여 그 점들을 $a = x_0 < x_1 < x_2 < x_3 < \cdots < x_{n-1} < x_n = b$(그림 5.16)이라 하고,

$$\Delta x = x_i - x_{i-1} = \frac{b-a}{n}$$

라 하자. a에서 b까지 $f(x)$의 정적분을 다음과 같이 정의한다.

$$\int_a^b f(x)dx = \lim_{n \to \infty} [f(x_1)\Delta x + f(x_2)\Delta x + f(x_3)\Delta x + \cdots + f(x_n)\Delta x]$$

$$= \lim_{n \to \infty} [f(x_1) + f(x_2) + \cdots + f(x_n)]\Delta x$$

각 항 $f(x_i)\Delta x$는 직사각형의 넓이이거나 또는 이와 같은 넓이의 음수값($f(x)$가 양, 음에 달려 있다)이다.

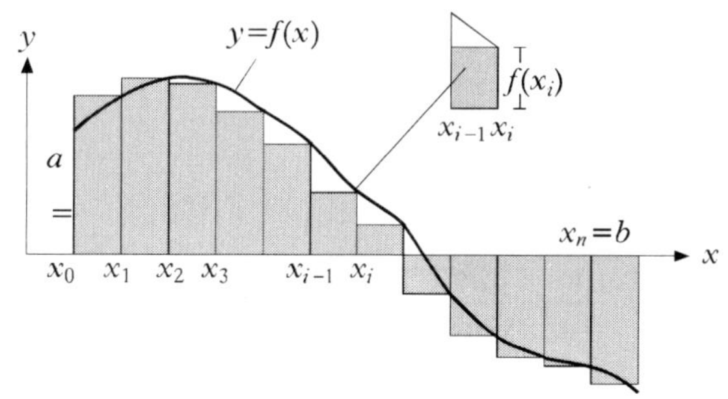

그림 5.16

이제 합에 대한 기호 Σ를 이용하여 위의 정의를 더 간단하게 쓸 수 있다.

2. Σ의 이용

희랍문자 Σ는 합을 나타내는데 사용된다. 특히

$$\sum_{i=1}^{n} x_i = x_1 + x_2 + x_3 + \cdots + x_{n-1} + x_n$$

이고,

$$\sum_{i=1}^{n} = 1 + 2 + 3 + \cdots + (n-1) + n$$

이다.

예제 1 다음 각각의 합을 구하여라.

(1) $\sum_{i=1}^{6} i^2$

(2) $\sum_{i=2}^{9} (2i-3)$

풀이 (1) $\sum_{i=1}^{6^2} i^2 = 1^2 + 2^2 + 3^2 + 4^2 + 5^2 + 6^2$

$$= 1 + 4 + 9 + 16 + 25 + 36 = 91$$

(2) $\sum_{i=2}^{9} (2i-3) = 1 + 3 + 5 + 7 + 9 + 11 + 13 + 15 = 64$ ◀

예제 2 다음 합을 Σ를 이용하여 나타내어라.

(1) $1 + \frac{1}{2} + \frac{1}{3} + \frac{1}{4} + \cdots + \frac{1}{99} + \frac{1}{100}$

(2) $b_2 + b_3 + b_4 + \cdots + b_{19} + b_{20}$

(3) $f(x_1)\Delta x + f(x_2)\Delta x + f(x_3)\Delta x + \cdots + f(x_n)\Delta x$

풀이 (1) $\sum_{i=1}^{100} \frac{1}{i}$ (2) $\sum_{i=2}^{20} b_i$

(3) $\sum_{i=1}^{n} f(x_i)\Delta x$ ◀

다음은 Σ에 관한 중요한 성질이다.

1. $\sum_{i=1}^{n}(a_i \pm b_i) = \sum_{i=1}^{n}a_i \pm \sum_{i=1}^{n}b_i$
2. $\sum_{i=1}^{n}ca_i = c\sum_{i=1}^{n}a_i$

예제 3 $\sum_{i=1}^{5}a_i = 20$이고 $\sum_{i=1}^{5}b_i = 5$일 때, $\sum_{i=1}^{5}(3a_i - 2b_i)$를 구하여라.

풀이

$$\sum_{i=1}^{5}(3a_i - 2b_i) = 3\sum_{i=1}^{5}a_i - 2\sum_{i=1}^{5}b_i$$
$$= 3(20) - 2(5) = 50$$
◀

$\sum$기호를 이용하여 정적분의 정의를 다음과 같이 쓸 수 있다.

$$\int_a^b f(x)dx = \lim_{n\to\infty}\sum_{i=1}^{n}f(x_i)\Delta x$$

이와 같이, 우리는 정적분이 합의 극한이라는 것을 안다. 그리고 f가 연속함수이면 위의 극한값은 항상 존재한다. 증명은 수준높은 미적분 책을 보면 알 수 있다.

3. 극한의 정의를 이용한 계산

계산하는데 필요한 공식을 알아보자.

(1) $1+2+3+\cdots+n = \sum_{i=1}^{n}i = \dfrac{n(n+1)}{2}$

(2) $1^2+2^2+3^2+\cdots+n^2 = \sum_{i=1}^{n}i^2 = \dfrac{n(n+1)(2n+1)}{6}$

(3) $1^3+2^3+3^3+\cdots+n^3 = \sum_{i=1}^{n}i^3 = \left\{\dfrac{n(n+1)}{2}\right\}^2$

예제 4 극한을 이용한 정적분의 정의를 이용하여 $\int_0^4 (5-x)dx$를 구하여라(그림 5.14 참조).

풀이 구간 [0, 4]를 n등분하면,

$$\Delta x = \frac{b-a}{n} = \frac{4}{n}$$

구간의 분할점들은

$$x_1 = \frac{4}{n},\ x_2 = 2 \cdot \frac{4}{n},\ x_3 = 3 \cdot \frac{4}{n},\ \cdots$$

$f(x) = 5 - x$이므로 다음을 얻는다.

$$\begin{aligned}
\sum_{i=1}^{n} f(x_i)\Delta x &= [f(x_1) + f(x_2) + \cdots + f(x_n)]\Delta x \\
&= \left[\left(5 - \frac{4}{n}\right) + \left(5 - 2 \cdot \frac{4}{n}\right) + \left(5 - 3 \cdot \frac{4}{n}\right) + \cdots + \left(5 - n \cdot \frac{4}{n}\right)\right]\frac{4}{n} \\
&= \left[5n - \frac{4}{n}(1 + 2 + 3 + \cdots + n)\right]\frac{4}{n} \\
&= \left[5n - \frac{4}{n} \cdot \frac{n(n+1)}{2}\right]\frac{4}{n} \\
&= 20 - \frac{8}{n}(n+1) = 20 - 8 - \frac{8}{n} = 12 - \frac{8}{n}
\end{aligned}$$

따라서

$$\begin{aligned}
\int_0^4 (5-x)dx &= \lim_{n\to\infty} \sum_{i=1}^{n} f(x_i)\Delta x \\
&= \lim_{n\to\infty}\left(12 - \frac{8}{n}\right) = 12
\end{aligned}$$

이 값은 사다리꼴의 넓이 구하는 공식을 이용했으면 자연스럽게 얻을 답이다. ◀

예제 5 $\int_0^2 x^2 dx$의 값을 극한을 이용하여 구하여라.

풀이 구간 [0, 2]를 n등분하면 $\Delta x = \frac{2}{n}$(그림 5.17) 분할점은

$$x_1 = \frac{2}{n},\ x_2 = 2 \cdot \frac{2}{n},\ x_3 = 3 \cdot \frac{2}{n},\ \cdots$$

그리고 일반으로

$$x_i = i \cdot \frac{2}{n},\ f(x) = x^2$$

이므로

$$\begin{aligned}\sum_{i=1}^{n} f(x_i)\Delta x &= \sum_{i=1}^{n}\left[i\left(\frac{2}{n}\right)\right]^2 \cdot \left[\frac{2}{n}\right] \\ &= \sum_{i=1}^{n} i^2\left[\frac{8}{n^3}\right] \\ &= \frac{8}{n^3}\sum_{i=1}^{n} i^2 = \frac{8}{n^3} \cdot \frac{n(n+1)(2n+1)}{6} \\ &= \frac{4}{3} \cdot \frac{(n+1)(2n+1)}{n^2}\end{aligned}$$

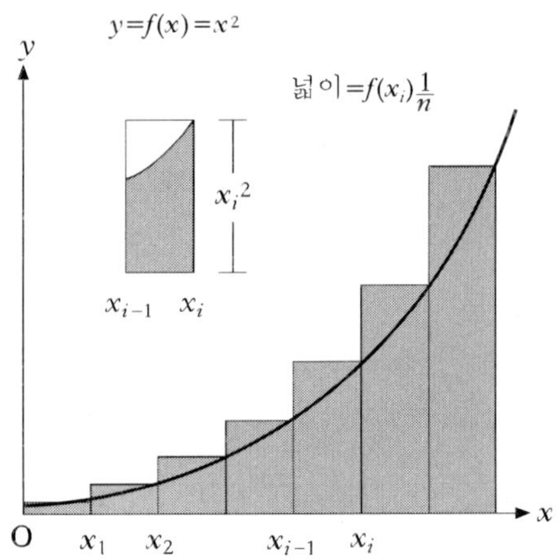

그림 5.17

따라서,

$$\begin{aligned}\int_0^2 x^2 dx &= \lim_{n\to\infty}\frac{4}{3} \cdot \frac{(n+1)(2n+1)}{n^2} \\ &= \frac{4}{3}\lim_{n\to\infty}\frac{2n^2+3n+1}{n^2} = \frac{8}{3}\end{aligned}$$

이 값은 미적분학의 기본정리를 이용하여 자연스럽게 얻을 수 있다. ◀

연습문제 5.4

1. 다음 합을 구하여라(예제 1 참조).

(1) $\sum_{i=1}^{6}\frac{i}{5}$

(2) $\sum_{i=1}^{5}(i-1)^2$

(3) $\sum_{i=3}^{6}(3i-4)$

(4) $\sum_{i=2}^{5}(5i-8)$

(5) $\sum_{i=1}^{3}\frac{1}{i(i+1)}$

(6) $\sum_{i=1}^{8}\frac{12}{i(i-2)}$

(7) $\sum_{i=0}^{4}2i$

(8) $\sum_{i=1}^{3}(4^i-5^{i-1})$

2. Σ기호를 이용하여 나타내어라(예제 2 참조).

(1) $1^3+2^3+3^3+\cdots+10^3$

(2) $2+4+6+8+\cdots+100$

(3) $\frac{3}{2}+\frac{3}{2^2}+\frac{3}{2^3}+\cdots+\frac{3}{2^{100}}$

(4) $5+\frac{5}{2}+\frac{5}{3}+\frac{5}{4}+\cdots+\frac{5}{70}$

(5) $x_4+x_5+x_6+\cdots+x_{21}$

(6) $t_1+t_2+t_3+\cdots+t_n$

3. $\sum_{i=1}^{10}x_i=30$, $\sum_{i=1}^{10}y_i=4$일 때 다음을 구하여라(예제 3 참조).

(1) $\sum_{i=1}^{10}4x_i$

(2) $\sum_{i=1}^{10}(-0.5)y_i$

(3) $\sum_{i=1}^{10}(3x_i-20y_i)$

(4) $\sum_{i=1}^{10}(2x_i+11y_i)$

4. 극한을 이용한 정적분의 정의를 사용하여 다음 값을 구하여라(예제 4, 5 참조). 그리고 미적분학의 기본정리를 이용하여 답을 확인하여라.

(1) $\int_0^3 (4-x)dx$　　(2) $\int_0^4 (6-x)dx$

(3) $\int_0^2 (2x+1)dx$　　(4) $\int_0^3 (3x+5)dx$

5. 다음 합을 구하여라.

(1) $1+2+3+\cdots+499$

(2) $1^2+2^2+3^2+\cdots+20^2$

(3) $10+11+12+\cdots+99$

(4) $41^2+42^2+43^2+\cdots+100^2$

(5) $\sum_{i=1}^{100}(i^2-30)$

(6) $\sum_{j=1}^{100}(j^2+2j)$

(7) $\sum_{k=1}^{100}(2-3k+k^2)$

(8) $\sum_{i=1}^{100}\left(\frac{1}{i}-\frac{1}{i+1}\right)$

5.5 특이적분

지금까지 계산한 정적분의 적분구간이 유계(bounded)인 폐구간에서 함수 $f(x)$가 연속인 경우만 생각했었다. 이 절에서는 적분구간이 유계가 아니거나 폐구간에서 연속이 아닌 함수의 정적분을 구하는 문제를 살펴보자. 이와 같은 정적분을 특이적분(improper integral)이라고 한다. 먼저 적분구간이 유한이 아닌 경우에 특이적분은 다음과 같이 정의된다.

함수 $f(x)$가 주어진 정의역에서 연속일 때, 특이적분을 다음과 같이 정의한다.

정의 5.2

(1) $\displaystyle\int_a^\infty f(x)dx = \lim_{b\to\infty}\int_a^b f(x)dx$

(2) $\displaystyle\int_{-\infty}^b f(x)dx = \lim_{a\to-\infty}\int_a^b f(x)dx$

(3) $\displaystyle\int_{-\infty}^\infty f(x)dx = \int_{-\infty}^0 f(x)dx + \int_0^\infty f(x)dx$

$\displaystyle\qquad = \lim_{a\to-\infty}\int_a^0 f(x)dx + \lim_{b\to\infty}\int_0^b f(x)dx$

각 경우에 극한값이 존재하면 특이적분은 **수렴한다**고 말하고, 극한값이 존재하지 않는 경우에 특이적분은 값을 갖지 않으며 **발산한다**고 말한다.

예제 1 다음 특이적분의 수렴, 발산을 조사하여라.

(1) $\displaystyle\int_0^\infty \frac{dx}{(1+x)^2}$ (2) $\displaystyle\int_1^\infty \frac{1}{x}dx$

(3) $\displaystyle\int_{-\infty}^{-1} \frac{1}{x^2}dx$ (4) $\displaystyle\int_{-\infty}^\infty e^x dx$

풀이 (1) $\int_0^{\infty}\frac{dx}{(1+x)^2}=\lim_{b\to\infty}\int_0^b\frac{dx}{(1+x)^2}$

$$=\lim_{b\to\infty}\left[-\frac{1}{x+1}\right]_0^b=\lim_{b\to\infty}\left(\frac{-1}{b+1}+1\right)=1$$

∴ 수렴

(2) $\int_1^{\infty}\frac{1}{x}dx=\lim_{b\to\infty}\int_1^b\frac{1}{x}dx=\lim_{b\to\infty}[\ln x]_1^b$

$$=\lim_{b\to\infty}(\ln b-\ln 1)=\infty$$

∴ 발산

(3) $\int_{-\infty}^{-1}\frac{1}{x^2}dx=\lim_{a\to-\infty}\int_a^{-1}\frac{1}{x^2}dx=\lim_{a\to-\infty}\left[-\frac{1}{x}\right]_a^{-1}$

$$=\lim_{a\to-\infty}\left(1+\frac{1}{a}\right)=1$$

∴ 수렴

(4) $\int_{-\infty}^{\infty}e^x dx=\lim_{a\to-\infty}\int_a^0 e^x dx+\lim_{b\to\infty}\int_0^b e^x dx$

$$=\lim_{a\to-\infty}[e^x]_a^0+\lim_{b\to\infty}[e^x]_0^b$$

$$=\lim_{a\to-\infty}(1-e^a)+\lim_{b\to\infty}(e^b-1)=\infty$$

∴ 발산

두 번째 종류의 특이적분은 피적분함수 $f(x)$가 적분구간인 폐구간에서 연속이 아닌 경우 즉,

함수 $f(x)$가 구간 $[a, b]$에서 그림 5.18, 그림 5.19, 그림 5.20과 같은 수직인 점근선을 가질 때 다음과 같이 정의한다.

정의 5.3

(1) $f(x)$가 $x=a$에서 수직인 점근선을 갖는다면

$$\int_a^b f(x)dx=\lim_{\varepsilon\to+0}\int_{a+\varepsilon}^b f(x)dx$$

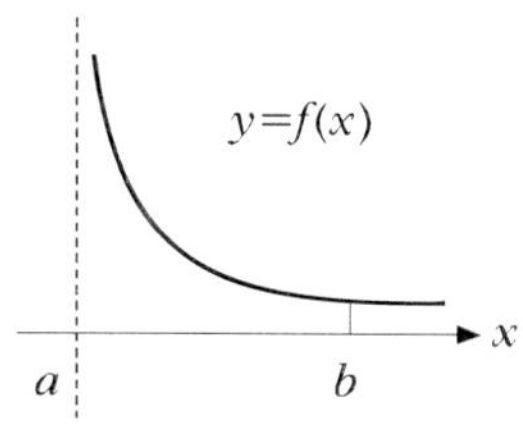

그림 5.18

(2) $f(x)$가 $x=b$에서 수직인 점근선을 갖는다면

$$\int_a^b f(x)dx = \lim_{\varepsilon\to +0}\int_a^{b-\varepsilon} f(x)dx$$

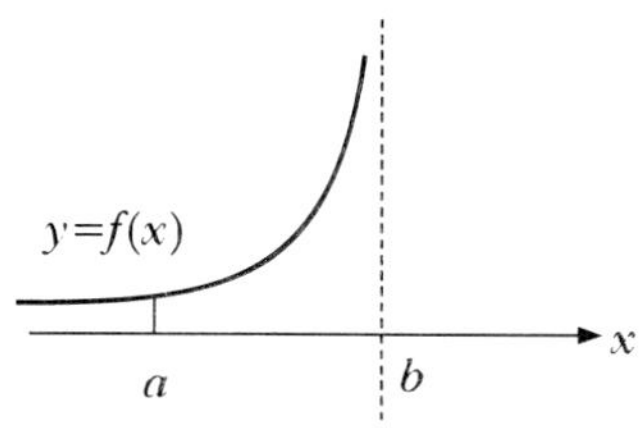

그림 5.19

(3) $f(x)$가 $x=k\ (a<k<b)$에서 수직인 점근선을 갖는다면

$$\int_a^b f(x)dx = \lim_{\varepsilon\to +0}\int_a^{k-\varepsilon} f(x)dx + \lim_{\varepsilon\to +0}\int_{k+\varepsilon}^{b} f(x)dx$$

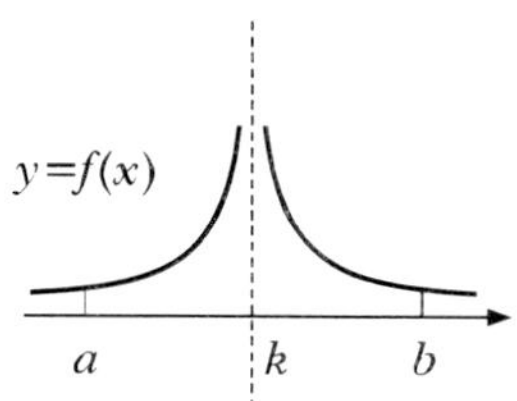

그림 5.20

각 경우에 극한값이 존재하면 특이적분은 수렴한다고 말하고 극한값이 존재하지 않으면 발산한다고 말한다. (3)의 경우는 우변의 특이적분값이 둘다 수렴하여야 특이적분이 값을 갖는다.

예제 2 다음 특이적분의 수렴, 발산을 조사하여라.

(1) $\int_0^1 \ln x dx$ (2) $\int_0^2 \frac{dx}{(x-1)^2}$

(3) $\int_{-2}^0 \frac{dx}{x^2}$ (4) $\int_0^9 \frac{dx}{\sqrt{x}}$

풀이 (1) $y=\ln x$의 그래프를 그리면 그림 5.21과 같다. 따라서,

$$\int_0^1 \ln x dx = \lim_{\varepsilon \to +0} \int_\varepsilon^1 \ln x$$

$$= \lim_{\varepsilon \to +0} [x \ln x - x]_\varepsilon^1$$

$$= \lim_{\varepsilon \to +0} (-1 - \varepsilon \ln \varepsilon + \varepsilon) = -1$$

∴ 수렴

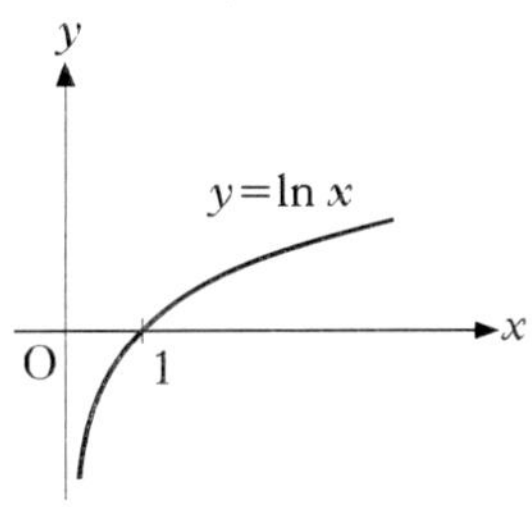

그림 5.21

(2) $y = \frac{1}{(x-1)^2}$의 그래프를 그리면 그림 5.22와 같다. 따라서,

$$\int_0^2 \frac{dx}{(x-1)^2} = \lim_{\varepsilon \to +0} \int_0^{1-\varepsilon} \frac{dx}{(x-1)^2} + \lim_{\varepsilon \to +0} \int_{1+\varepsilon}^2 \frac{dx}{(x-1)^2}$$

$$= \lim_{\varepsilon \to +0} \left[\frac{-1}{x-1} \right]_0^{1-\varepsilon} + \lim_{\varepsilon \to +0} \left[\frac{-1}{x-1} \right]_{1+\varepsilon}^2$$

$$= \lim_{\varepsilon \to +0} \left(\frac{1}{\varepsilon} - 1 \right) + \lim_{\varepsilon \to +0} \left(-1 + \frac{1}{\varepsilon} \right) = \in$$

∴ 발산

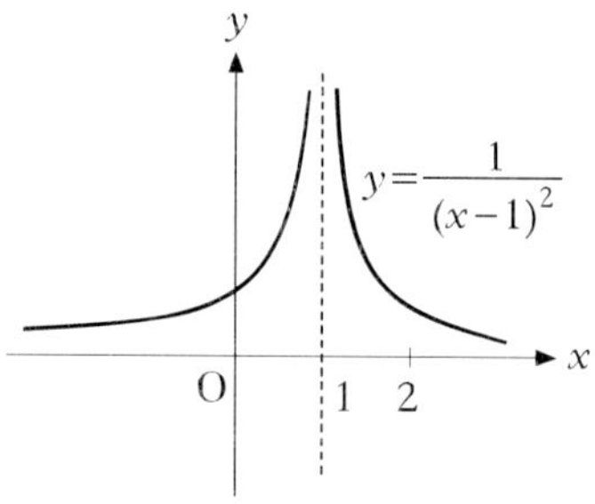

그림 5.22

(3) $y=\frac{1}{x^2}$의 그래프를 그리면 그림 5.23과 같다. 따라서

$$\int_{-1}^{0}\frac{dx}{x^2}=\lim_{\varepsilon\to+0}\int_{-2}^{-\varepsilon}\frac{dx}{x^2}=\lim_{\varepsilon\to+0}\left[-\frac{1}{x}\right]_{-2}^{-\varepsilon}$$

$$=\lim_{\varepsilon\to+0}\left(\frac{1}{\varepsilon}-\frac{1}{2}\right)=+\infty$$

∴ 발산

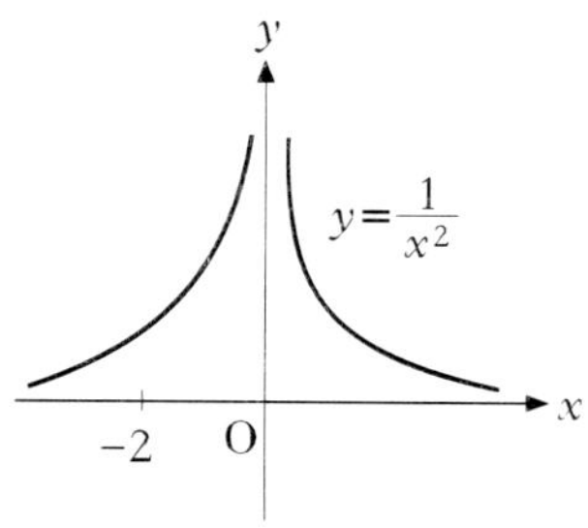

그림 5.23

(4) $y=\frac{1}{\sqrt{x}}$의 그래프는 그림 5.24와 같다. 따라서,

$$\int_{0}^{9}\frac{dx}{\sqrt{x}}=\lim_{\varepsilon\to+0}\int_{\varepsilon}^{9}\frac{dx}{\sqrt{x}}=\lim_{\varepsilon\to+0}\left[2\sqrt{x}\right]_{\varepsilon}^{9}$$

$$=\lim_{\varepsilon\to+0}(6-2\sqrt{\varepsilon})=6$$

∴ 수렴

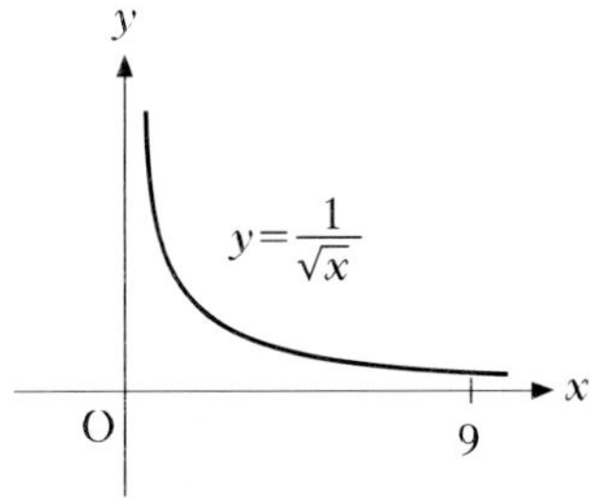

그림 5.24

만약 예제 2의 (2)에서 $\int f(x)dx = \phi(x) + C$이며 $\phi(x)$가 구간 $a \le x \le b$에서 연속이면 적분은 ε을 사용하지 않고 일반적인 방법으로 구할 수 있다. 즉 $f(x)$가 수직점근선 $x = k(a \le x \le b)$를 제외하고는 구간 $[a, b]$에서 연속이고, $\phi(x)$가 구간 $[a, b]$에서 연속이면

$$\begin{aligned}\int_a^b f(x)dx &= \lim_{\varepsilon \to +0} \int_a^{k-\varepsilon} f(x)dx + \lim_{\varepsilon \to +0} \int_{k+\varepsilon}^b f(x)dx \\ &= \lim_{\varepsilon \to +0} [\phi(x)]_a^{k-\varepsilon} + \lim_{\varepsilon \to +0} [\phi(x)]_{k+\varepsilon}^b \\ &= \lim_{\varepsilon \to +0} \{\phi(k-\varepsilon) - \phi(a)\} + \lim_{\varepsilon \to +0} \{\phi(b) - \phi(k+\varepsilon)\} \\ &= \phi(k) - \phi(a) + \phi(b) - \phi(k) \quad (\because \phi(x)\text{가 연속}) \\ &= \phi(b) - \phi(a)\end{aligned}$$

이다. 따라서,

$$\begin{aligned}\int_a^b f(x)dx &= \phi(k) - \phi(a) + \phi(b) - \phi(k) \\ &= \phi(b) - \phi(a)\end{aligned}$$

예제 3 $\int_0^9 \frac{dx}{\sqrt[3]{x-1}}$의 값을 구하여라.

풀이 $f(x) = \frac{1}{\sqrt[3]{x-1}}$의 그래프는 그림 5.25와 같다. $x = 1$에서 수직점근선을

갖는다. 그러나

$$\int \frac{dx}{\sqrt[3]{x-1}} = \frac{3}{2}(x-1)^{\frac{2}{3}}$$

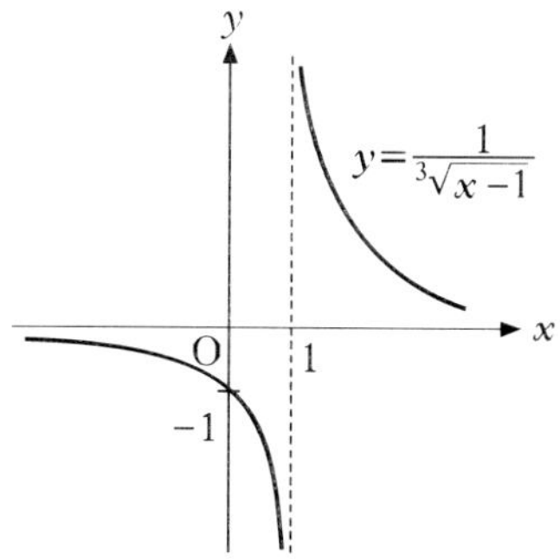

그림 5.25

가 되고 $\phi(x) = \frac{3}{2}(x-1)^{\frac{2}{3}}$는 구간 [0, 9]에서 연속이므로 일반적인 방법으로 적분을 하여

$$\int_0^9 \frac{dx}{\sqrt[3]{x-1}} = \left[\frac{3}{2}(x-1)^{\frac{2}{3}}\right]_0^9 = \frac{3}{2} \times 4 - \frac{3}{2} \times 1 = \frac{9}{2}$$ ◀

연습문제 5.5

1. 다음 적분에서 특이적분값을 구하거나 발산함을 보여라(예제 1 참조).

(1) $\int_0^\infty e^{-x} dx$ (2) $\int_0^\infty \frac{dx}{x^3}$

(3) $\int_0^\infty \frac{1}{\sqrt{x}} dx$ (4) $\int_{-1}^\infty \frac{x}{1+x^2} dx$

(5) $\int_4^\infty \frac{2}{x^2-1} dx$ (6) $\int_0^\infty xe^{-x^2} dx$

(7) $\int_{-\infty}^{0} \frac{dx}{(2x-1)^3}$ (8) $\int_{-\infty}^{2} \frac{dx}{x^2+4}$

(9) $\int_{-\infty}^{\infty} x^3 dx$ (10) $\int_{-\infty}^{\infty} \frac{x}{\sqrt{x^2+2}} dx$

(11) $\int_{-\infty}^{\infty} \frac{x}{(x^2+3)^2} dx$ (12) $\int_{0}^{8} \frac{dx}{\sqrt[3]{x}}$

2. 다음 특이적분값을 구하여라(예제 2 참조).

(1) $\int_{0}^{\frac{\pi}{2}} \tan x dx$ (2) $\int_{0}^{9} \frac{dx}{\sqrt{9-x}}$

(3) $\int_{0}^{1} \frac{dx}{\sqrt{1-x^2}}$ (4) $\int_{-2}^{2} \frac{dx}{x^2}$

(5) $\int_{-1}^{8} x^{-\frac{1}{3}} dx$ (6) $\int_{0}^{4} \frac{dx}{(x-2)^{\frac{2}{3}}}$

(7) $\int_{0}^{\frac{\pi}{2}} \frac{\cos\theta}{\sqrt{1-\sin\theta}} d\theta$ (8) $\int_{1}^{2} \frac{dx}{1-x}$

(9) $\int_{1}^{4} \frac{dx}{(x-2)^{\frac{3}{2}}}$ (10) $\int_{-1}^{1} \frac{dx}{\sqrt[3]{x^2}}$

Chapter 6

정적분의 응용

6.1 넓이

정적분의 정의는 넓이를 구하는 문제로부터 유도되었으나 이번에는 역으로 정적분을 이용하여 넓이를 구해 보자.

함수 $f(x)$가 구간 $[a, b]$에서 연속이고 $f(x) \geq 0$이면 곡선 $y=f(x)$와 x축 및 두 직선 $x=a$, $x=b$로 둘러싸인 도형의 넓이 A(그림 6.1)는 다음 정적분에 의하여 구한다.

$$A = \int_a^b f(x)dx$$

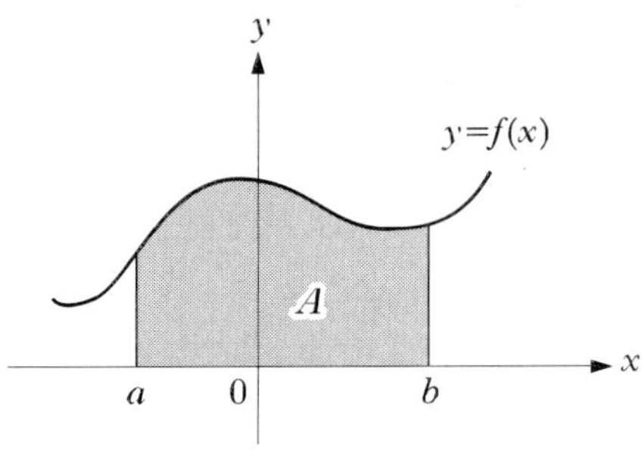

그림 6.1

예제 1 곡선 $y = x^4 - 2x^3 + 2$, x축 및 두 직선 $x = -1$, $x = 2$로 둘러싸인 도형의 넓이를 구하여라.

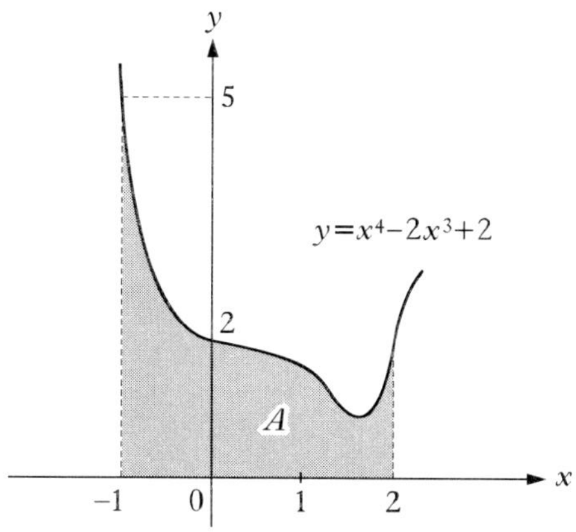

그림 6.2

풀이 구하는 넓이를 A(그림 6.2)라 하면

$$A = \int_{-1}^{2} (x^4 - 2x^3 + 2)dx$$

$$= \left[\frac{x^5}{5} - \frac{x^4}{2} + 2x\right]_{-1}^{2}$$

$$= \left(\frac{32}{5} - \frac{16}{2} + 4\right) - \left(-\frac{1}{5} - \frac{1}{2} - 2\right) = \frac{51}{10}$$ ◀

함수 $f(x)$의 부호가 일정하지 않아서, 가령 $f(x)$가 x축과 만나서 그림 6.3과 같이 세 개의 도형 D_1, D_2, D_3가 생겼다고 하면 이들 도형의 넓이 A(그림 6.3)는

$$A = \int_{a}^{b} |f(x)|dx$$

$$= \int_{a}^{c} f(x)dx + \int_{c}^{d} \{-f(x)\}dx + \int_{d}^{b} f(x)dx$$

로 나타낸다.

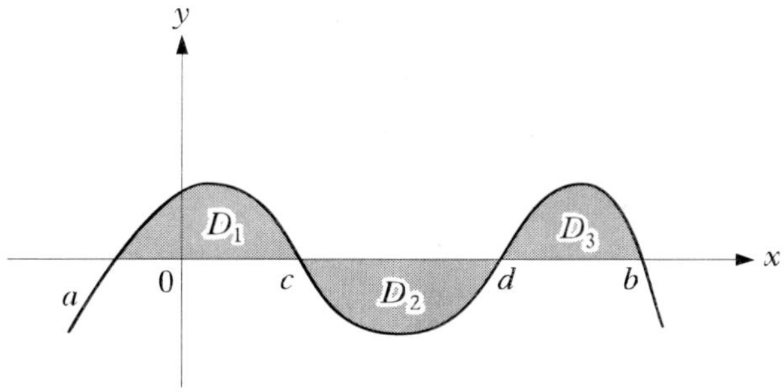

그림 6.3

예제 2

곡선 $y=x^3-2x^2-x+2$와 x축으로 둘러싸인 도형의 넓이를 구하여라.

풀이 $y=x^3-2x^2-x+2=(x+1)(x-1)(x-2)$와 x축과의 교점의 x좌표는 $-1,\ 1,\ 2$이다. 구하는 도형의 넓이 A(그림 6.4)는

$$A=\int_{-1}^{1}(x^3-2x^2-x+2)dx-\int_{1}^{2}(x^3-2x^2-x+2)dx$$

$$=\left[\frac{x^4}{4}-\frac{2x^3}{3}-\frac{x^2}{2}+2x\right]_{-1}^{1}-\left[\frac{x^4}{4}-\frac{2}{3}x^3-\frac{x^2}{2}+2x\right]_{1}^{2}$$

$$=\frac{8}{3}+\frac{5}{12}=\frac{37}{12}$$

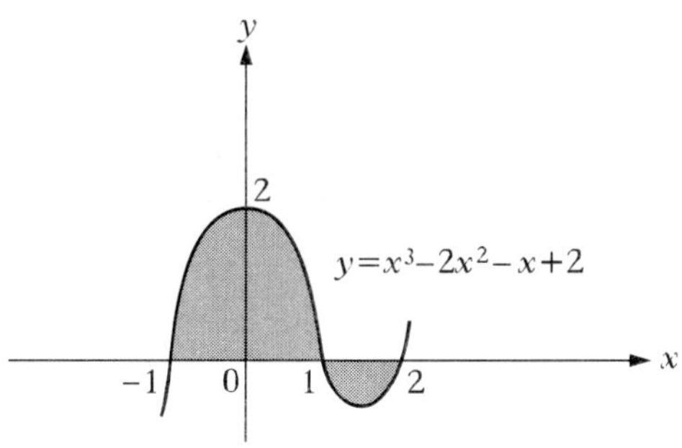

그림 6.4

두 개의 함수 $f(x)$, $g(x)$는 구간 $[a,\ b]$에서 연속이고 항상 $f(x)\geq g(x)$이다. 이 때 두 직선 $x=a$, $x=b$와 두 개의 곡선 $y=f(x)$, $y=g(x)$로 둘러싸인 도형의 넓이 A

(그림 6.5)는

$$A=\int_a^b \{f(x)-g(x)\}dx$$

이다.

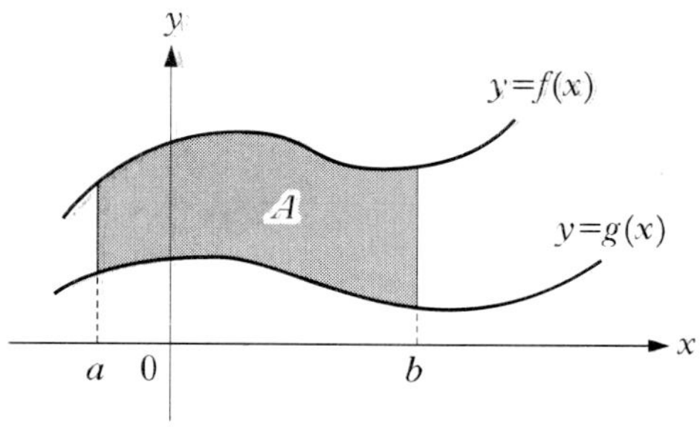

그림 6.5

예제 3 곡선 $y=\sqrt{2x-x^2}$과 직선 $y=x$로 둘러싸인 도형의 넓이를 구하여라.

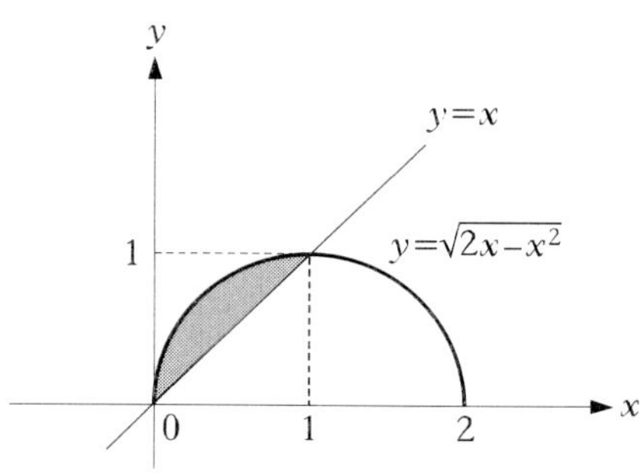

그림 6.6

풀이 $y=\sqrt{2x-x^2}$과 $y=x$의 교점의 좌표는 (0, 0), (1, 1)이다. 구하는 도형의 넓이 A(그림 6.6)는

$$A=\int_0^1(\sqrt{2x-x^2}-x)dx=\int_0^1\sqrt{2x-x^2}\,dx-\frac{1}{2}$$

$$S_1 = \int_0^1 \sqrt{2x - x^2}\, dx = \int_0^1 \sqrt{1 - (x-1)^2}\, dx$$

$$= \int_{-1}^{0} \sqrt{1 - X^2}\, dX$$

$$\left(\because\ X = x - 1,\ dX = dx, \begin{array}{|c|c|c|} \hline x & 0 & 1 \\ \hline X & -1 & 0 \\ \hline \end{array} \right)$$

$$= \int_{-\frac{\pi}{2}}^{0} \cos^2\theta d\theta$$

$$\left(\because\ X = \sin\theta,\ dX = \cos\theta d\theta.\ \sqrt{1 - x^2} = \cos\theta, \begin{array}{|c|c|c|} \hline X & -1 & 0 \\ \hline \theta & -\frac{\pi}{2} & 0 \\ \hline \end{array} \right)$$

$$= \frac{1}{2} \int_{-\frac{\pi}{2}}^{0} (1 + \cos 2\theta) d\theta = \frac{1}{2} \left[\theta + \frac{1}{2} sin 2\theta \right]_{-\frac{\pi}{2}}^{0} = \frac{\pi}{4}$$

$$\therefore\ A = \frac{\pi}{4} - \frac{1}{2}$$ ◀

연습문제 6.1

1. 다음 직선과 곡선으로 둘러싸인 도형의 넓이를 구하여라.

(1) $y = x + 6,\ y = x^2,\ x = 0,\ x = 2$

(2) $y = x^2,\ y = x + 6$

(3) $y = \sqrt{x},\ y = 6 - x,\ y = 1$

(4) $y = x^2,\ y = \sqrt{x},\ x = \frac{1}{4},\ x = 1$

(5) $x = \sin y,\ x = 0,\ y = \frac{\pi}{4},\ y = \frac{3\pi}{4}$

(6) $y = \sec^2 x,\ y = 2,\ x = -\frac{\pi}{4},\ x = \frac{\pi}{4}$

(7) $y^2 = x,\ y = x - 2$

(8) $y = x^3$, $y = -x$, $y = 8$

(9) $y^2 = -x$, $y = x - 6$, $y = -1$, $y = 4$

(10) $y = x$, $y = 4x$, $y = -x + 2$

(11) $x = y^3 - y$, $x = 0$

(12) $y = x^3 - 2x^2$, $y = 2x^2 - 3x$, $x = 0$, $x = 3$

2. $y = x^2$과 $y = 9$로 둘러싸인 부분을 직선 $y = k$로 나누었을 때 그 두 부분의 넓이가 같게 되는 k를 구하여라.

3. 곡선 $x^{\frac{1}{2}} + y^{\frac{1}{2}} = a^{\frac{1}{2}}$과 x축, y축으로 둘러싸인 부분의 넓이를 구하여라.

4. 곡선 $y = \sin x$, $y = \cos x$와 직선 $x = 0$으로 둘러싸인 부분의 넓이를 구하여라.

5. 곡선 $y = \sqrt{2x - x^2}$과 두 직선 $x = \frac{1}{2}$, $x = 1$, x축으로 둘러싸인 부분의 넓이를 구하여라.

6.2 회전체의 부피

회전체의 부피를 구하는 데 원판에 의한 방법(disk method)과 원주면에 의한 방법(shell method)을 소개한다.

정리 6.1 (원판에 의한 방법(disk method))

(1) 함수 $f(x)$가 구간 $[a, b]$에서 연속이고 $f(x) \geq 0$이면 곡선 $y = f(x)$와 직선 $x = a$, $x = b$ 및 x축으로 둘러싸인 도형을 x축 둘레로 회전하여 만들어진 회전체의 부피 V는

$$V = \pi \int_a^b \{f(x)\}^2 dx = \pi \int_a^b y^2 dx$$

로 주어진다.

(2) 함수 $x = g(y)$가 구간 $[c, d]$에서 연속이고 $g(y) \geq 0$이면 곡선 $x = g(y)$와 직선 $y = c$, $y = d$ 및 y축으로 둘러싸인 도형을 y축 둘레로 회전하여 만들어진 회전체의 부피 V는

$$V = \pi \int_c^d \{g(y)\}^2 dy = \pi \int_c^d x^2 dy$$

로 주어진다.

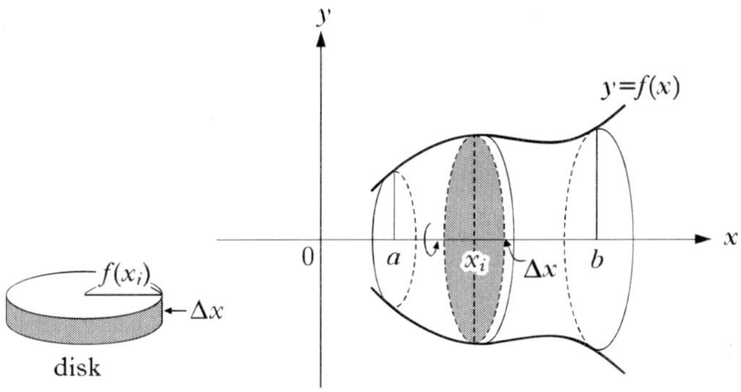

그림 6.7

증명 (1) 구간 $[a, b]$를 n등분하여 $\Delta x = \dfrac{b-a}{n}$라 하고 등분점을 차례로 $a = x_0$, x_1, $\cdots$, x_i, $\cdots$, $x_n = b$라고 하자. 회전체를 x_0, x_1, $\cdots$, x_i, $\cdots$, x_{n-1}을 지나며 x축에 수직인 직선으로 자르고 두께 Δx인 작은 원판을 만들면 n개의 두께 Δx인 원기둥이 된다. 이들의 부피의 합 V_n은 $V_n = \sum_{i=0}^{n-1} \pi \{f(x_i)\}^2 \Delta x$로 주어진다. 따라서 회전체의 부피(그림 6.7) V는 $V = \lim_{n \to \infty} V_n$이다. 정적분의 정의를 이용하면

$$\therefore \ V = \lim_{n \to \infty} \sum_{i=0}^{n-1} \pi \{f(x_i)\}^2 \Delta x = \pi \int_a^b \{f(x)\}^2 dx = \pi \int_a^b y^2 dx$$

(2) (1)과 같은 방법으로 보인다. ■

예제 1 (1) 원 $x^2+y^2+r^2$을 x축 둘레로 회전하여 만들어진 구의 부피를 구하여라.

(2) 곡선 $y=1-x^2$과 $y=0$으로 둘러싸인 도형을 y축 둘레로 회전하여 만들어진 회전체의 부피를 구하여라.

풀이 (1) 구하는 부피 V(그림 6.8)는

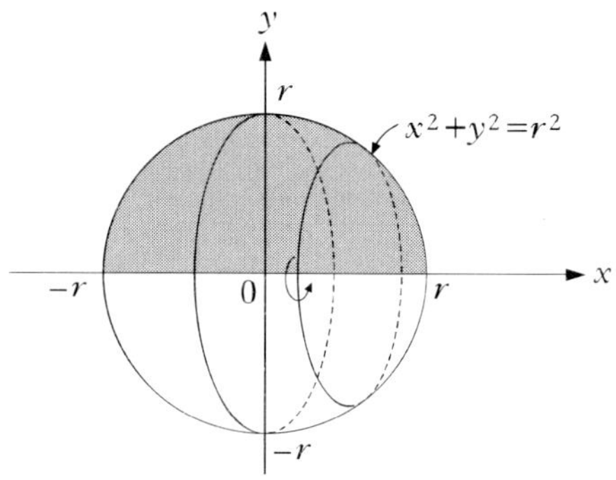

그림 6.8

$$V=\pi\int_{-r}^{r} y^2dx=\pi\int_{-r}^{r}(r^2-x^2)dx=2\pi\int_{0}^{r}(r^2-x^2)dx$$

$$=2\pi\left[r^2x-\frac{x^3}{3}\right]_0^r=\frac{4\pi r^3}{3}$$

(2) 구하는 부피 V(그림 6.9)는

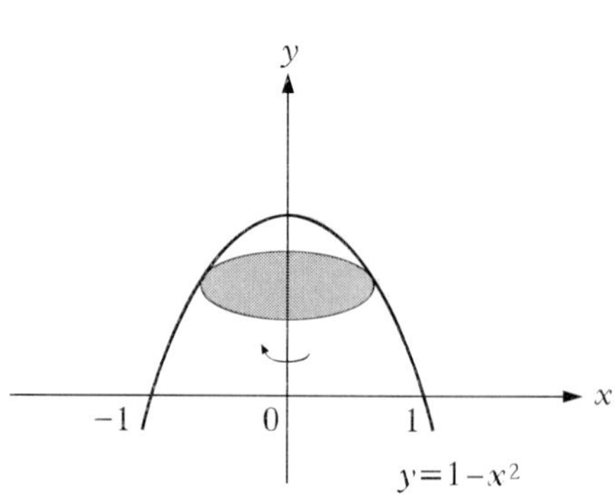

그림 6.9

$$V=\pi\int_0^1 x^2dy=\pi\int_0^1(1-y)dy=\pi\left[y-\frac{y^2}{2}\right]_0^1=\frac{\pi}{2}$$

또한 $f(x)$, $g(x)$가 $0\le g(x)\le f(x)$이고 $[a,\ b]$에서 연속일 때 그림 6.10과 같은 도형을 x축 둘레로 회전하여 만들어진 회전체의 부피 V는

$$V=\pi\int_a^b[\{f(x)\}^2-\{g(x)\}^2]dx$$

이다.

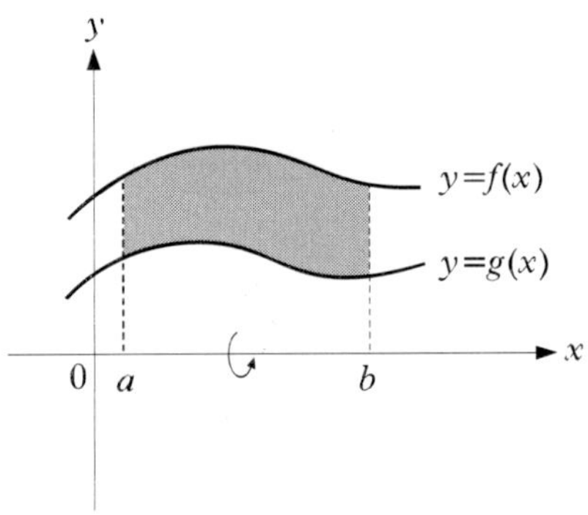

그림 6.10

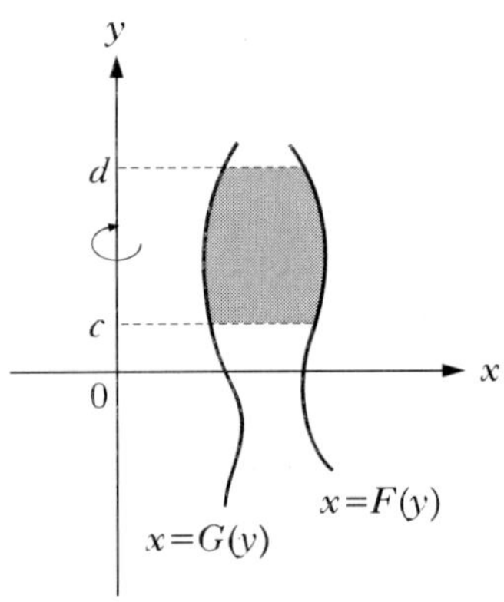

그림 6.11

그림 6.11과 같이 주어진 도형을 y축 둘레로 회전하여 만들어진 회전체의 부피 V는

$$V=\pi\int_c^d[\{(F(y)\}^2-\{G(y)\}^2]dy$$

이다. ◀

예제 2 $y=x^2$과 $y=2x$로 둘러싸인 도형을 x축 둘레로 회전하여 만들어진 회전체의 부피 V_x와 y축 둘레로 회전하여 만들어진 회전체의 부피 V_y를 구하여라.

풀이 $y=x^2$과 $y=2x$로 둘러싸인 도형(그림 6.12)은 $x=0$, $x=2$에서 교점을 갖고 $0 \le x \le 2$에서 $2x \ge x^2$이므로

$$\therefore\ V_x = \pi\int_0^2 [(2x)^2-(x^2)^2]dx = \pi\left[\frac{4}{3}x^3-\frac{x^5}{5}\right]_0^2 = \frac{64}{15}\pi$$

또 $y=0$과 $y=4$에서 교점을 갖고 $0 \le y \le 4$에서 $\sqrt{y} \ge \frac{1}{2}y$이므로

$$\therefore\ V_y = \pi\int_0^4 \left[(\sqrt{y})^2-\left(\frac{1}{2}y\right)^2\right]dy = \pi\int_0^4\left(y-\frac{1}{4}y^2\right)dy$$

$$= \pi\left[\frac{y^2}{2}-\frac{y^3}{12}\right]_0^4 = \frac{8}{3}\pi$$

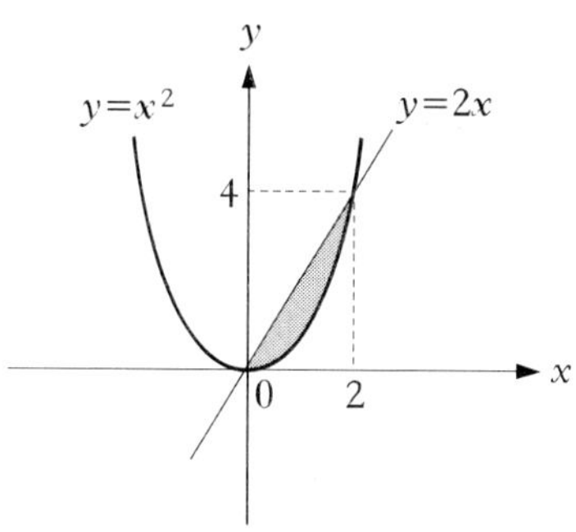

그림 6.12 ◀

정리 6.2 (원주면에 의한 방법(cylindrical shell method))

함수 $y=f(x)$가 구간 $[a, b]$에서 연속이고 $f(x) \ge 0$이다. 곡선 $y=f(x)$와 $x=a$, $x=b$ 및 x축으로 둘러싸인 도형을 y축 둘레로 회전하였을 때 만들어지는 회전체의 부피 V는

$$V = 2\pi\int_a^b xy\,dx = 2\pi\int_a^b xf(x)dx$$

로 주어진다.

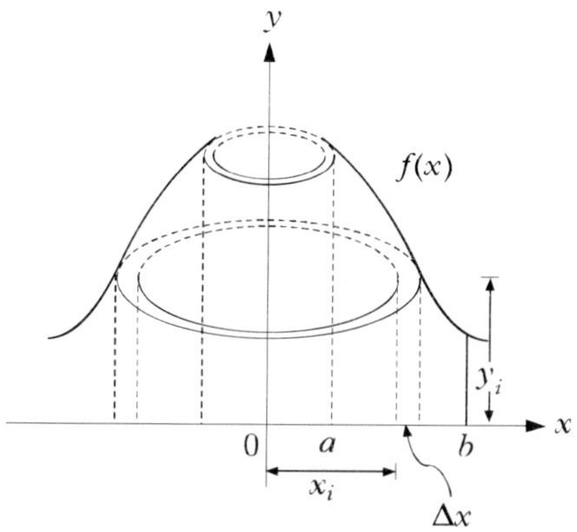

그림 6.13

증명 그림 6.13에서와 같이 $[a,\ b]$는 n등분하고 $\Delta x = \dfrac{b-a}{n}$라 하자. 반지름이 x_i, 높이가 $y_i = f(x_i)$, 두께 Δx인 속이 빈 원통껍질을 만든다고 하면 이것의 부피는 $2\pi x_i y_i \Delta x$가 된다. 이들 n개의 합을 V_n이라 하면 $V_n = \sum_{i=1}^{n} 2\pi x_i y_i \Delta x$이다. 그러면 회전체의 부피 V는

$$V = \lim_{n\to\infty} V_n = \lim_{n\to\infty} \sum_{i=1}^{n} 2\pi x_i y_i \Delta x$$

$$= 2\pi \int_a^b xy\,dx = 2\pi \int_a^b x f(x)\,dx \qquad \blacksquare$$

예제 3 $y = \sin x (0 \le x \le \pi)$와 x축으로 둘러싸인 도형을 y축 둘레로 회전하여 만들어진 회전체의 부피를 구하여라.

풀이 그림 6.14를 y축 둘레로 회전하여 만들어진 회전체의 부피 V는

$$V = 2\pi \int_0^{\pi} xy\,dx = 2\pi \int_0^{\pi} x \sin x\,dx$$

$$= 2\pi[-x\cos x + \sin x]_0^{\pi} = 2\pi^2$$

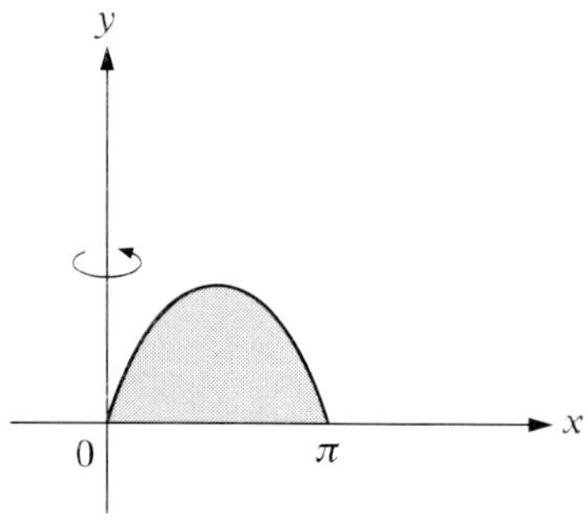

그림 6.14

연습문제 6.2

1. 원판에 의한 방법을 이용하여

(1) 곡선 $y=\sqrt{x}$ 와 두 직선 $x=1$, $x=4$와 x축으로 둘러싸인 부분을 x축 둘레로 회전하여 만들어진 회전체의 부피를 구하여라.

(2) $y=\dfrac{1}{2}+x^2$과 $y=x$, 두 직선 $x=0$, $x=2$로 둘러싸인 부분을 x축 둘레로 회전하여 만들어진 회전체의 부피를 구하여라.

(3) 곡선 $y=\sqrt{x}$ 와 두 직선 $y=2$, $x=0$으로 둘러싸인 부분을 y축 둘레로 회전하여 만들어진 회전체의 부피를 구하여라.

2. 원주면에 의한 방법을 이용하여

(1) 곡선 $y=\sqrt{x}$ 와 두 직선 $x=1$, $x=4$와 x축으로 둘러싸인 부분을 y축 둘레로 회전하여 만들어진 회전체의 부피를 구하여라.

(2) $y=x$와 $y=x^2$으로 둘러싸인 부분을 y축 둘레로 회전하여 만들어진 회전체의 부피를 구하여라.

(3) $y=x^2$과 x축 및 $x=2$로 둘러싸인 부분을 x축 둘레로 회전하여 만들어진 회전체의 부피를 구하여라.

(4) 구간 [0, 1]에서 곡선 $y=x^3-3x^2+2x$의 아래쪽을 y축 둘레로 회전하여 만들어진 회전체의 부피를 구하여라.

(5) 곡선 $y=x^3$과 두 직선 $y=1$, $x=0$으로 둘러싸인 부분을 $y=1$ 둘레로 회전하여 만들어진 회전체의 부피를 구하여라.

3. 곡선 $x=\sqrt{4-y}$와 x축, y축으로 둘러싸인 부분을 x축, y축으로 각각 회전하여 만들어진 회전체의 부피를 구하여라.

6.3 곡선의 길이

그림 6.15에서 보는 바와 같이 곡선의 호 AB위에 차례로 $n-1$개의 점 P_1, P_2, $\cdots$, P_{n-1}을 잡고 선분

$$P_0P_1,\ P_1P_2,\ \cdots,\ P_{n-1}P_n \quad (\text{단, } A=P_0,\ B=P_n)$$

의 길이를 각각 l_1, l_2, $\cdots$, l_n이라 하고 그 합을 S_n이라 하자.

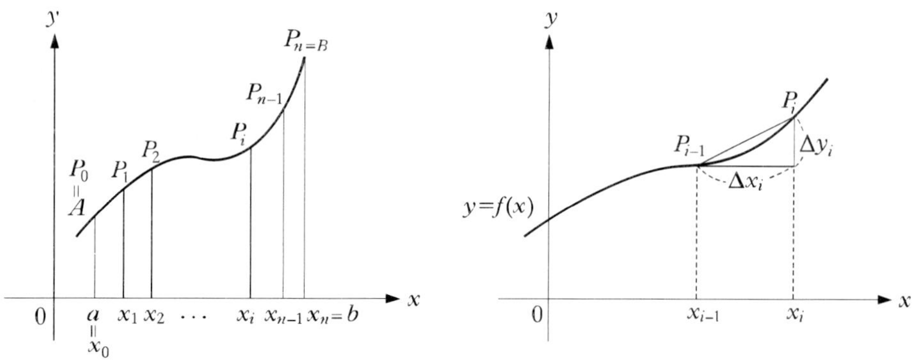

그림 6.15

$n \to \infty$ 일 때 $l_i \to 0 (i = 1, 2, \cdots, n)$이고

$$\lim_{n\to\infty}(l_1 + l_2 + \cdots + l_n) = \lim_{n\to\infty}\sum_{i=1}^{n} l_i = \lim_{n\to\infty} S_n$$

이 존재하면 이 S_n의 극한값 S를 호 AB의 길이라고 정의한다.

정리 6.3

함수 $f(x)$가 구간 $[a, b]$에서 미분가능하고, 또 $f'(x)$가 연속이면, 구간 $[a, b]$에서 곡선 $f(x)$의 호의 길이 S는

$$S = \int_a^b \sqrt{1 + \{f'(x)\}^2}\, dx$$

와 같이 표시된다.

증명 그림 6.15에서

$$\overline{P_{i-1}P_i} = l_i = \sqrt{\Delta x_i^2 + \Delta y_i^2}\,(i = 1, 2, \cdots, n)$$

평균값의 정리에 의하면

$$\Delta y_i = f(x_{i-1} + \Delta x_i) - f(x_{i-1}) = f'(\xi_i)\Delta x_i$$

$$(\text{단, } x_{i-1} \le \xi_i \le x_{i-1} + \Delta x_i)$$

이므로

$$l_i = \sqrt{\Delta x_i^2 + \{f'(\xi_i)\}^2 \Delta x_i^2} = \sqrt{1 + \{f'(\xi_i)\}^2}\,\Delta x_i$$

$$S_n = \sum_{i=1}^{n} l_i = \sum_{i=1}^{n} \sqrt{1 + \{f'(\xi_i)\}^2}\,\Delta x_i$$

$\sqrt{1 + \{f'(x)\}^2}$ 은 $[a, b]$에서 연속이므로 적분가능하다. 따라서 정적분의 정의에 의하여

$$S = \lim_{n\to\infty} S_n = \int_a^b \sqrt{1 + \{f'(x)\}^2}\, dx$$ ■

예제 1 곡선 $y=\ln(1-x^2)$의 구간 $\left[1,\ \frac{1}{2}\right]$에서 호의 길이 S를 구하여라.

풀이 $S=\int_0^{\frac{1}{2}}\sqrt{1+\left(\frac{dy}{dx}\right)^2}\,dx$

$$=\int_0^{\frac{1}{2}}\sqrt{1+\left(\frac{-2x}{1-x^2}\right)^2}\,dx=\int_0^{\frac{1}{2}}\sqrt{\left(\frac{1+x^2}{1-x^2}\right)^2}\,dx$$

$$=\int_0^{\frac{1}{2}}\frac{1+x^2}{1-x^2}dx=\int_0^{\frac{1}{2}}\left(\frac{2}{1-x^2}-1\right)dx$$

$$=\int_0^{\frac{1}{2}}\left(\frac{1}{1-x}+\frac{1}{1+x}-1\right)dx$$

$$=\left[\ln\frac{1+x}{1-x}\right]_0^{\frac{1}{2}}-\frac{1}{2}=\ln 3-\frac{1}{2}$$ ◀

연습문제 6.3

1. 곡선 $y=x^{\frac{3}{2}}$ 위의 점 (1, 1)에서 점 $(2,\ 2\sqrt{2})$까지의 호의 길이 S를

(1) $S=\int_a^b\sqrt{1+\{f'(x)\}^2}\,dx$

(2) $S=\int_c^d\sqrt{1+\{g'(y)\}^2}\,dy$

를 이용하여 각각 구하여라.

2. 직선 $y=2x$ 위의 점 (1, 2)에서 점 (2, 4)까지의 부분의 길이를 위의 (1), (2) 그리고 피타고라스의 정리를 이용하여 각각 구하여라.

3. 곡선 $y=3x\sqrt{x}-1$의 $x=0$에서 $x=1$까지의 호의 길이를 구하여라.

4. 곡선 $24xy = y^4 + 48$의 $y = 2$에서 $y = 4$까지의 호의 길이를 구하여라.

5. 곡선 $y = x^{\frac{2}{3}}$의 $x = -1$과 $x = 8$ 사이의 부분을 그리고 호의 길이를 구하여라.

6. 곡선 $x^{\frac{2}{3}} + y^{\frac{2}{3}} = a^{\frac{2}{3}}$ (단, $a > 0$)의 $x = -a$에서 $x = -\frac{1}{8}a$ 사이의 부분을 그리고 호의 길이를 구하여라.

7. 곡선 $y = f(x)$는 구간 $[a, b]$에서 미분가능하고, $f'(x) \geq 0$이다. 또 $m \leq f'(x) \leq M$인 m, M이 존재한다. 이 때 구간 $[a, b]$에서 호의 길이를 S라 하면 $(b-a)\sqrt{1+m^2} \leq S \leq (b-a)\sqrt{1+M^2}$이 성립한다. 이것을 이용하여 구간 $\left[0, \frac{\pi}{4}\right)$에서 $y = \sin x$의 호의 길이를 S라 하면 S는 $\frac{\pi}{4}\sqrt{\frac{3}{2}} \leq L \leq \frac{\pi}{4}\sqrt{2}$를 만족함을 보여라.

6.4 정적분의 근사값

정적분 $I = \int_a^b f(x)dx$를 계산할 때 $f(x)$의 부정적분을 구할 수 없거나 $f(x)$를 나타낼 수 없는 경우가 있다. 가령 어떤 토지의 넓이를 구할 때 실제로 적분을 할 수 있지만 계산하는 것이 복잡할 경우 $f(x)$의 근사함수 $g(x)$를 써서 $\int_a^b g(x)dx$의 값으로 대치하는 수가 있다. 이 때 $|f(x) - g(x)|$의 구간 [a, b]에서 최대값을 M이라 하면

$$\left|\int_a^b f(x)dx - \int_a^b g(x)dx\right| \leq \int_a^b |f(x) - g(x)|dx \leq M(b-a)$$

이므로 그 오차는 $M(b-a)$를 넘지 않는다. 따라서 M이 충분히 작으면 그 오차도 작

게 되므로 좋은 근사값을 얻는다. 이런 $g(x)$를 얻을 때 $f(x)$를 Taylor급수로 전개하여 처음 몇 항을 택하기도 한다.

정적분 $I=\int_a^b f(x)dx$의 근사값을 계산할 때, 많이 사용되는 방법 중에서 사다리꼴 공식과 심프슨(Simpson)의 근사공식에 대하여 알아보자.

1. 사다리꼴 공식

구간 $[a, b]$를 n등분하고, 그 점을 $a=x_0<x_1<x_2<\cdots<x_{n-1}<x_n=b$, $h=\dfrac{b-a}{n}$, 각 점에서 $y=f(x)$의 값을 각각 y_0, y_1, y_2, $\cdots$, y_{n-1}, y_n이라 하자. 곡선 $y=f(x)$ 위의 이들 점을 P_0, P_1, $\cdots$, P_{n-1}, P_n(그림 6.16)이라 하고 n개의 사다리꼴 $x_0P_0P_1x_1$, $x_1P_1P_2x_2$, $\cdots$, $x_{n-1}P_{n-1}P_nx_n$의 넓이의 합을 A_1이라 하면

$$A_1=\frac{h}{2}\{(y_0+y_1)+(y_1+y_2)+\cdots+(y_{n-1}+y_n)\}$$

$$\therefore \int_a^b f(x)dx \approx \frac{h}{2}\{(y_0+y_n)+2(y_1+y_2+\cdots+y_{n-1})\}$$

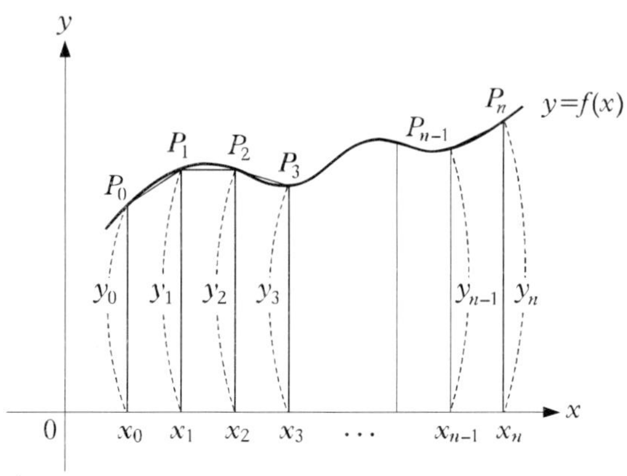

그림 6.16

이 방법은 곡선 $y=f(x)(a \le x \le b)$의 넓이 대신에 그 위의 점을 선분으로 이어서 얻은 절선 $P_0P_1P_2\cdots P_{n-1}P_n$ 아래의 넓이를 근사값으로 사용하자는 것이다. 이것을 **사다리꼴 공식**(trapezoidal rule)이라고 한다.

참고 n을 크게 할수록 참값에 가까워진다.

예제 1 구간[0, 2]를 4등분하여 사다리꼴 공식을 써서 $I=\int_0^2 \sqrt{4+x^3}\,dx$의 근사값을 구하여라.

풀이

x	0	0.5	1	1.5	2
$f(x)$	2.000	2.031	2.236	2.716	3.464
	y_0	y_1	y_2	y_3	y_4

$$h=\frac{2-0}{4}=\frac{1}{2}$$

$$\begin{aligned} I &= \int_0^2 \sqrt{4+x^3}\,dx \\ &\approx \frac{h}{2}\{(y_0+y_4)+2(y_1+y_2+y_3)\} \\ &= \frac{1}{4}\{2+3.464+2(2.031+2.236+2.716)\} \\ &= \frac{1}{4}(19.430)=4.8575 \end{aligned}$$

◀

2. Simpson의 근사공식

구간 $[a, b]$를 $2n$등분하고 그 점을 $a=x_0<x_1<x_2<\cdots<x_{2n-1}<x_{2n}=b$라 하고 $y_k=f(x_k)(k=0, 1, 2, \cdots, 2n)$이라 하자. 또 각 구간의 폭 h는 $h=\dfrac{b-a}{2n}$이다. 그러면 다음 근사공식이 성립한다.

$$\int_a^b f(x)dx \approx \frac{h}{3}\{(y_0+y_{2n})+2(y_2+y_4+\cdots+y_{2n-2})$$
$$+4(y_1+y_3+\cdots+y_{2n-1})\}$$

이것을 **Simpson의 근사공식**이라 한다. 이 공식은 다음과 같이 하여 얻는다.

즉, 곡선 $y=f(x)$에 있어서 x의 값 x_{2k-2}, x_{2k-1}, x_{2k}에 대한 곡선위의 점을 각각 P_{2k-2}, P_{2k-1}, P_{2k}라 하고, 이 세 점을 지나고 y축에 평행한 축을 가지는 포물선(만일에 이 세 점이 동일 직선 위에 있으면, 그 직선)의 방정식을 $y=f_k(x)$라 한다. 지금 $\int_{x_{2k-2}}^{x_{2k}} f(x)dx$ 대신에 $\int_{x_{2k-2}}^{x_{2k}} f_k(x)dx$를 구하자. 그렇게 하려면 y축만을 $x=x_{2k-1}$에 평행이동하면 포물선의 방정식은 $y=ax^2+bx+c$라고 쓸 수가 있고, $x=-h,\ 0,\ h$에 대하여 $y=y_{2k-2}$, y_{2k-1}, y_{2k}가 된다.

$$ah^2-bh+c=y_{2k-2}$$
$$c=y_{2k-1}$$
$$ah^2+bh+c=y_{2k}$$

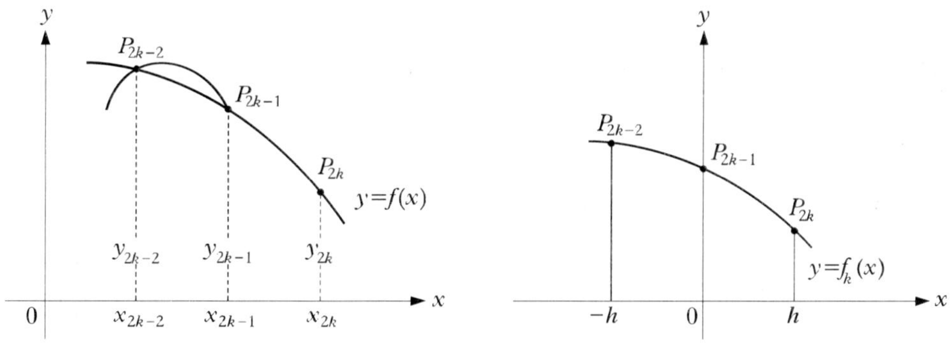

그림 6.17

따라서 $a=\dfrac{1}{2h^2}(y_{2k-2}-2y_{2k-1}+y_{2k})$, $c=y_{2k-1}$

$$\int_{x_{2k-2}}^{x_{2k}} f_k(x)dx=\int_{-h}^{h}(ax^2+bx+c)dx$$
$$=2\int_0^h(ax^2+c)dx=2\left(\frac{ah^3}{3}+ch\right)$$
$$=\frac{1}{3}h(y_{2k-2}+4y_{2k-1}+y_{2k})$$

이와 같은 n개의 합을 A_2라 하면

$$A_2 = \sum_{k=1}^{n} \int_{x_{2k-2}}^{x_{2k}} f_k(x)dx = \sum_{k=1}^{n} \frac{1}{3} h(y_{2k-2} + 4y_{2k-1} + y_{2k})$$

$$= \frac{h}{3}\{(y_0 + y_{2n}) + 2(y_2 + y_4 + \cdots + y_{2n-2}) + 4(y_1 + y_3 + \cdots + y_{2n-1})\}$$

$$\therefore \int_a^b f(x)dx \approx \frac{h}{3}\{(y_0 + y_{2n}) + 2(y_2 + y_4 + \cdots + y_{2n-2})$$

$$+ 4(y_1 + y_3 + \cdots + y_{2n-1})\}$$

이 근사공식은 매우 정밀하다. $f(x)$의 제 4계도함수가 존재하고 연속이라면 구간 $[a,\ b]$에서 $f^{(4)}(x)$의 최대값 M 일 때 이 근사값의 오차는 $\dfrac{(b-a)^5}{2880n^4}M$ 이하가 된다는 것이 알려져 있다.

예제 2 구간 [0, 10]을 10등분하여 Simpson의 근사공식을 써서 $I = \int_0^{10} x^3 dx$의 근사값을 구하여라.

풀이

x	0	1	2	3	4	5	6	7	8	9	10
$f(x)$	0	1	2^3	3^3	4^3	5^3	6^3	7^3	8^3	9^3	10^3

$$I = \frac{1}{3}(0 + 4 + 108 + 500 + 1372 + 2916 + 16$$

$$+ 128 + 432 + 1024 + 1000) = 2500$$ ◀

참고 정적분 계산에 의하여 정확하게 값을 구하면 $I = \left[\dfrac{x^4}{4}\right]_0^{10}$ 이 되어 Simpson 공식에 의한 근사값은 이 경우 정확한 값을 제시한다. 일반적으로 공식은 3차 이하의 다항식에 적용할 경우 정확한 것으로 알려져 있다.

예제 3 Simpson의 근사공식과 사다리꼴 공식을 써서 $\int_1^2 \dfrac{1}{x} dx$의 근사값을 구하여라.

풀이 $n = 10$, $h = 0.1$이라고 하자. 그러면

$y_0 = 1$

$y_{10} = 0.5$

$u = y_0 + y_{10} = 1.5$	$y_1 = 1/1.1 = 0.909091$
$y_2 = 1/1.2 = 0.833333$	$y_3 = 1/1.3 = 0.769231$
$y_4 = 1/1.4 = 0.714286$	$y_5 = 1/1.5 = 0.666667$
$y_6 = 1/1.6 = 0.625000$	$y_7 = 1/1.7 = 0.588235$
$y_8 = 1/1.8 = 0.555556$	$y_9 = 1/1.9 = 0.526316$
$w = y_2 + y_4 + y_6 + y_8 = 2.728175$	$v = y_1 + y_3 + y_5 + y_7 + y_9 = 3.459540$
$2w = 5.456350$	$4v = 13.838160$
$u = 1.5$	$u = 1.5$
$2w = 5.456350$	$2w = 5.456350$
$4v = 13.838160$	$2v = 6.919080$
$A_2{}' = u + 2w + 4v = 20.794510$	$A_1{}' = u + 2w + 2v = 13.875430$
$A_2 = \dfrac{0.1}{3} A_2{}' = 0.69315$	$A_1 = \dfrac{0.1}{2} A_1{}' = 0.69377$
(Simpson 근사공식)	(사다리꼴 공식) ◀

한편, $\int_1^2 \frac{1}{x} dx = [\ln x]_1^2 = \ln 2 = \frac{\log_{10} 2}{\log_{10} e} = \frac{0.30103}{0.43429} = 0.693147$이므로 A_2는 소수점 아래 4자리까지 일치한다.

연습문제 6.4

1. 다음 적분값을 주어진 n의 값에 따라 (a) 사다리꼴 공식, (b) Simposon의 근사공식을 이용하여 구하여라.

(1) $\int_0^1 \frac{dx}{x+1},\ n=6$

(2) $\int_0^4 x^2 dx,\ n=8$

(3) $\int_0^{\pi} \sin x dx,\ n=4$

(4) $\int_0^1 \frac{dx}{\sqrt{1+x^2}},\ n=4$

(5) $\int_0^2 e^{-x^2} dx,\ n=4$

(6) $\int_1^4 \sqrt{1+x^3}\, dx,\ n=6$

2. $\frac{\pi}{4} = \tan^{-1}(1) = \int_0^1 \frac{dx}{1+x^2}$와 Simpson의 근사공식 $(n=10)$을 이용하여 π의 값을 소수 넷째자리까지 구하여라.

3. 다음 적분값을 주어진 n의 값에 따라 (a) 사다리꼴 공식, (b) Simpson의 근사공식, (c) 계산기를 이용하여 소수 넷째자리까지 구하여라.

(1) $\int_0^1 \sqrt{x}\, dx,\ n=4$

(2) $\int_{-4}^2 e^{-x} dx,\ n=6$

(3) $\int_0^4 \sinh x dx,\ n=4$

(4) $\int_4^{52} \ln x dx,\ n=6$

4. 다음 적분값을 주어진 n의 값에 따라 (a) Simpson의 근사공식, (b) 계산기를 이용하여 소수 다섯째자리까지 구하여라.

(1) $\int_0^2 \cos(\sinh x) dx,\ n=10$

(2) $\int_1^2 \sin(\ln x) dx,\ n=10$

Chapter 7

편도함수

7.1 다변수함수

지금까지 대응규칙이 $y=f(x)$와 같은 일변수함수를 다루었다. 이와 같은 함수를 계산하고, 그래프를 그리고, 미분하고, 적분했다. 일변수함수는 상당히 제한적이다. 일상생활에서 일어나는 많은 문제들은 여러 가지 변수를 품고 있다. 특히 자연현상은 수 백 또는 수 천 개의 변수를 포함한다. 시야를 넓혀 여러 가지 변수를 갖는 함수들에 대하여 생각해 보자.

1. 다변수함수의 예

두 변수 x, y의 함수 f는 순서쌍 $(x,\ y)$에 어떤 수 $f(x,\ y)$를 대응시키는 규칙을 의미한다. 이 규칙은 보통 방정식으로 주어진다. 예를 들면 방정식 $f(x,\ y)=x^2+y$는 순서쌍$(x,\ y)$에 수 x^2+y를 대응시키는 것이다. 이를테면,

$$f(2,\ 3)=2^2+3=7$$

$$f(-4,\ 5)=(-4)^2+5=21$$

이고,

$$f\left(\frac{1}{a},\ b^2\right) = \left(\frac{1}{a}\right)^2 + b^2 = \frac{1+a^2b^2}{a^2}$$

이다.

이변수함수 $f(x,\ y)$로 제한할 이유는 없다. 경우에 따라 삼변수함수 $f(x,\ y,\ z)$, 더 일반으로 n변수함수 $f(x_1,\ x_2,\ \cdots,\ x_n)$을 생각할 수 있다. 그러나 여기서는 이변수함수와 삼변수함수에 관하여 알아보자.

예제 1 $f(x,\ y,\ z) = \dfrac{x^2y}{z}$ 일 때, 다음 값을 구하여라.

(1) $f(3,\ 2,\ 12)$ (2) $f(-2,\ -2,\ -2)$

(3) $f\left(x,\ x,\ \dfrac{1}{x}\right)$ (4) $f(x+h,\ y,\ z) - f(x,\ y,\ z)$

풀이 (1) $f(3,\ 2,\ 12) = \dfrac{3^2 \cdot 2}{12} = \dfrac{18}{12} = \dfrac{3}{2}$

(2) $f(-2,\ -2,\ -2) = \dfrac{(-2)^2 \cdot (-2)}{-2} = 4$

(3) $f\left(x,\ x,\ \dfrac{1}{x}\right) = \dfrac{x^2 \cdot x}{\dfrac{1}{x}} = x^4$

(4)
$$\begin{aligned} f(x+h,\ y,\ z) - f(x,\ y,\ z) &= \frac{(x+h)^2y}{z} - \frac{x^2y}{z} \\ &= \frac{(x^2+2xh+h^2)y - x^2y}{z} \\ &= \frac{2xhy+h^2y}{z} \end{aligned}$$ ◀

예제 2 원기둥 모양의 깡통의 윗면과 아랫면은 1㎠ 당 0.5원이고 옆면은 1㎠당 0.2원이다. 깡통의 밑면의 반지름의 길이 $r$cm, 높이 $h$cm 일 때, $C(r,\ h)$는 깡통의 값을 나타낸다. $C(r,\ h)$를 구하고 $r=2,\ h=5$일 때, 값을 구하여라.

풀이 윗면과 아랫면은 넓이 πr^2인 원이고 옆면은 넓이가 $2\pi rh$이다(그림 7.1).

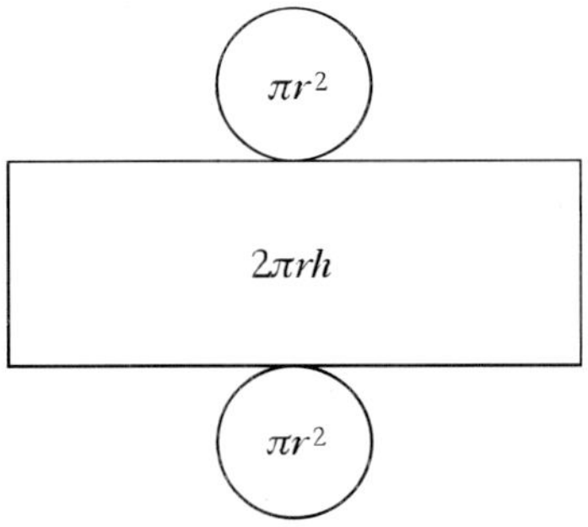

그림 7.1

따라서,

$$C(r,\ h) = 2\pi r^2(0.5) + 2\pi rh(0.2)$$
$$= \pi r^2 + 0.4\pi rh$$

이고,

$$C(2,\ 5) = \pi \cdot 2^2 + 0.4\pi \cdot 2 \cdot 5$$
$$= 4\pi + 4\pi = 8\pi$$
$$\approx 25.12(\text{원})$$

◀

예제 3 $F(L,\ K) = 300L^{\frac{1}{3}}K^{\frac{2}{3}}$일 때 다음 값을 구하여라.

(1) $F(64,\ 27)$

(2) $F(128,\ 27)$

(3) $F(64,\ 54)$

풀이 (1) $F(64,\ 27) = 300(64)^{\frac{1}{3}} \cdot (27)^{\frac{2}{3}} = 300 \cdot 4 \cdot 9 = 10{,}800$

(2) $F(128,\ 27) = 300(128)^{\frac{1}{3}}(27)^{\frac{2}{3}} \approx 13{,}607$

(3) $F(64,\ 54) = 300(64)^{\frac{1}{3}}(54)^{\frac{2}{3}} \approx 17{,}144$

2. 삼차원공간

$y=f(x)$의 그래프를 그리기 위해 xy좌표 평면이 필요한 것처럼 $z=f(x, y)$의 그래프를 그리기 위해 삼차원 공간좌표가 필요하다. 공간에서 서로 수직인 세 개의 수직선을 도입하여 각 좌표축에 눈금을 정하고 세 좌표축이 만나고 세 좌표 모두 0인 점을 원점이라 하고 그림 7.2와 같이 좌표축과 평면에 이름을 붙인다. 세 좌표축은 세 개의 좌표평면을 결정한다(xy, xz, yz 평면). 공간의 모든 점은 세 개의 수의 쌍(x, y, z)으로 나타낼 수 있고, 그 위치는 세 평면으로부터의 거리로 나타낼 수 있다(그림 7.3).

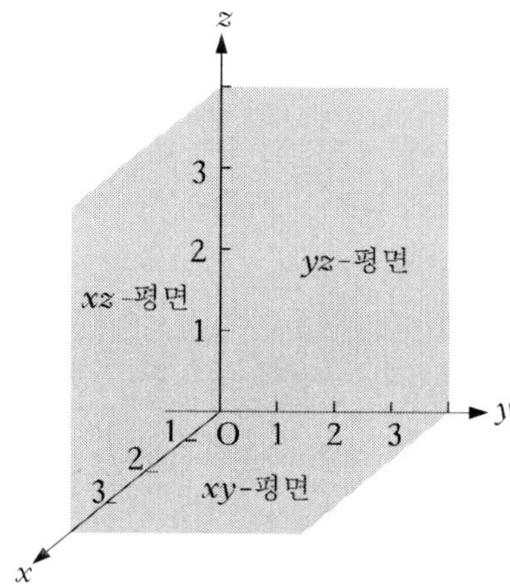

그림 7.2

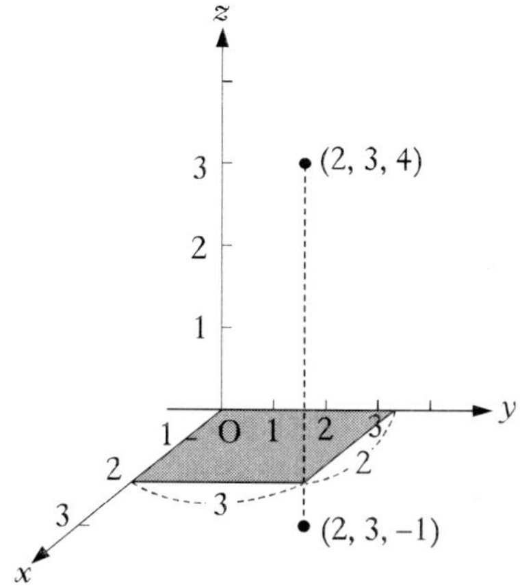

그림 7.3

3. 이변수함수의 그래프

일변수함수 $f(x)$의 그래프는 $y=f(x)$를 만족하는 평면에 있는 모든점 $(x,\ y)$로 이루어진다. 일반으로 곡선이다. 이변수함수 $f(x,\ y)$의 그래프는 $z=f(x,\ y)$를 만족하는 공간에 있는 모든 점 $(x,\ y,\ z)$로 이루어진다. 즉 곡면이 된다. 곡면의 그래프를 그리기 위해 여러 평면에 곡면의 흔적(trace)을 나타내어 그린다. 흔적은 평면과 곡면의 교선이다(그림 7.4).

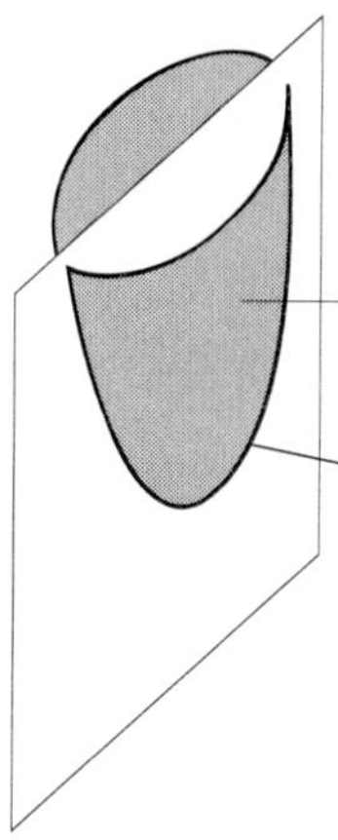

그림 7.4

예제 4 $z=f(x,\ y)=4-2x-y$의 그래프를 그려라.

풀이 그래프를 그리기 위해 우선 세 좌표평면에 흔적(trace)을 그린다. 이를테면, $xz-$평면의 흔적을 구하기 위해 주어진 방정식에 $y=0$을 대입하면 일차식 $z=4-2x$를 얻는다. $yz-$평면, $xy-$평면의 흔적도 같은 방법으로 $x=0$, $z=0$을 각각 대입하여 얻는다. 이들 세 개의 흔적들은 그림 7.5와 같다. 더 생생한 그래프의 일부는 그림 7.6과 같다. 물론 이것은 평면의 조그만 일부분이다. 모든 좌표가 양수인 제일팔분면(제일 Octant)에 평면을 나타낸 것이다(그림 7.5).

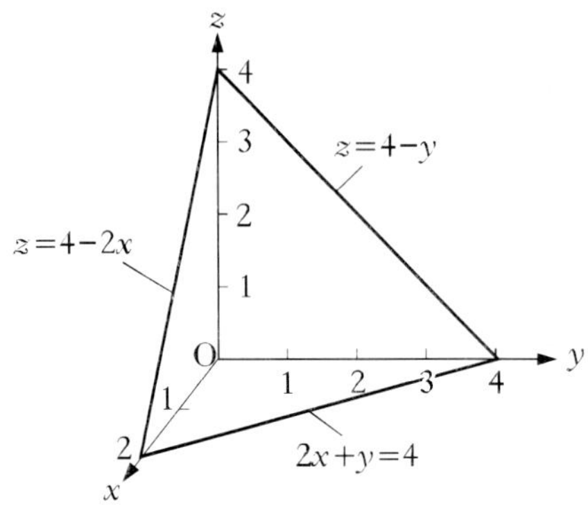

그림 7.5

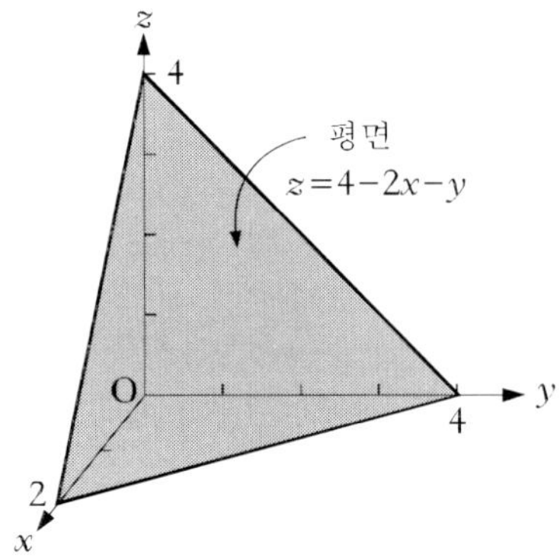

그림 7.6

예제 5 $z = f(x, y) = x^2 + y^2$의 그래프를 그려라.

풀이 $xz-$평면과 $yz-$평면에 있는 흔적은 각각 $z = x^2$과 $z = y^2$의 그래프이다. $xy-$평면$(z = 0)$에 있는 흔적은 한 점(원점)이 된다. 평면 $z = 4$의 흔적은 원 $x^2 + y^2 = 4$이다. (그림 7.7), (그림 7.8) 곡면의 제일팔분면에만 나타내면, 회전포물면이 된다. 완전한 곡면은 $xz-$평면, $yz-$평면 뒤쪽을 채우고 z축의 방향으로 무한히 높이 올라간다.

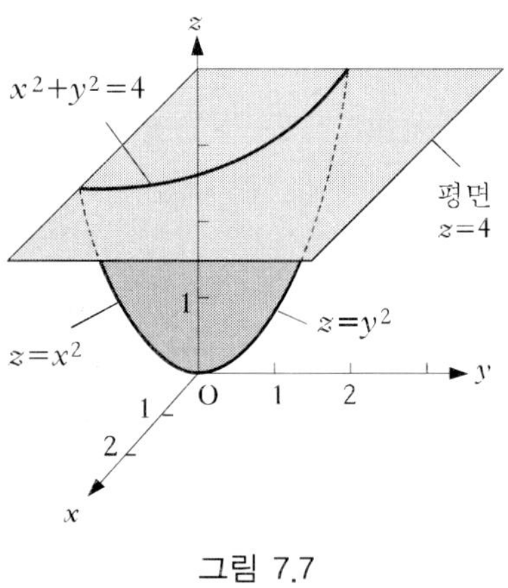

그림 7.7

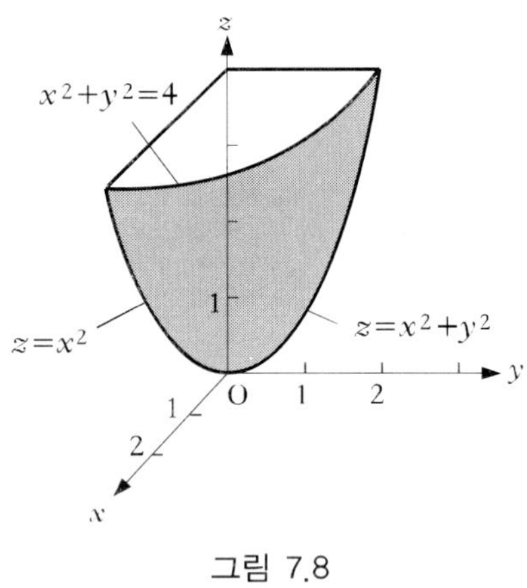

그림 7.8

4. 컴퓨터 그래픽

컴퓨터나 적당한 소프트웨어(software)가 있으면 매우 복잡한 그래프를 멋지게 나타낼 수 있다. 그림 7.9는 컴퓨터가 보여준 두 개의 곡면이다. 필요한 장비와 소프트웨어를 갖고 있지 않으므로, 손으로 그리는 그래프에만 관심을 두려고 한다. 관심있으면 소프트웨어 Mathematica와 Maple에 대해 알아보면 컴퓨터를 이용하여, 그래프를 그릴 수 있다.

이 컴퓨터 그림은 Amherst College의 Norton Starr에 의해 design된 것이다.

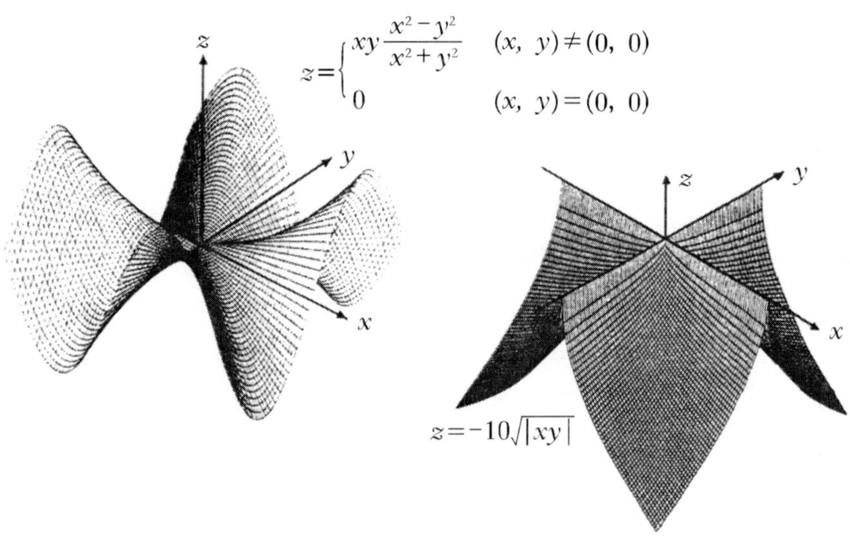

그림 7.9

연습문제 7.1

1. 다음 이변수함수에 대하여 (a) $f(1,\ 4)$, (b) $f(2,\ 2)$, (c) $f(x,\ 2x)$, (d) $f(x+h,\ y)-f(x,\ y)$를 구하여라(예제 1 참조).

(1) $f(x,\ y)=x^2-xy+y^2$ (2) $f(x,\ y)=x^2+4\sqrt{y}$

(3) $f(x, y) = \dfrac{x}{y^4}$ (4) $f(x, y) = \dfrac{x+2y}{x-3y}$

2. 다음 삼변수함수에 대하여 (a) $f(1, 0, 1)$, (b) $f(3, 2, 6)$, (c) $f(-2z, z, z)$, (d) $f(z, y, x)$를 구하여라.

(1) $f(x, y, z) = 2xy + yz - 3xz$ (2) $f(x, y, z) = x^2(y+z) - 2xyz$

(3) $f(x, y, z) = \dfrac{xy-2z}{yz-2x}$ (4) $f(x, y, z) = \sqrt{x^2+y^2+z^2}$

3. 가로의 길이 x, 세로의 길이 y인 직사각형에서, $f(x, y)$는 직사각형의 둘레의 길이, $g(x, y)$는 직사각형의 넓이를 나타낸다.

(1) $f(x, y)$, $g(x, y)$를 구하여라.

(2) $f(6, 2)$와 $g(6, 2)$의 값을 구하여라.

(3) 직사각형의 둘레의 길이와 직사각형의 넓이가 같은 수 일 때 x와 y의 관계를 $y = f(x)$꼴로 나타내어라.

4. 오른쪽 그림은 가로의 길이 x, 세로의 길이 y인 정원에 폭이 z인 길로 둘러싸인 것을 보여준다.

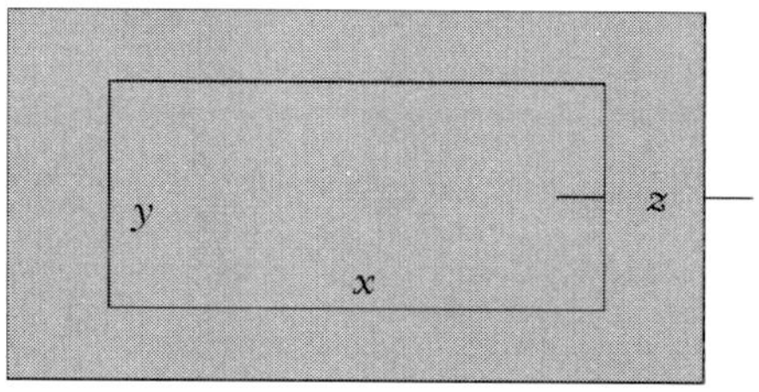

(1) $f(x, y, z)$는 정원과 길의 넓이의 합이고 $g(x, y, z)$는 길의 넓이이다. 이 들을 식으로 나타내어라.

(2) $f(12, 8, 2)$와 $g(12, 8, 2)$의 값을 구하여라.

(3) $x = 24$이고 $y = 10$일 때, 정원과 길이 같은 넓이를 갖도록 z를 구하여라.

7.2 편도함수

$f(x)$를 일변수함수라 하면 도함수 $\frac{dy}{dx}$는 x에 대한 y의 변화율을 나타낸다. $z=f(x,\ y)$가 이변수함수라면 $\frac{\partial z}{\partial x}$는 y를 고정시킬 때 x에 대한 z의 변화율을 나타내고, $\frac{\partial z}{\partial y}$는 x를 고정시킬 때 y에 대한 z의 변화율을 나타낸다. 새로운 도함수 $\frac{\partial z}{\partial x}$와 $\frac{\partial z}{\partial y}$를 각각 x에 대한 z의 편도함수, y에 대한 z의 편도함수라고 한다. d 대신 ∂를 사용하는 것은 일반도함수와 편도함수를 구별하기 위한 것이다. 다행히 편도함수의 계산이 새로운 개념을 포함하는 것은 아니다. 단지 $\frac{\partial z}{\partial x}$를 계산하는데 y를 상수로 다루고, $\frac{\partial z}{\partial y}$를 계산하는데 x를 상수로 다루는 것이다.

함수 $z=f(x,\ y)$의 편도함수 f_x, f_y를 f의 **1계편도함수** 또는 **1차편도함수**라고 부를 때도 있다. 어떤 함수의 편도함수를 구하는 것을 **편미분한다**고 한다.

이변수함수의 편도함수를 요약하여 정리하면 다음과 같다.

정의 7.1

$$f_x(x,\ y)=\lim_{\Delta x\to 0}\frac{f(x+\Delta x,\ y)-f(x,\ y)}{\Delta x}$$

$$f_y(x,\ y)=\lim_{\Delta y\to 0}\frac{f(x,\ y+\Delta y)-f(x,\ y)}{\Delta y}$$

같은 방법으로 삼변수함수 또는 그 이상의 다변수함수에 대한 편도함수, 편미분계수 등의 개념에 대한 정의를 할 수 있을 것이다.

예제 1 $z=2xy^3+5x^4-3y^5$일 때, $\dfrac{\partial z}{\partial x}$와 $\dfrac{\partial z}{\partial y}$를 구하여라.

풀이 $\dfrac{\partial z}{\partial x}$를 계산하는데 y를 상수로 다룬다.

$$\frac{\partial z}{\partial x}=2y^3+20x^3-0=2y^3+20x^3$$

같은 방법으로 $\dfrac{\partial z}{\partial y}$를 계산하는데, x를 상수로 다루면

$$\frac{\partial z}{\partial y}=6xy^2+0-15y^4=6xy^2-15y^4$$ ◀

예제 2 $\omega=e^{xy}+xyz^2$일 때, $\dfrac{\partial \omega}{\partial x}$, $\dfrac{\partial \omega}{\partial y}$와 $\dfrac{\partial \omega}{\partial z}$를 구하여라.

풀이 ω는 x, y, z의 삼변수함수이다. $\dfrac{\partial \omega}{\partial x}$는 y와 z를 고정시킨 x에 대한 ω의 도함수를 나타낸다. 즉, y와 z를 상수로 본 것이다. 마찬가지 방법으로 $\dfrac{\partial \omega}{\partial y}$와 $\dfrac{\partial \omega}{\partial z}$를 구한다.

$$\frac{\partial \omega}{\partial x}=e^{xy}\frac{\partial}{\partial x}(xy)+yz^2=ye^{xy}+yz^2$$

$$\frac{\partial \omega}{\partial y}=e^{xy}\frac{\partial}{\partial y}(xy)+xz^2=ex^{xy}+xz^2$$

$$\frac{\partial \omega}{\partial z}=0+2xyz=2xyz$$ ◀

예제 3 $z=x^2\ln\dfrac{x}{y}$일 때, $\dfrac{\partial z}{\partial x}$와 $\dfrac{\partial z}{\partial y}$를 구하여라.

풀이 우선 $z=x^2\ln x-x^2\ln y$로 고치고, $\dfrac{\partial z}{\partial x}$를 구한다.

$$\frac{\partial z}{\partial x}=x^2\cdot\frac{1}{x}+2x\ln x-2x\ln y$$

$$=x+2x\cdot\ln\frac{x}{y}$$

$$\frac{\partial z}{\partial y}=0-x^2\frac{1}{y}=-\frac{x^2}{y}$$ ◀

1. 편도함수의 기호

일변수함수 f에 대한 도함수 기호를 $\frac{df}{dx}$, $f'(x)$로 나타냈었다. 이변수 x와 y의 함수 f에 대해 $f'(x, y)$는 x와 y의 어느 변수가 변수로서, 상수로서 취급되는지 모르기 때문에 혼랍스럽다. 따라서 $\frac{\partial f}{\partial x}$에 대해 $f_x(x, y)$를 $\frac{\partial f}{\partial y}$에 대해 $f_y(x, y)$를 사용한다. 자주 사용하는 기호는 다음과 같다.

일변수함수	이변수함수
$f'(x)$ 또는 $\frac{df}{dx}$	$f_x(x, y)$ 또는 $\frac{\partial f}{\partial x}$
$f'(x_0)$ 또는 $\left(\frac{df}{dx}\right)_{x=x_0}$	$f_x(x, y_0)$ 또는 $\left(\frac{\partial f}{\partial x}\right)_{y=y_0}$ $f_x(x_0, y_0)$ 또는 $\left(\frac{\partial f}{\partial x}\right)_{x=x_0,\ y=y_0}$

예제 4 $f(x, y) = xy^2 + xe^{xy} + \frac{x^2}{2}$일 때 다음을 구하여라.

(1) $f_x(x, y)$ (2) $f_x(x, 0)$

(3) $f_x(0, 2)$ (4) $f_y(3, 1)$

풀이 (1) $f_x(x, y) = y^2 + [x(ye^{xy}) + e^{xy}(1)] + x$

$$= y^2 + xye^{xy} + e^{xy} + x$$

(2) $f_x(x, 0) = 0 + 0 + e^0 + x = 1 + x$

(3) $f_x(0, 2) = 4 + 0 + e^0 + 0 = 5$

(4) $f_y(x, y) = 2xy + x(xe^{xy}) + 0 = 2xy + x^2e^{xy}$ 이고,

$f_y(3, 1) = 6 + 9e^3$ ◀

예제 5 함수 $f(x, y) = x^2 + 4y^2 - 8xy + 4$의 편도함수와 점$(-2, 1)$에서의 편미분계수를 구하여라.

풀이 편도함수 : $f_x(x, y) = 2x - 8y$, $f_y(x, y) = 8y - 8x$

점(2, −1)에서의 편미분계수 : $f_x(-2,\ 1)=2(-2)-8\cdot 1=-12$

$$f_y(-2,\ 1)=8\cdot 1-8\cdot(-2)=24$$ ◀

2. 기하학적 설명

$f'(x_0)$는 x_0에서 곡선 $y=f(x)$에 그은 접선의 기울기이다(그림 7.10). 같은 방법으로 $f_x(x_0,\ y_0)$는 평면 $y=y_0$에서 곡면 $z=f(x,\ y)$의 흔적에 그은 점 $(x_0,\ y_0)$에서의 접선의 기울기이다(그림 7.11). 마찬가지로 $f_y(x_0,\ y_0)$는 평면 $x=x_0$에서 곡면의 흔적에 그은 점$(x_0,\ y_0)$에서의 접선의 기울이기다(그림 7.12).

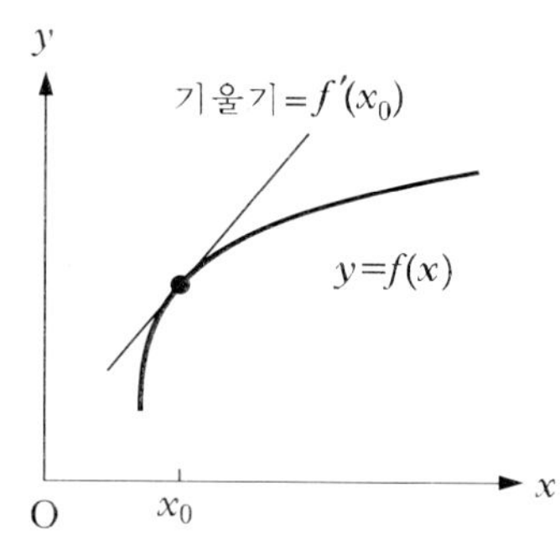

그림 7.10

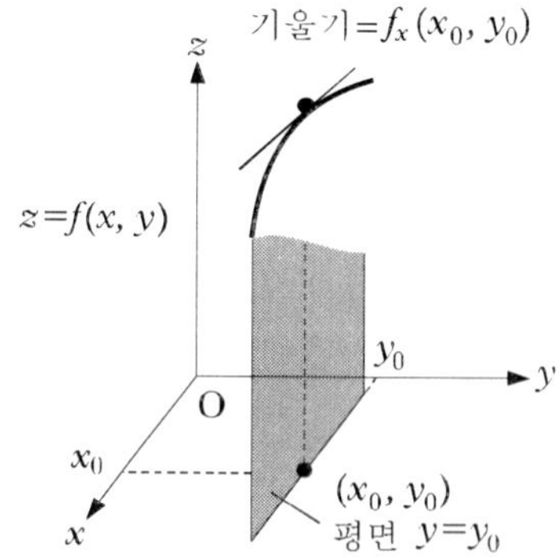

그림 7.11

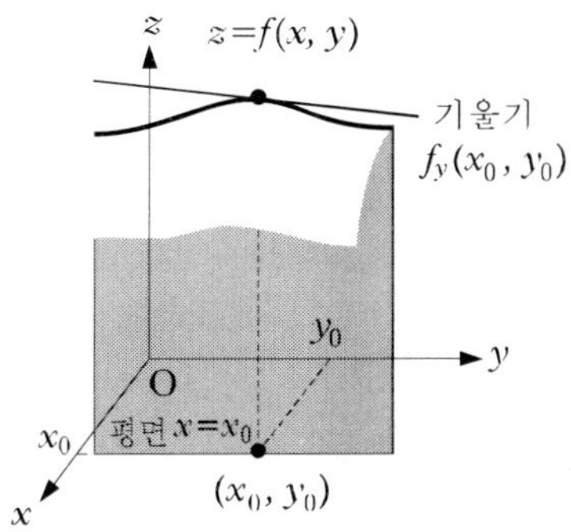

그림 7.12

예제 6 어떤 사람이 언덕 $z=f(x,\ y)=e^{-x^2-y^2}$을 x축 위를 따라 곧장 달려 올라갔다(그림 7.13). 점(1, 0)에서 그들의 길의 grade는 무엇인가?(단, grade는 기울기의 절대값으로서 퍼센트로 나타낸다)

풀이 $f(x,\ y)=-2xe^{-x^2-y^2}$이므로 기울기 $m=f(1,\ 0)=-2e^{-1}\approx-0.73576$ 따라서 grade는 약 74% 매우 가파른 grade이다.

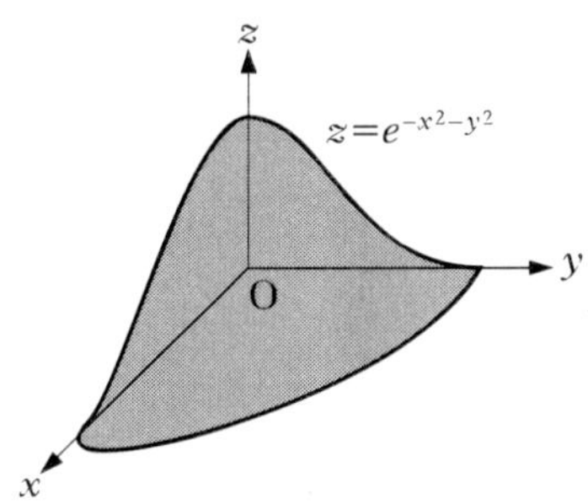

그림 7.13 ◀

3. 변화율에 대한 설명

$w=f(x,\ y)$, $f_x(5,\ 6)=10$이고 $f_y(5,\ 6)=2$라면 점(5, 6)에서 w는 y가 2배의 빠르기라면 x는 10배의 빠르기로 나타낸다. 다시말하면 x가 1단위 증가하면 w는 10단위 증가하고 y가 1단위 증가하면 w는 2단위 증가할 것이다.

예제 7 $W=f(L,\ K)=90L^{\frac{2}{3}}K^{\frac{1}{3}}$에서 $W,\ L,\ K$는 생산품의 단위, 사용된 노동력 그리고 필요한 자본을 나타낸다. $f_L(8,\ 27)$과 $f_K(8,\ 27)$을 구하고 이 수의 의미를 설명하여라.

풀이 $f_L(L,\ K)=60L^{-\frac{1}{3}}K^{\frac{1}{3}}$이고 $f_K(L,\ K)=30L^{\frac{2}{3}}K^{-\frac{2}{3}}$이다.

따라서 $f_L(8,\ 27)=60\cdot\frac{1}{2}\cdot 3=90$이고 $f_K(8,\ 27)=30\cdot 4\cdot\frac{1}{9}\approx 13.3$이다.

1단위의 노동이 증가할 때(K는 27에서 고정시키고 L은 8에서 9로 변한다) 생산품은 90단위 증가하고, 1단위의 자본이 증가해서(L은 8에서 고정시키고 K는 27에서 28로 변한다) 생산품은 13.3 증가한다. ◀

4. 고차편도함수

편도함수 $f_x(x,\ y)$자체로 함수이므로 x 또는 y에 대한 편도함수를 가질 수 있다. 다음 기호를 사용할 것이다.

2차 편도함수

x에 대한 f의 2차편도함수

$$\frac{\partial^2 f}{\partial x^2}=\frac{\partial}{\partial x}\left(\frac{\partial f}{\partial x}\right) \text{ 또는 } f_{xx}=(f_x)_x$$

y에 대한 f의 2차편도함수

$$\frac{\partial^2 f}{\partial y^2}=\frac{\partial}{\partial y}\left(\frac{\partial f}{\partial y}\right) \text{ 또는 } f_{yy}=(f_y)_y$$

$x,\ y$에 대한 f의 2차편도함수

$$\frac{\partial^2 f}{\partial y\partial x}=\frac{\partial}{\partial y}\left(\frac{\partial f}{\partial x}\right) \text{ 또는 } f_{xy}=(f_x)_y$$

$$\frac{\partial^2 f}{\partial x\partial y}=\frac{\partial}{\partial x}\left(\frac{\partial f}{\partial y}\right) \text{ 또는 } f_{yx}=(f_y)_x$$

f_{xxy}와 f_{xyy}와 같은 고차편도함수도 비슷한 방법으로 정의된다.

예제 8 $f(x,\ y) = xy^3 + yxe^x$일 때, 다음을 구하여라.

(1) f_{xx} (2) f_{xy}

(3) f_{yx} (4) f_{yy}

풀이 $f_x(x,\ y) = y^3 + y(xe^x + e^x) = y^3 + yxe^x + ye^x$이고

$f_y(x,\ y) = 3xy^2 + xe^x$이다.

(1) $f_{xx}(x,\ y) = 0 + y(xe^x + e^x) + ye^x = yxe^x + 2ye^x$

(2) $f_{xy}(x,\ y) = 3y^2 + xe^x + e^x$

(3) $f_{yx}(x,\ y) = 3y^2 + xe^x + e^x$

(4) $f_{yy}(x,\ y) = 6xy$

예제 8에서 $f_{xy} = f_{yx}$임을 보았다. 일반으로 연속함수이면 그들은 같다는 것이 알려져 있다.

연습문제 7.2

1. 다음에서 $\dfrac{\partial z}{\partial x}$와 $\dfrac{\partial z}{\partial y}$를 구하여라(예제 1, 예제 3 참조).

(1) $z = x^2y^3$ (2) $z = (3x+2y)^2$

(3) $z = xy^2 - 4x^2 + 3y + 5$ (4) $z = 3x^2y - 6y^2 + 4x + 2$

(5) $z = 2x\sqrt{y} + \dfrac{4}{y^2}$ (6) $z = \dfrac{x^2}{\sqrt{y}} - 3x^{\frac{2}{3}}$

(7) $z = \dfrac{4}{xy^2}$ (8) $z = \dfrac{12}{y}\sqrt{x}$

(9) $z = x^2ye^{2x}$ (10) $z = y^2\ln(2x+3y)$

2. 다음에서 $\frac{\partial w}{\partial z}$를 구하여라(예제 2 참조).

(1) $w = 2xyz + 3yz^2$

(2) $w = (xyz^3 - z)^4$

(3) $w = xye^{z+2} + \frac{xz}{y}$

(4) $w = z^2 \ln(x^2 y + z)$

3. 다음에서 $f_x(x, y)$, $f_y(x, y)$를 구하고 $f_x(2, 1)$과 $f_y(2, -1)$을 구하여라(예제 4 참조).

(1) $f(x, y) = x^2 + 2xy^2 - y$

(2) $f(x, y) = 3xy - 4x^2 + 5y$

(3) $f(x, y) = y^2 \ln(2x + 3y)$

(4) $f(x, y) = x^2 e^{(x-2)y}$

(5) $f(x, y) = (x + 2y)^{x(y^2 - 1)}$

(6) $f(x, y) = \frac{(x + 2y)^2}{y^2 + 1}$

4. 평면 $y = y_0$에서 $z = f(x, y)$의 흔적에 대한 점(x_0, y_0)에서 접선의 기울기를 구하여라.

(1) $f(x, y) = 9 - x^2 - y^2$; $x_0 = 2$, $y_0 = 1$

(2) $f(x, y) = x^2 + y^2 - 4$; $x_0 = 3$, $y_0 = -1$

5. 다음 함수에 대해 (1) $f_{xx}(x, y)$, (2) $f_{xy}(x, y)$, (3) $f_{yx}(x, y)$를 구하여라(예제 8).

(1) $f(x, y) = 2xy^3 - 2x^2 y$

(2) $f(x, y) = y^4 - 2xy^2 + 5x^2$

(3) $f(x, y) = e^{xy^2}$

(4) $f(x, y) = 2y \ln(x^2 y)$

(5) $f(x, y) = (x^2 + 2y)^3$

(6) $f(x, y) = (y^2 + e^x)^4$

7.3 전미분

이변수함수 $z=f(x,\ y)$에서 독립변수 x의 증분을 Δx, y의 증분을 Δy라 하자. 그러면 $\Delta z=f(x+\Delta x,\ y+\Delta y)-f(x,\ y)$를 점$(x,\ y)$에서 x의 증분 Δx와 y의 증분 Δy에 대응하는 종속변수 z의 **증분**(increment)이라 부른다. 이 Δz는 4개의 독립변수 x, y, Δx, Δy의 종속변수로 생각할 수 있다. 다음 정리는 이변수함수의 증분을 유용한 형식으로 나타낸 것이다.

정리 7.1

이변수함수 $z=f(x,\ y)$가 정의되는 영역 D 내부의 점$(x,\ y)$가 주어질 때 D의 임의의 점 $(x+\Delta x,\ y+\Delta y)$에 대하여 함수 f, f_x, f_y가 영역 D에서 연속이면

$$\begin{aligned}\Delta z&=f(x+\Delta x,\ y+\Delta y)-f(x,\ y)\\&=f_x(x,\ y)\Delta x+f_y(x,\ y)\Delta y+w_1\Delta x+w_2\Delta y\end{aligned}$$

이다. 여기서 w_1과 w_2는 Δx와 Δy의 함수로서

$$\Delta x\to 0,\ \Delta y\to 0\text{이면, } w_1\to 0,\ w_2\to 0$$

이다.

이변수함수 $z=f(x,\ y)$의 편도함수 f_x, f_y가 존재하고 연속일 때, 종속변수 z의 **전미분**(total differential)이란

$$dz=f_x(x,\ y)\Delta x+f_y(x,\ y)\Delta y$$

를 말한다.

앞 정리에서 $\Delta z=dz+w_1\Delta x+w_2\Delta y$이므로 Δx, Δy가 충분히 작은 양이면, dz는 Δz의 근사값임을 알 수 있다.

독립변수의 미분을 알아보자. $z=x$이면 $dz=dx$이고 $z=f(x,\ y)=x$이므로

$$dz = f_x(x, y)\Delta x + f_y(x, y)\Delta y$$
$$= 1 \cdot \Delta x + 0 \cdot \Delta y = \Delta x$$

따라서, $dz = \Delta x$, $dz = dx$이므로 $dx = \Delta x$.
같은 방법으로 $z = y$이면 $dz = \Delta y$, $dy = \Delta y$이다. 이때 dx, dy를 각각 x와 y의 미분이라 부른다. 따라서 이변수함수 $z = f(x, y)$의 전미분의 정의에서 다음을 얻는다.

$$dz = f_x(x, y)dx + f_y(x, y)dy$$

예제 1 $z = x^2\cos y$의 전미분을 구하여라.

풀이 $dz = z_x dx + z_y dy$

$$= 2x\cos y dx + x^2(-\sin y)dy$$
$$= 2x\cos y dx - x^2\sin y dy$$ ◀

예제 2 어떤 기체의 부피 V, 압력 P, 온도 T 사이의 관계는 다음식으로 나타낸다.

$$P = k\frac{T}{V} \quad (k\text{는 상수})$$

온도의 측정에서 0.5%의 오차, 부피의 측정에서 0.7%의 오차가 있을 때, 압력 P의 측정에 있을 수 있는 최대 오차의 백분율의 근사값을 구하여라.

풀이 P의 오차를 ΔP라 하면 ΔP의 근사값은 dp이다.

$$|\Delta P| \approx |dP| = \left|\frac{\partial P}{\partial T}\Delta T + \frac{\partial P}{\partial V}\Delta V\right|$$
$$= \left|\frac{k}{V} \cdot \Delta T - \frac{kT}{V^2} \cdot \Delta V\right|$$
$$\le \left|\frac{k}{V} \cdot \Delta T\right| + \left|\frac{kT}{V^2} \cdot \Delta V\right|$$
$$= \left|\frac{k}{V} \cdot 0.005T\right| + \left|\frac{kT}{V^2} \cdot 0.007V\right|$$

$$= \left|\frac{kT}{V}\right| \cdot 0.005 + \left|\frac{kT}{V}\right| \cdot 0.007$$

$$= \left|\frac{kT}{V}\right| \cdot 0.012 = 0.012P$$

따라서 최대 상대오차 $\dfrac{|\Delta P|}{P} = 0.012$, 최대오차의 백분율은 1.2%이다. ◀

3개 이상의 변수를 갖는 함수에서 전미분의 정의는 이변수함수의 경우와 같다. 삼변수 함수 $w = f(x, y, z)$에서 w의 증분은 다음과 같다.

$$\Delta w = f(x + \Delta x,\ y + \Delta y,\ z + \Delta z) - f(x,\ y,\ z)$$

w의 전미분은

$$dw = f_x dx + f_y dy + f_z dz$$

로 정의된다. f의 편도함수가 연속이고, 독립변수의 증분 Δx, Δy, Δz가 충분히 작으면 dw는 Δw에 가깝게 된다.

예제 3 직육면체가 있다. 가로 70cm, 세로 60cm, 높이 40cm로 측정되었다. 이 측정에서 오차의 한계가 0.2cm라면, 이 측정으로 계산된 부피의 오차의 한계는 얼마인가?

풀이 직육면체의 가로를 $x$cm, 세로를 $y$cm, 높이를 $z$cm, 부피를 V라 하면, 직육면체의 부피는 $V = xyz$이다. 따라서

$$dV = V_x dx + V_y dy + V_z dz = yzdx + xzdy + xydz$$

$$\begin{aligned} \Delta V \approx dV &= 60 \times 40 \times 0.2 + 70 \times 40 \times 0.2 + 70 \times 60 \times 0.2 \\ &= 480 + 560 + 840 \\ &= 1880(\text{cm}^3) \end{aligned}$$

따라서 변의 길이의 측정에서 0.2cm의 오차는 부피의 오차 1880cm^3를 생기게 한다. ◀

앞에서 일변수함수의 합성함수에 대한 도함수를 구하는 방법을 배웠다. 두 함수 $y=f(x)$, $x=g(t)$가 미분가능일 때, 합성함수 $y=f(g(t))$는 t의 함수로서 미분가능이며 그의 도함수는

$$\frac{dy}{dt}=\frac{dy}{dx}\cdot\frac{dx}{dt}$$

로 나타낸다. 이제 다변수함수들의 합성함수에 대한 도함수를 알아보자.

정리 7.2 (연쇄법칙 1)

두 함수 $x=x(t)$, $y=y(t)$는 t의 함수로서 어떤 점 t의 근방에서 미분가능이라 하자. $z=f(x, y)$는 x와 y의 함수로서 점$(x, y)=(x(t), y(t))$의 근방에서 연속인 1계 편도함수를 가진다면 다음이 성립한다.

$$\frac{dz}{dt}=\frac{\partial f}{\partial x}\frac{dx}{dt}+\frac{\partial f}{\partial y}\cdot\frac{dy}{dt}$$

즉

$$\frac{dz}{dt}=f_x(x(t), y(t))\frac{dx}{dt}+f_y(x(t), y(t))\frac{dy}{dt}$$

예제 4 $x=\cos t$, $y=\sin t$, $f(x, y)=xy$일 때, $\frac{df}{dt}$, $\left(\frac{df}{dt}\right)_{t=\frac{\pi}{3}}$를 구하여라.

풀이

$$\frac{df}{dt}=\frac{\partial f}{\partial x}\frac{dx}{dt}+\frac{\partial f}{\partial y}\frac{dy}{dt}=y(-\sin t)+x\cos t$$

$$=-\sin^2 t+\cos^2 t$$

$$\left(\frac{df}{dt}\right)_{t=\frac{\pi}{3}}=-\sin^2\frac{\pi}{3}+\cos^2\frac{\pi}{3}$$

$$=-\left(\frac{\sqrt{3}}{2}\right)^2+\left(\frac{1}{2}\right)^2=-\frac{2}{4}=-\frac{1}{2}$$ ◀

정리 7.3 (연쇄법칙 2)

$x = x(s, t)$, $y = y(s, t)$는 s와 t의 함수들로서 점 (s, t)의 근방에서 1계 편도함수를 갖는다고 하자. $w = f(x, y)$는 x와 y의 함수이고

점 $(x, y) = (x(s, t), y(s, t))$의 근방에서 연속인 1계 편도함수를 가지면 다음이 성립한다.

$$\frac{\partial f}{\partial s} = \frac{\partial f}{\partial x} \cdot \frac{\partial x}{\partial s} + \frac{\partial f}{\partial y} \cdot \frac{\partial y}{\partial s}$$

$$\frac{\partial f}{\partial t} = \frac{\partial f}{\partial x} \cdot \frac{\partial x}{\partial t} + \frac{\partial f}{\partial y} \cdot \frac{\partial y}{\partial t}$$

예제 5 $z = e^x \sin y$, $x = st^2$, $y = s^2 t$일 때, $\frac{\partial z}{\partial s}$, $\frac{\partial z}{\partial t}$를 구하여라.

풀이 연쇄법칙을 이용하여 계산한다.

$$\frac{\partial z}{\partial s} = \frac{\partial z}{\partial x} \cdot \frac{\partial x}{\partial s} + \frac{\partial z}{\partial y} \cdot \frac{\partial y}{\partial s}$$

$$= e^x \sin y \cdot t^2 + e^x \cos y \cdot 2st$$

$$= t^2 e^{st2} \sin(s^2 t) + 2ste^{st2} \cdot \cos(s^2 t)$$

$$\frac{\partial z}{\partial t} = \frac{\partial z}{\partial x} \cdot \frac{\partial x}{\partial t} + \frac{\partial z}{\partial y} \cdot \frac{\partial y}{\partial t}$$

$$= e^x \sin y \cdot 2st + e^x \cos y \cdot s^2$$

$$= 2ste^{st2} \sin(s^2 t) + s^2 s^{st2} \cos(s^2 t)$$ ◀

1. 음함수의 미분

방정식 $F(x, y) = 0$의 꼴로 주어진 음함수의 미분을 알아보자. y는 x의 함수로서 미분가능이고 F가 미분가능할 때, 연쇄법칙을 사용하여 $F(x, y) = 0$을 x로 미분하면,

$$\frac{\partial F}{\partial x}\frac{dx}{dx} + \frac{\partial F}{\partial y} \cdot \frac{dy}{dx} = 0$$

이다. 여기서 $\frac{dx}{dx}=1$이고 $\frac{\partial F}{\partial y}\neq 0$이면

$$\frac{dy}{dx}=-\frac{\frac{\partial F}{\partial x}}{\frac{\partial F}{\partial y}}=-\frac{F_x}{F_y}$$

$F(x,\ y)=0$일 때, $\frac{dy}{dx}=-\frac{F_x}{F_y}\quad(F_y\neq 0)$

예제 6 $x^2+y^2=1$에서 $\frac{dy}{dx}$를 구하여라.

풀이 $F(x,\ y)=x^2+y^2-1=0$으로 놓으면

$$\frac{dy}{dx}=-\frac{F_x}{F_y}=-\frac{2x}{2y}=-\frac{x}{y}$$ ◀

$F(x,\ y,\ z)=0$의 꼴로 주어진 방정식에서 $z=f(x,\ y)$를 x와 y의 함수라 하면 위의 식은 $F(x,\ y,\ f(x,\ y))=0$이다. 그러면

$$\frac{\partial F}{\partial x}\cdot\frac{\partial x}{\partial x}+\frac{\partial F}{\partial y}\frac{\partial y}{\partial x}+\frac{\partial F}{\partial z}\cdot\frac{\partial z}{\partial x}=0$$

여기서 $\frac{\partial F}{\partial x}+\frac{\partial F}{\partial z}\cdot\frac{\partial z}{\partial x}=0$.

따라서 $\frac{\partial F}{\partial z}\neq 0$이면 다음을 얻는다.

$$\frac{\partial z}{\partial x}=\frac{\frac{\partial F}{\partial x}}{-\frac{\partial F}{\partial z}}$$

$F(x,\ y,\ z)=0,\ z=f(x,\ y)$일 때,

$$\frac{\partial z}{\partial x}=-\frac{F_x}{F_z},\quad\frac{\partial z}{\partial y}=-\frac{F_y}{F_z}(F_z\neq 0)$$

예제 7 $x^2+y^2+z^2=1$에서 $\dfrac{\partial z}{\partial x}$, $\dfrac{\partial z}{\partial y}$를 구하여라.

풀이 $F(x,\ y,\ z)=x^2+y^2+z^2-1=0$으로 놓으면

$$\frac{\partial z}{\partial x}=-\frac{F_x}{F_z}=-\frac{2x}{2z}=-\frac{x}{z}$$

$$\frac{\partial z}{\partial y}=-\frac{F_y}{F_z}=-\frac{2y}{2z}=-\frac{y}{z}$$ ◀

연습문제 7.3

1. 다음 함수의 전미분을 구하여라.

(1) $z=x^2+4y^2$ (2) $z=\sin(x+y)$

(3) $w=e^x\cos yz$ (4) $w=\dfrac{x+y}{y+z}$

2. 원기둥모양의 그릇이 있다. 반지름을 재는데 1%의 오차가 있었고, 높이를 재는데 2%의 오차가 있었다면 그릇의 부피를 재는데 몇 %의 오차가 있을 것인가?

3. 연쇄법칙 1을 이용하여 다음함수의 $\dfrac{dz}{dt}$, $\dfrac{dw}{dt}$를 구하여라.

(1) $z=x^2+y^2,\ x=1+2t,\ y=1-2t$

(2) $z=x^2y^2,\ x=1+\sqrt{t},\ y=1-\sqrt{t}$

(3) $z=x^2+y^2-2y+1,\ x=e^t,\ y=\cos t$

(4) $z=\ln(x+y^2),\ x=\sqrt{1+t},\ y=1+t^2$

(5) $z=xe^{x+y},\ x=\cos t,\ y=\sin t$

(6) $w=xy^2z,\ x=\cos t,\ y=\sin t,\ z=5t^2$

(7) $w=x^3+y^3+z^3-4z+4,\ x=2t,\ y=\sin t,\ z=e^{2t}$

4. 연쇄법칙 2를 이용하여 $\frac{\partial z}{\partial s}$, $\frac{\partial z}{\partial t}$를 구하여라.

(1) $z = x^2 + y^2$, $x = s + 2t$, $y = 3st$

(2) $z = \sin x \cos y$, $x = s - t$, $y = s^2 + t^3$

(3) $z = x\tan^{-1}(xy)$, $x = se^t$, $y = 2t$

(4) $z = xe^y - ye^x$, $x = e^t$, $y = st$

5. $w = x^2 + y^2 + z^2 - 2x$, $x = st$, $y = \sin t$, $z = \cos t$일 때, $s = 2$, $t = \frac{2\pi}{3}$에서 편도함수의 값 $\left(\frac{\partial w}{\partial s}\right)_{s=2,\ t=\frac{\pi}{3}}$를 구하여라.

7.4 극대 · 극소

앞에서 $y = f(x)$의 극대 · 극소, 최대 · 최소에 대하여 공부하였다. 다변수함수의 경우는 극대 · 극소를 구하는 것이 복잡하다. 다변수함수에 대하여 이러한 개념을 알아보자.

정의 7.2

$D \subset R^2$가 이변수함수 f의 정의역이고 한 점 (a, b)가 D의 점이라 하자. $f(a, b)$가 점 (a, b)의 근방에서 최대값일 때, $f(a, b)$를 극대값이라 하고, 점 $(a, b, f(a, b))$를 **극대점**이라 부른다. (a, b)의 근방에서 $f(a, b)$가 최소값일 때 $f(a, b)$를 f의 **극소값**이라 하고 $(a, b, f(a, b))$를 f의 극소점이라 한다. 극대값 또는 극소값을 **극값**이라고 말한다.

앞에서와 같이 다변수함수의 극대 · 극소를 정의할 수 있고, 다음 정리도 성립한다.

정리 7.4

함수 f가 닫힌 유계집합 D에서 연속이면 f는 D에서 최대값과 최소값을 갖는다.

예제 1 함수 $f(x, y) = x^2 - 2x + \dfrac{y^2}{4} + 1$의 최대값 또는 최소값을 구하여라.

풀이 $f(x, y) = x^2 - 2x + \dfrac{y^2}{4} + 1$은 xy평면에서 미분가능하다.

$$f_x(x, y) = 2x - 2, \ f_y(x, y) = \frac{2y}{4} = \frac{y}{2}$$

따라서 $f_x(x, y) = 0$, $f_y(x, y) = 0$로 놓으면 $x = 1$, $y = 0$이고 점 (1, 0) 근방에서 f의 값을 조사하면

$$\begin{aligned} f(x, y) &= x^2 - 2x + \frac{y^2}{4} + 1 \\ &= x^2 - 2x + 1 + \frac{y^2}{4} \\ &= (x-1)^2 + \frac{y^2}{4} \geq 0 \end{aligned}$$

따라서 $x = 1$, $y = 0$일 때 $f(1, 0) = 0$은 최소값이다. ◀

예제 2 곡면 $f(x, y) = -\dfrac{x^2}{4^2} + \dfrac{y^2}{3^2}$을 생각하자.

$$f_x(x, y) = -\frac{2}{4^2}x, \ f_y(x, y) = \frac{2}{3^2}y$$

$f_x(x, y) = -\dfrac{1}{8}x = 0$, $f_y(x, y) = \dfrac{2}{9}y = 0$으로 놓으면 $x = 0$, $y = 0$이다. 그런데 점 (0, 0, 0)는 그림 7.14에서 극대, 극소점이 아님을 알 수 있다. 이런 점을 **안장점**(saddle point)이라 부른다.

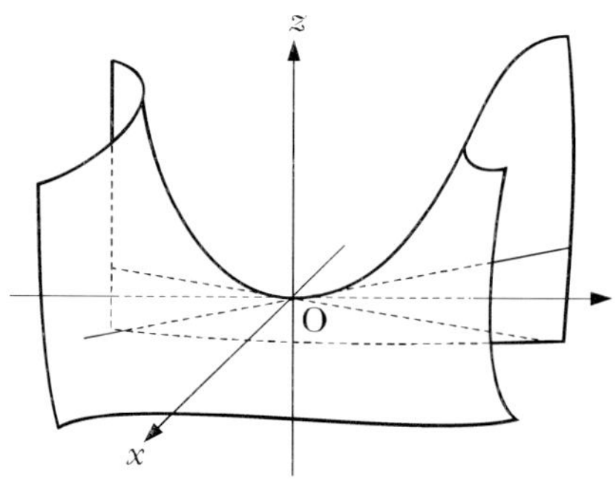

그림 7.14

1. 극대 · 극소의 2계편도함수 판정법

다음 정리는 함수 $z=f(x,\ y)$의 극대, 극소, 안장점의 판정법을 알려주는 정리이다.

정리 7.5

$z=f(x,\ y)$가 점$(a,\ b)$의 근방에서 연속인 2계 편도함수를 갖고

$$f_x(a,\ b)=0=f_y(a,\ b)$$

이다.

$T(a,\ b)=f_{xx}(a,\ b)f_{yy}(a,\ b)-[f_{xy}(a,\ b)]^2$이라 하면

(1) $T(a,\ b)>0$이고 $f_{xx}(a,\ b)<0$이면, $f(a,\ b)$는 극대값

(2) $T(a,\ b)>0$이고 $f_{xx}(a,\ b)>0$이면, $f(a,\ b)$는 극소값

(3) $T(a,\ b)<0$이면 $f(a,\ b)$는 극값이 아니고, 점$(a,\ b,\ f(a,\ b))$는 안장점

(4) $T(a,\ b)=0$이면 판정할 수 없다.

예제 3 $f(x,\ y)=x^2+3y^3+4x-9y+5$의 극대점, 극소점, 안장점을 찾아라.

풀이 $f_x(x,\ y)=2x+4$이고, $f_y(x,\ y)=9y^2-9$

$f_x(x,\ y)=0=f_y(x,\ y)$를 풀면 $(-2,\ 1)$이고 $(-2,\ -1)$이다.

$f_{xx}(x,\ y)=2$, $f_{xy}(x,\ y)=0$이고 $f_{yy}(x,\ y)=18y$

$(-2,\ 1)$에서 $f_{xx}>0$이고

$$T = (2)(18) - 0 = 36 > 0$$

따라서, $f(-2,\ 1) = -5$ $(-2,\ 1,\ -5)$는 극소점이고 극소값은 -5이다.
그러나 점$(-2,\ -1)$에서

$$T = (2)(-18) - 0 = -36 < 0$$

따라서,

$$f(-2,\ -1) = 4 - 3 - 8 + 9 + 5 = 7.$$

$\therefore$ $(-2,\ -1,\ 7)$은 안장점이다. ◀

예제 4 원점과 곡면 $z^2 = -2x - 4y + 8$까지의 최소거리는 얼마인가?

풀이 곡면 위의 점을 $(x,\ y,\ z)$라 하면 원점에서 곡면 위의 점$(x,\ y,\ z)$까지의 거리는

$$\begin{aligned} d^2 &= x^2 + y^2 + z^2 \\ &= x^2 + y^2 - 2x - 4y + 8 \\ &= (x-1)^2 + (y-2)^2 + 3 \end{aligned}$$

$d^2 = f(x,\ y) = (x-1)^2 + (y-2)^2 + 3$으로 놓자.
그러면 $f_x(x,\ y) = 2(x-1) = 0$, $f_y(x,\ y) = 2(y-2) = 0$
따라서 $x = 1$, $y = 2$, 점 $(1,\ 2)$에서

$$f_{xx}(1,\ 2) = 2,\ f_{xy}(1,\ 2) = 0,\ f_{yy}(1,\ 2) = 2$$

따라서 $T(1,\ 2) = 2 \cdot 2 - 0 = 4 > 0$, $d^2 = 3$. 그러므로 $d = \sqrt{3}$ 이 구하는 최소값이다. ◀

예제 5 뚜껑이 없는 직육면체의 부피가 32m^3일 때, 겉넓이의 최소값을 구하여라.

풀이 그림 7.15에서, 겉넓이 $A = xy + 2xz + 2yz$
부피가 32이므로 $xyz = 32$.
따라서 $z = \dfrac{32}{xy}$

$$A = xy + \frac{64}{y} + \frac{64}{x}$$

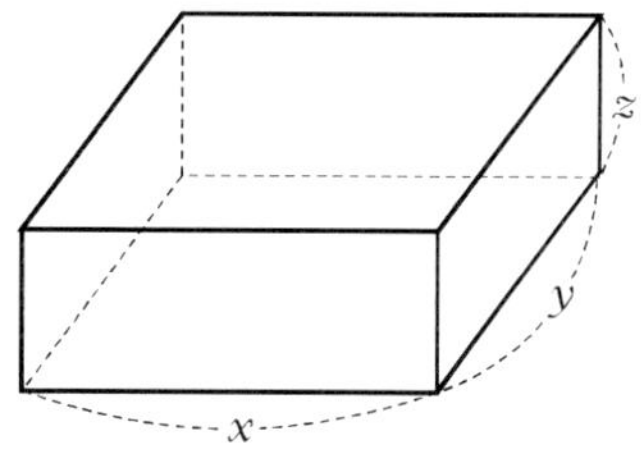

그림 7.15

$0 < x < \infty$, $0 < y < \infty$이고,

$$A_x = y - \frac{64}{x^2},\ A_y = x - \frac{64}{y^2}$$

$A_x = 0 = A_y$에서

$$y = \frac{64}{x^2} = 64\left(\frac{64}{y^2}\right)^{-2} = \frac{y^4}{64}$$

$$\therefore\ 64y = y^4,\ y(y^3 - 64) = 0,\ y = 0,\ 4,$$
$$x = 4$$

점(4, 4)에서 극값을 판정하면

$$A_{xx} = \frac{128}{x^3},\ A_{xy} = 1.\ A_{yx} = 1,\ A_{yy} = \frac{128}{y^3}$$

$$T = 2 \cdot 2 - 1^2 = 3 > 0$$

$A_{xx}(4,\ 4) = 2 > 0$이므로 점(4, 4)에서 극소값을 갖고 $x = 4$, $y = 4$, $z = 2$, 따라서, 구하는 겉넓이의 최소값은 $A = 16 + 16 + 16 = 48$이다. ◀

연습문제 7.4

1. 다음에서 극소, 극대, 안장점을 구하여라(예제 3 참조).

(1) $f(x, y) = x^2 + y^2 - 4x + 6y - 4$

(2) $f(x, y) = x^2 + y^2 + 8y - 2x + 9$

(3) $f(x, y) = (x+1)^4 + (y-4)^2 + 4x - 2y$

(4) $f(x, y) = (x-3)^2 + y^2 - 6x + 4y - 10$

(5) $f(x, y) = 5 + 6x + 2y - 2x^2 + xy - y^2$

(6) $f(x, y) = 3x^2 - xy + y^2 + 5x + y - 10$

(7) $f(x, y) = 4y + 2xy - x^2 - 2y^2 + 4$

(8) $f(x, y) = 2y - 6x - x^2 - 2y^2 + 3xy$

(9) $f(x, y) = x^3 + 2x^2y + 4x - 8y$

(10) $f(x, y) = 6xy - x^2 - y^3 + 4$

(11) $f(x, y) = x^3 + y^3 - 12xy - 10$

(12) $f(x, y) = x^3 + y^3 - 3x - 12y + 24$

(13) $f(x, y) = ye^x - 2x - y + 10$

(14) $f(x, y) = 2xy + 4\ln x + y^2 - 4$

Chapter 8

중적분

8.1 이중적분의 정의

직교좌표 평면상의 폐영역 $R = \{(x, y) | a \le x \le b,\ c \le y \le d\}$에서 정의되고, 유계인 이변수 함수 $z = f(x, y)$에 대하여 구간 $[a, b]$, $[c, d]$의 내부에 각각 $m-1$개, $n-1$개의 분점을

$$a = x_0 < x_1 < x_2 < \cdots < x_{m-1} < x_m = b,$$

$$c = y_0 < y_1 < y_2 < \cdots s < y_{n-1} < y_n = d$$

가 되게 잡고, 각 분점에서 x축, y축에 평행인 직선을 그어 폐영역 R을 mn개의 직사각형 모양의 소영역으로 분할하고, 이 소영역 A_{ij}의 넓이를

$$\Delta A_{ij} = (x_i - x_{i-1})(y_j - y_{j-1}),\ i = 1, 2, \cdots, m;\ j = 1, 2, \cdots, n$$

이라 하자.

A_{ij}의 내부의 임의의 한 점 (ξ_i, ξ_j)에 대하여 합 S_{mn}을

$$S_{mn} = \sum_{i,j=1}^{m,n} f(\xi_i, \xi_j) \cdot \Delta A_{ij}$$

로 정의하고, $m \to \infty$, $n \to \infty$ 시킬 때 S_{mn}의 극한값

$$\lim_{\substack{m\to\infty \\ n\to\infty}} S_{mn} = \lim_{\substack{m\to\infty \\ n\to\infty}} \sum_{i,j=1}^{m,n} f(\xi_i,\ \xi_j) \cdot \Delta A_{ij} = S$$

가 존재하면 그 극한값을 S를 R에서 함수 $f(x,\ y)$의 **이중적분**(double integral)이라 하고

$$\iint_R f(x,\ y)dA$$

로 표시한다.

이변수 함수 $f(x,\ y)$에서 x의 값을 고정시킬 때

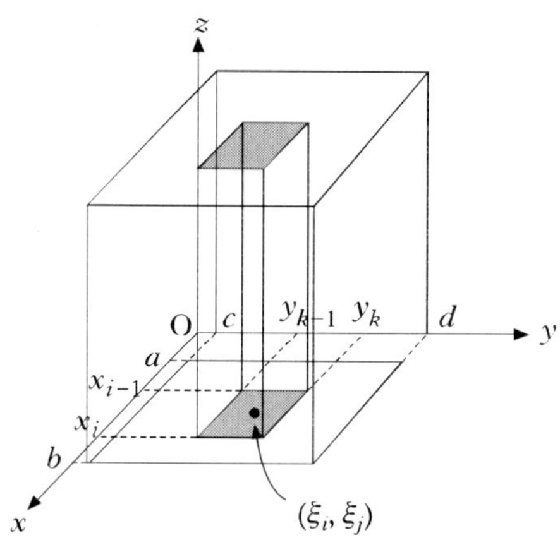

그림 8.1

$$\phi(x) = \int_c^d f(x,\ y)dy$$

로 놓으면 $x_{i-1} < \xi_i < x_i$인 ξ_i에 대하여

$$\phi(\xi_i) = \int_c^d f(\xi_i,\ y)dy = \sum_{k=1}^{n} \int_{y_{k-1}}^{y_k} f(\xi_i,\ y)dy$$

이고 적분의 평균값의 정리에 의하여

$$\int_{y_{k-1}}^{y_k} f(\xi_i,\ y)dy = f(\xi_i,\ \eta_k)(y_k - y_{k-1}),\ \ (y_{k-1} < \eta_k < y_k)$$

이므로

$$\phi(\xi_i) = \sum_{j=1}^{n} f(\xi_i, \eta_k)(y_k - y_{k-1})$$

이다. 따라서

$$\sum_{i=1}^{m} \phi(\xi_i)(x_i - x_{x-1}) = \sum_{i=1}^{m}\sum_{k=1}^{n} f(\xi_i,\ \eta_k)(y_k - y_{k-1})(x_i - x_{x-1})$$

이 되고 $n \to \infty$, $m \to \infty$ 시키면 좌변의 극한값은

$$\int_a^b \phi(x)dx = \int_a^b \left\{ \int_c^d f(x,\ y)dy \right\} dx$$

이고 우변의 극한값을

$$\iint_R f(x,\ y)dxdy$$

가 되고, 따라서

$$\iint_R f(x,\ y)dxdy = \int_a^b \left\{ \int_c^d f(x,\ y)dy \right\} dx$$

이다. 위의 과정에서 x와 y의 순서를 바꾸면

$$\iint_R f(x,\ y)dxdy = \int_c^d \left\{ \int_a^b f(x,\ y)dx \right\} dy$$

가 된다.

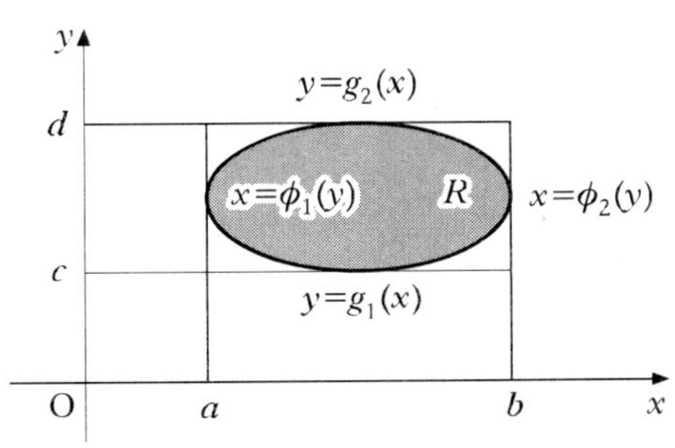

그림 8.2

함수 $f(x,\ y)$가 폐영역 R에서 $f(x,\ y) \geq 0$이면 이중적분 $\iint_R f(x,\ y)dA$는 곡면 $f(x,\ y)$와 xy-평면 상의 폐영역 R 및 이에 수직인 곡면으로 둘러싸인 입체도형의 부피이다. 특히 $f(x,\ y)=1$일 때 $\iint_R (x,\ y)dA$는 폐영역 R의 넓이가 된다.

예제 1 $\int_0^3 \int_1^2 (1+8xy)dydx$의 값을 구하여라.

풀이

$$\begin{aligned}\int_0^3 \int_1^2 (1+8xy)dydx &= \int_0^3 \left\{\int_1^2 (1+8xy)dy\right\}dx \\ &= \int_0^3 \left\{\left[y+4xy^2\right]_1^2\right\}dx \\ &= \int_0^3 \{(2+16x)-(1+4x)\}dx \\ &= \int_0^3 (1+12x)dx \\ &= \left[x+6x^2\right]_0^3 = 57\end{aligned}$$

◀

예제 2 적분 영역 R가 xy평면 상의 네 직선 $x=0$, $x=2$, $y=1$, $y=2$로 둘러싸인 직사각형일 때 $\iint_R xydR$을 구하여라.

풀이 적분 영역 R은 $R=\{(x,\ y)|0 \leq x \leq 2,\ 1 \leq y \leq 2\}$이므로

(i) $\displaystyle\iint_R xydR = \int_1^2 \int_0^2 xydxdy = \int_1^2 \left\{\int_0^2 xydx\right\}dy$

$\displaystyle = \int_1^2 2ydy = \left[y^2\right]_1^2 = 3$

(ii) $\displaystyle\iint_R xydR = \int_0^2 \int_1^2 xydydx$를 계산하여도 된다. ◀

적분 영역 R가 두 곡선 $y=g_1(x)$, $y=g_2(x)$로 둘러싸인 폐곡면이고, 이 폐곡면에 접하는 y축에 평행인 두 직선들을 각각 $x=a$, $x=b$라 하면

$$\iint_R f(x,\ y)dxdy = \int_a^b \left\{ \int_{g_1(x)}^{g_2(x)} f(x,\ y)dy \right\} dx$$

이다. 같은 방법에 의하여 적분 영역 R가 두 곡선 $x=\phi_1(y)$, $x=\phi_2(y)$로 이루어진 폐곡면이고 이 폐곡면에 접하는 x축에 평행인 두 직선을 각각 $y=c$, $y=d$이라 하면

$$\iint_R f(x,\ y)dxdy = \int_c^d \left\{ \int_{\phi_1(y)}^{\phi_2(y)} f(x,\ y)dy \right\} dx$$

이다. 이들 식을 **순차적분**이라 한다.

예제 3 영역 $R=\left\{(x,\ y)|2 \le x \le 4,\ \frac{1}{2}x < y \le \sqrt{x}\right\}$에서 $f(x,\ y)=xy$의 중적분을 구하여라.

풀이 $$\iint_R xydA = \int_2^4 \int_{\frac{x}{2}}^{\sqrt{x}} xydydx = \int_2^4 \left[\frac{xy^2}{2}\right]_{\frac{x}{2}}^{\sqrt{x}} dx$$

$$= \int_2^4 \left(\frac{x^2}{2} - \frac{x^3}{8}\right)dx = \left[\frac{x^3}{6} - \frac{x^4}{32}\right]_2^4$$

$$= \left(\frac{64}{6} - \frac{256}{32}\right) - \left(\frac{8}{6} - \frac{16}{32}\right) = \frac{11}{6}$$

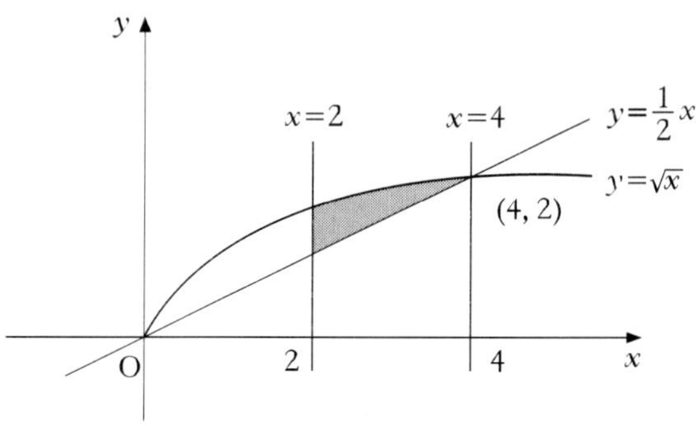

그림 8.3 ◀

예제 4 $y=-x+1$, $y=x+1$, $y=3$으로 둘러싸인 3각 영역 R상에서 $f(x, y)=2x-y^2$의 중적분을 구하여라.

풀이 $R=\{(x, y) \mid 1-y \le x \le y-1, 1 \le y \le 3\}$이므로

$$\iint_R (2x-y^2)dA = \int_1^3 \int_{1-y}^{y-1} (2x-y^2)dxdy = \int_1^3 [x^2-y^2x]_{1-y}^{y-1} dy$$

$$= \int_1^3 \{(1-2y+2y^2-y^3)-(1-2y+y^3)\}dy$$

$$= \int_1^3 (2y^2-2y^3)dy$$

$$= \left[\frac{2y^3}{3}-\frac{y^4}{2}\right]_1^3$$

$$= -\frac{68}{3}$$

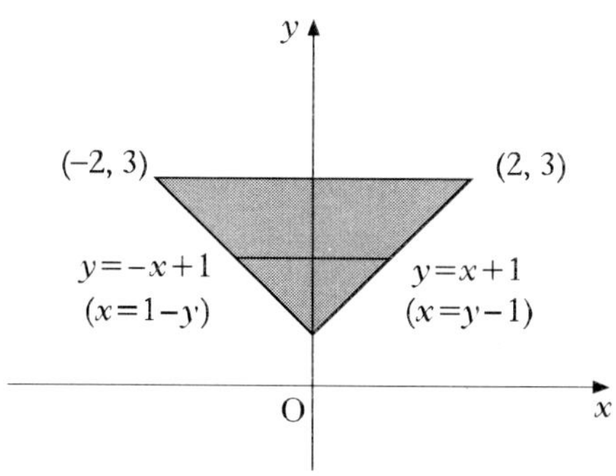

그림 8.4

◀

예제 5 적분 영역 R가 원점을 중심, 반지름의 길이가 a인 원의 제1사분면일 때 $\iint_R xydA$를 구하여라.

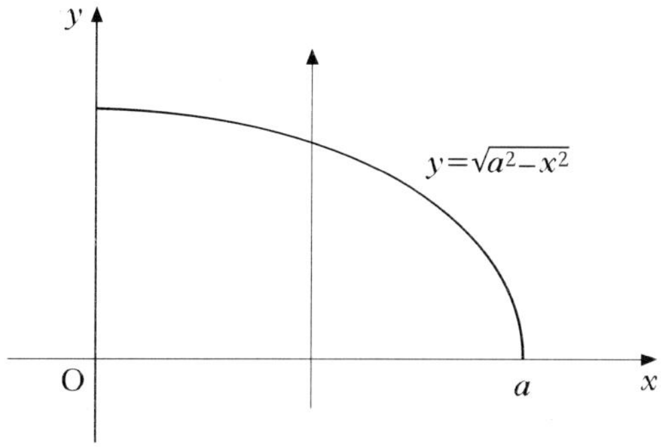

그림 8.5

풀이 $R=\{(x,\ y)|0 \le x \le a,\ 0 \le y \le \sqrt{a^2-x^2}\}$ 이므로

$$\iint_R xydA = \int_0^a \int_0^{\sqrt{a^2-x^2}} xydydx = \int_0^a \left[\frac{1}{2}xy^2\right]_0^{\sqrt{a^2-x^2}} dx$$

$$= \frac{1}{2}\int_0^a x(a^2-x^2)dx = \frac{1}{2}\left[\frac{1}{2}a^2x^2 - \frac{1}{4}x^4\right]_0^a = \frac{1}{8}a^4$$

$$D = \iint_R (4xy - y^2)dA$$

를 순차적분으로 구하여라. ◀

8.2 극좌표서의 이중적분

이변수 함수 $f(x,\ y)$의 이중적분

$$\iint_R f(x,\ y)dxdy$$

에서 적분 영역 $R=\{(x,\ y)|a \le x \le b,\ g_1(x) \le y \le g_2(x)\}$는 원점 O를 극, 반직선 OX를 기선으로 하는 극좌표계의 영역

$$R^* = \{(r,\ \theta)|\phi_1(\theta) \le r \le \phi_2(\theta),\ \alpha \le \theta \le \beta\}$$

로 변환되고 $x = r\cos\theta$, $y = r\sin\theta$에 의하여

$$f(x,\ y) = f(r\cos\theta,\ r\sin\theta) = \phi(r,\ \theta)$$

로 변환될 때, 그림 8.6에서와 같이 극좌표계에서 적분 영역 R^*를 지나는 직선군과 극을 중심으로 하는 동심원군으로 분할하고, 소영역 R_{ik}^*의 넓이를 ΔA_{ik}라 하면 ΔA_{ik}는

$$\Delta A_{ik} = \frac{1}{2}\{(r_i + \Delta r_i)^2 - r_i^2\}\Delta\theta_k = \left(r_i + \frac{1}{2}\Delta r_i\right)\Delta r_i \Delta\theta_k$$

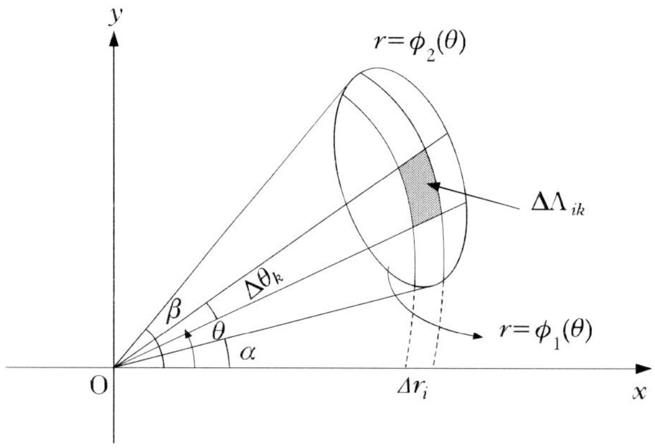

그림 8.6

이다.

R_{ik}^* 내의 임의의 한 점 $(r_i',\ \theta_k')$을 택하여 $\Delta r_i \to 0$, $\theta_k \to 0$시킬 때 합

$$\sum_{i,k=1}^{m,n} \phi(r_i',\ \theta_k') \cdot \left(r_i + \frac{1}{2}\Delta r_i\right)\Delta r_i \cdot \Delta\theta_k$$

의 극한값은

$$D = \iint_R f(x,\ y)dxdy$$

가 된다. 이때

$$\lim_{\substack{\Delta r_i \to 0 \\ \Delta\theta_k \to 0}} \Sigma\phi(r_i',\ \theta_k')r_i\Delta r_i\Delta\theta_k = \iint_{R^*}\phi(r,\ \theta)rdrd\theta$$

이고

$$\lim_{\substack{\Delta r_i \to 0 \\ \Delta\theta_k \to 0}} \Sigma\phi(r_i{}', \theta_k{}')\frac{1}{2}(\Delta r_i)^2\Delta\theta_k$$

$$= \frac{1}{2}\lim_{\substack{\Delta r_i \to 0 \\ \Delta\theta_k \to 0}} \sum_{i,k=1}^{m,n}\phi(r_i{}', \theta_k{}')\Delta r_i\Delta\theta_k \lim_{\substack{\Delta r_i \to 0 \\ \Delta\theta_k \to 0}} \Delta r_i$$

$$= \frac{1}{2}\iint_{R^*}\phi(r, \theta)drd\theta \times 0 = 0$$

이므로

$$\iint_R f(x, y)dxdy = \iint_{R^*}\phi(r, \theta)rdrd\theta = \int_\alpha^\beta\int_{\phi_1(\theta)}^{\phi_2(\theta)}\phi(r, \theta)rdrd\theta$$

이다. 특히 $\phi(r, \theta) = 1$일 때

$$\iint_{R^*} rdrd\theta$$

는 적분 영역 R의 넓이가 된다.

예제 1 R을 $r=2$인 원의 외부와 심장형 $r = 2(1+\cos\theta)$의 내부에 있는 제1사분면 상의 영역이라 할 때 $\iint_R \sin\theta dA$를 구하여라.

풀이 영역 R은 그림 8.7에서와 같으므로

$$\iint_R \sin\theta dA = \int_0^{\frac{\pi}{2}}\int_2^{2(1+\cos\theta)}\sin\theta rdrd\theta$$

$$= \int_0^{\frac{\pi}{2}}\left[\frac{1}{2}r^2\sin\theta\right]_2^{2(1+\cos\theta)}d\theta$$

$$= 2\int_0^{\frac{\pi}{2}}\{(1+\cos\theta)^2\sin\theta - \sin\theta\}d\theta$$

$$= 2\left[-\frac{1}{3}(1+\cos\theta)^3 + \cos\theta\right]_0^{\frac{\pi}{2}}$$

$$= 2\left\{-\frac{1}{3} - \left(\frac{-5}{3}\right)\right\} = \frac{8}{3}$$

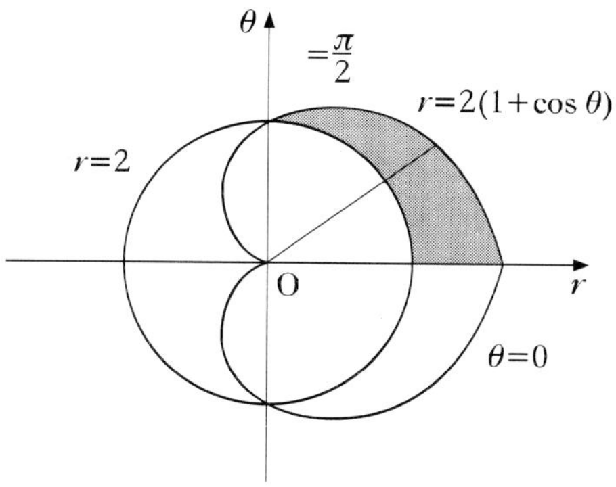

그림 8.7

◀

예제 2 3엽장미선 $r = \sin 3\theta$에 의해 둘러싸인 부분의 넓이를 구하여라.

풀 이 3엽장미형 $r = \sin 3\theta$은 그림 8.8과 같고, 제1사분면상의 1엽을 영역 R로 취하면

$$A = 3\iint_R dA = 3\int_0^{\frac{\pi}{3}}\int_0^{\sin 3\theta} r dr d\theta$$

$$= \frac{3}{2}\int_0^{\frac{\pi}{3}} \sin^2 3\theta d\theta$$

$$= \frac{3}{4}\int_0^{\frac{\pi}{3}} (1-\cos 6\theta) d\theta$$

$$= \left[\frac{3}{4}\theta - \frac{3}{24} sin6\theta\right]_0^{\frac{\pi}{3}}$$

$$= \frac{1}{4}\pi$$

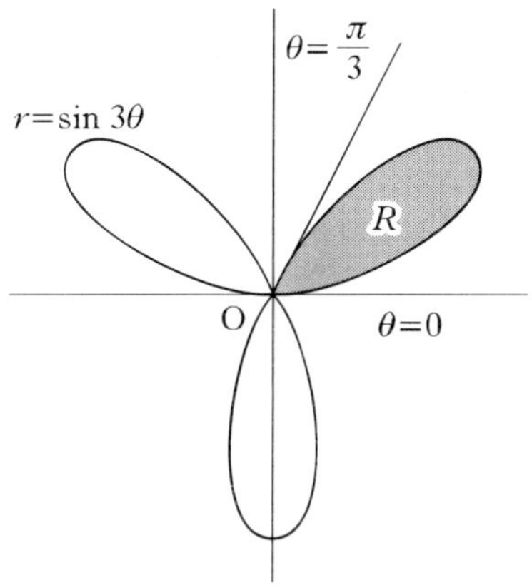

그림 8.8

◀

예제 3 극좌표를 사용하여 다음 적분을 구하여라.

$$\int_{1}^{1}\int_{0}^{\sqrt{1-x^2}} (x^2+y^2)^{\frac{3}{2}} dydx$$

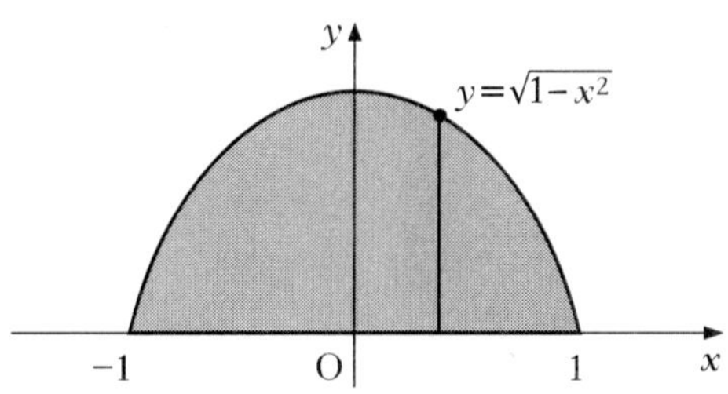

그림 8.9

풀이 먼저 주어진 순차 적분을 이중적분으로 바꾸면

$$\int_{-1}^{1}\int_{0}^{\sqrt{1-x^2}} (x^2+y^2)^{\frac{3}{2}} dydx = \iint_R (x^2+y^2)^{\frac{3}{2}} dA$$

단, 영역 R은 그림 8.9와 같다. 그리고 이중적분을 극좌표로 바꾸면

$$\int_{-1}^{1}\int_{0}^{\sqrt{1-x^2}}(x^2+y^2)^{\frac{3}{2}}dydx = \iint_R (r^2)^{\frac{3}{2}}dA$$
$$= \int_0^{\pi}\int_0^1 (r^3)rdrd\theta$$
$$= \int_0^{\pi}\frac{1}{5}d\theta$$
$$= \frac{\pi}{5}$$ ◀

8.3 이중적분과 입체의 부피

xy평면 상의 한 영역 R에서 $f(x,\ y) \geq 0$일 때 곡면 $z = f(x,\ y)$와 영역 R 및 영역 R를 이루는 폐곡선을 지나 xy평면에 수직인 주면으로 둘러싸인 기둥꼴의 부피 V는

$$V = \iint_R f(x,\ y)dxdy$$

로 나타낸다. 이는 다시

$$V = \int_a^b \int_{g_1(x)}^{g_2(x)} f(x,\ y)dydx$$

이고

$$\int_{g_1(x)}^{g_2(x)} f(x,\ y)dy$$

는 x축 상의 점 x를 지나며 yz평면에 평행한 평면으로 입체를 자른 단면적이다.

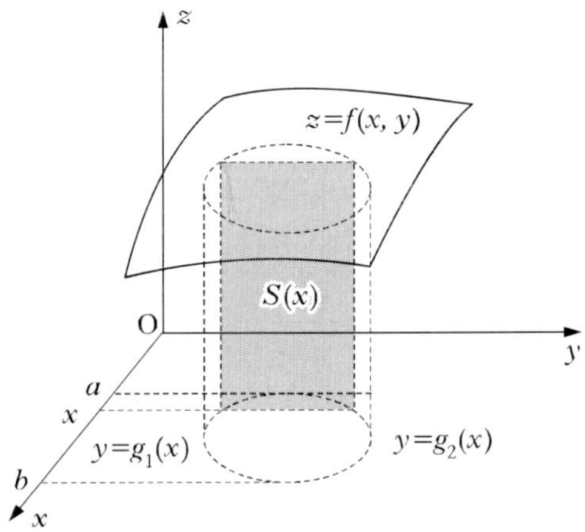

그림 8.10

따라서 이 단면적을 $S(x)$라 하면 V는

$$V = \int_a^b S(x)dx$$

이다.

예제 1 포물면 $z = 4 - x^2 - y^2$이 두 평면 $x = 1$, $y = 1$ 및 각 좌표평면으로 이루어지는 입체의 부피를 구하여라.

풀이 적분 영역 R는 xy−평면상에서

$$R = \{(x, y) | 0 \le x \le 1, 0 \le y \le 1\}$$

이다. 따라서 구하는 입체의 부피 V는

$$V = \int_0^1 \int_0^1 (4 - x^2 - y^2)dxdy$$

$$= \int_0^1 \left(\frac{11}{3} - y^2\right)dy$$

$$= \frac{10}{3}$$

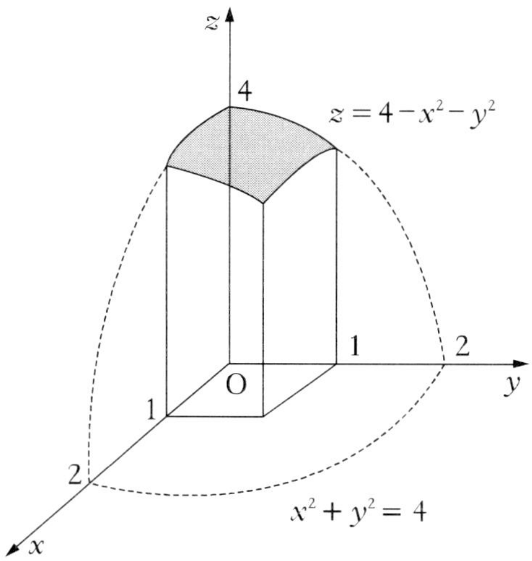

그림 8.11 ◀

예제 2 구면 $x^2+y^2+z^2=a^2$의 내부와 원기둥 $x^2+y^2-ax=0$의 내부로 이루어지는 입체의 부피를 구하여라.

풀이 구면과 원기둥의 극방정식

$$z^2+r^2=a^2,\ \ r^2=ar\cos\theta$$

로부터 적분 영역은 $R^*=\left\{(r,\ \theta)|0\le\theta\le\dfrac{\theta}{2},\ 0\le r\le a\cos\theta\right\}$이다. 따라서

$$V=4\int_0^{\frac{\pi}{2}}\int_0^{a\cos\theta}r\sqrt{a^2-r^2}\,drd\theta$$

$$=4\int_0^{\frac{\pi}{2}}\left\{\left[-\frac{1}{3}(a^2-r^2)^{\frac{3}{2}}\right]_0^{a\cos\theta}\right\}d\theta$$

$$=\frac{4}{3}a^3\int_0^{\frac{\pi}{2}}(1-\sin^3\theta)d\theta$$

$$=\frac{2}{3}\pi a^3-\frac{8}{9}a^3$$

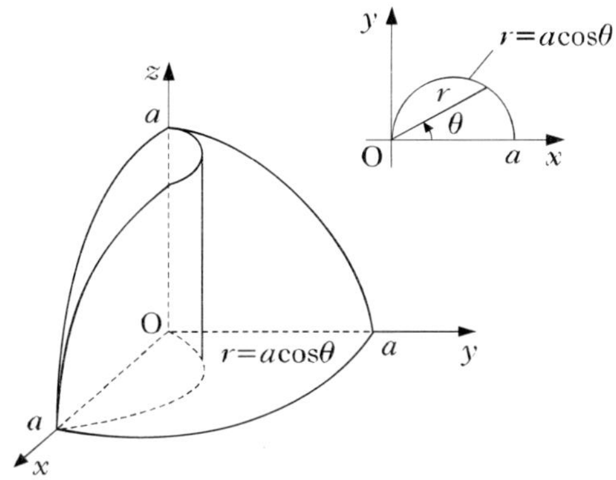

그림 8.12 ◀

연습문제 8.1

1. 다음 이중적분의 적분 영역을 표시하고 그 값을 구하여라.

(1) $\int_{-1}^{1}\int_{0}^{y+1} xydxdy$

(2) $\int_{0}^{1}\int_{0}^{x^2} (x^2+2y)dydx$

(3) $\iint_D xydydx,\ D=\{(x,\ y)|x^2+y^2 \le a^2,\ x \ge 0,\ y \ge 0\}$

2. 다음 적분 영역을 도시하고 적분 순서를 변경하여라.

(1) $\int_{0}^{2}\int_{0}^{x^2} F(x,\ y)dydx$

(2) $\int_{0}^{4}\int_{\frac{y}{2}}^{\sqrt{y}} F(x,\ y)dydx$

(3) $\int_{a}^{b}\int_{a}^{x} F(x,\ y)dydx \quad (a>0)$

3. 곡면 $z=xy$, 주면 $y^2=4ax$, 평면 $y=a$ 및 $xy-$평면으로 이루어지는 입체의 부피를 구하여라.

4. $r^2+z^2=4$와 원주 $r=1$로 이루어지는 입체의 부피를 구하여라.

5. 원주면 $x^2+y^2+a^2$과 xy 평면, 평면 $z=mx$로 둘러싸인 입체의 부피를 구하여라.

6. 포물주면 $y^2=x$와 $xy-$평면, 평면 $x+z=1$로 둘러싸인 입체의 부피를 구하여라.

Chapter 9

급 수

9.1 급수의 수렴, 발산

$\{a_n\}$이 수열일 때 이 수열의 각 항을 합한 모양인

$$a_1 + a_2 + \cdots + a_n + \cdots$$

를 **무한급수**(infinite series)라 하며 a_n을 이 급수의 n항이라고 한다. 또 기호로 $\sum_{n=1}^{\infty} a_n$으로 표시하기도 한다. 실제로 무한 번을 합한다는 것은 불가능하므로 이 무한급수의 뜻을 수열의 극한을 이용하여 나타내보도록 하자. 무한급수의 처음 n항까지의 합

$$S_n = a_1 + a_2 + \cdots + a_n$$

을 무한급수 $\sum_{n=1}^{\infty} a_n$의 n**부분합**(partial sum)이라고 한다. 따라서 어떠한 무한급수에 대해서도 n부분합으로 된 수열

$$S_1 = a_1$$

$$S_2 = a_1 + a_2$$

$$\vdots$$

$$S_n = a_1 + a_2 + \cdots + a_n$$

$$\vdots$$

$\{S_n\}$을 만들 수 있는데, 이 수열을 특히 부분합의 수열이라고 한다.

예를 들면 $\dfrac{3}{10}+\dfrac{3}{10^2}+\dfrac{3}{10^4}+\cdots$에 대하여

$$S_1 = 0.3,\ S_2 = 0.33,\ S_3 = 0.333,\ \cdots$$

을 보면 n이 커짐에 따라 부분합 S_n은 급수의 항을 더욱 많이 포함하게 됨을 알 수 있다. 만일 $n \to \infty$이면 이 S_n은 급수의 모든 항을 합한 것으로 생각할 수 있으므로 다음과 같이 정의한다.

정의 9.1 무한급수의 합

무한급수 $\sum_{n=1}^{\infty} a_n$에서 부분합의 수열 $\{S_n\}$이

$$\lim_{n \to \infty} S_n = S$$

일 때, 무한급수 $\sum_{n=1}^{\infty} a_n$은 수렴한다고 하고 S를 이 무한급수의 **합**(sum)이라고 하며, $\sum_{n=1}^{\infty} a_n = S$로 나타낸다. 수열 $\{S_n\}$이 발산할 경우에는 무한급수 $\sum_{n=1}^{\infty} a_n$이 발산한다고 한다.

예제 1 $\dfrac{3}{10}+\dfrac{3}{10^2}+\dfrac{3}{10^3}+\cdots=\dfrac{1}{3}$임을 보여라.

풀이 $S_n = \dfrac{3}{10}+\dfrac{3}{10^2}+\dfrac{3}{10^3}+\cdots+\dfrac{3}{10^n}$이라 두면

$$\frac{1}{10}S_n = \frac{3}{10^2}+\frac{3}{10^3}+\cdots+\frac{3}{10^{n+1}}$$

그러므로

$$S_n - \frac{1}{10}S_n = \frac{3}{10} - \frac{3}{10^{n+1}}$$

이므로

$$S_n = \frac{1}{3}\left(1 - \frac{1}{10^n}\right)$$

한편 $\lim_{n\to\infty}\frac{1}{10^n} = 0$이므로

$$S = \lim_{n\to\infty} S_n = \frac{1}{3}$$ ◀

예제 2 급수 $\sum_{n=1}^{\infty}\frac{1+(-1)^{n+1}}{2}$는 발산함을 보여라.

풀이 부분합의 수열 $\{S_n\}$을 구해 보면

$$1,\ 0,\ 1,\ 0,\ 1,\ 0,\ 1,\ \cdots$$

이므로 이 수열은 발산하고 따라서 급수는 발산한다. ◀

정의 9.2 기하급수

급수 $\sum_{n=1}^{\infty} a_n$에서 앞의 항에 일정한 수를 곱하여 다음 항이 될 때 즉 $a_{n+1} = ra_n$의 모양이 될 때 이급수를 **기하급수**(geometric series)라 한다.

따라서 기하급수는

$$a + ar + ar^2 + \cdots = \sum_{n=1}^{\infty} ar^{n-1}$$

과 같은 모양이 되고 그 n부분합은

$$S_n = a(1 + r + r^2 + \cdots + r^{n-1})$$

정리 9.1

기하급수 $\sum_{n=1}^{\infty} ar^{n-1} (a \neq 0)$에서

(1) $|r| < 1$이면 수렴하고 그 합은

$$S = \frac{a}{1-r}$$

(2) $|r| \geq 1$이면 발산한다.

예제 3 $1 - \frac{1}{2} + \frac{1}{4} - \frac{1}{8} + \cdots = \sum_{n=1}^{\infty} \left(-\frac{1}{2}\right)^{n-1}$은 $|r| = \left|-\frac{1}{2}\right| < 1$이므로 위 정리에 의하여 수렴함을 알 수 있고

$$S = \frac{1}{1 - \left(-\frac{1}{2}\right)} = \frac{2}{3}$$ ◀

정리 9.2

급수 $\sum_{n=1}^{\infty} a_n$이 수렴하면 $\lim_{n\to\infty} a_n = 0$이다.

증명 S_n을 n부분합이라 하고 $\lim_{n\to\infty} S_n = S$라 하자.

한편 일반항 a_n은 $a_n = S_n - S_{n-1}$으로 나타낼 수 있으므로

$$\lim_{n\to\infty} a_n = \lim_{n\to\infty} S_n - \lim_{n\to\infty} S_{n-1} = S - S = 0$$

위의 정리는 $\lim_{n\to\infty} a_n \neq 0$이면 급수 $\sum_{n=1}^{\infty} a_n$이 발산함을 말해 준다. 아래 정리는 특히 급수가 수렴하지 않는다는 것을 보일 때 유용하다. ■

정리 9.3

만일 $\lim\limits_{n\to\infty} a_n \neq 0$이면 급수 $\sum\limits_{n=1}^{\infty} a_n$은 발산한다.

예제 4 급수 $\sum\limits_{n=1}^{\infty} \dfrac{2n-1}{3n}$은 수렴하는가?

풀이 $a_n = \dfrac{2n-1}{3n}$이라 하면

$$\lim_{n\to\infty} a_n = \lim_{n\to\infty} \frac{2n-1}{3n} = \frac{2}{3} \neq 0$$

따라서 수렴하지 않는다.

예제 5 조화급수 $\sum\limits_{n=1}^{\infty} \dfrac{1}{n} = 1 + \dfrac{1}{2} + \dfrac{1}{3} + \cdots$이 발산함을 보여라.

풀이 $1 + \dfrac{1}{2} > \dfrac{1}{2}$

$\dfrac{1}{3} + \dfrac{1}{4} > \dfrac{1}{2}$

$\dfrac{1}{5} + \dfrac{1}{6} + \dfrac{1}{7} + \dfrac{1}{8} > \dfrac{1}{2}$

$\dfrac{1}{9} + \dfrac{1}{10} + \cdots + \dfrac{1}{16} > \dfrac{8}{16} = \dfrac{1}{2}$

$\cdots\cdots$

이므로

$$\begin{aligned} S_{2^n} &= 1 + \frac{1}{2} + \frac{1}{3} + \cdots + \frac{1}{2^n} \\ &= \left(1 + \frac{1}{2}\right) + \left(\frac{1}{3} + \frac{1}{4}\right) + \cdots + \left(\frac{1}{2^{n-1}+1} + \frac{1}{2^{n-1}+2} + \cdots + \frac{1}{2^n}\right) \\ &> \frac{1}{2} + \frac{1}{2} + \cdots + \frac{1}{2} = \frac{n}{2} \end{aligned}$$

이 되어 주어진 급수는 발산한다. 한편 $\lim_{n\to\infty} a_n = \lim_{n\to\infty} \frac{1}{n} = 0$이므로 예제 5는 정리 10.1.2의 역이 성립하지 않음을 보여준다. ◀

정리 9.4

무한급수 $\sum_{n=1}^{\infty} a_n$, $\sum_{n=1}^{\infty} b_n$이 수렴하면

(1) $\sum_{n=1}^{\infty} (a_n + b_n) = \sum_{n=1}^{\infty} a_n + \sum_{n=1}^{\infty} b_n$

(2) $\sum_{n=1}^{\infty} ca_n = c\sum_{n=1}^{\infty} a_n$ (단 c는 상수)

증명 (1) $\sum_{n=1}^{\infty} a_n = A$, $\sum_{n=1}^{\infty} b_n = B$라 하고

$$A_n = a_1 + a_2 + \cdots + a_n$$

$$B_n = b_1 + b_2 + \cdots + b_n$$

라 둔다면

$$\lim_{n\to\infty} A_n = A, \quad \lim_{n\to\infty} B_n = B$$

$$\begin{aligned} A_n + B_n &= (a_1 + b_1) + (a_2 + b_2) + \cdots + (a_n + b_n) \\ &= (a_1 + a_2 + \cdots + a_n) + (b_1 + b_2 + \cdots + b_n) \end{aligned}$$

이므로

$$\lim_{n\to\infty} (A_n + B_n) = \lim_{n\to\infty} A_n + \lim_{n\to\infty} B_n = A + B$$

그러므로

$$\sum_{n=1}^{\infty} (a_n + b_n) = \sum_{n=1}^{\infty} a_n + \sum_{n=1}^{\infty} b_n$$

(2) $cA_n = c(a_1 + a_2 + \cdots + a_n) = ca_1 + ca_2 + \cdots + ca_n$

이므로

$$\lim_{n\to\infty} cA_n = c\lim_{n\to\infty} A_n = cA$$

따라서

$$\sum_{n=1}^{\infty} ca_n = c\sum_{n=1}^{\infty} a_n$$

정의 9.3

급수 $\sum_{n=1}^{\infty} a_n$에서 각 항 a_n이 양수일 때 $\sum_{n=1}^{\infty} a_n$을 양항급수(positive series)라 한다.

예제 6 다음을 계산하여라.

$$\sum_{n=1}^{\infty}\left\{3\left(\frac{1}{8}\right)^k - 5\left(\frac{1}{3}\right)^k\right\}$$

풀이

$$\begin{aligned}\sum_{n=1}^{\infty}\left\{3\left(\frac{1}{8}\right)^k - 5\left(\frac{1}{3}\right)^k\right\} &= 3\sum_{k=1}^{\infty}\left(\frac{1}{8}\right)^k - 5\sum_{k=1}^{\infty}\left(\frac{1}{3}\right)^k \\ &= 3\frac{\frac{1}{8}}{1-\frac{1}{8}} - 5\frac{\frac{1}{3}}{1-\frac{1}{3}} \\ &= \frac{3}{7} - \frac{5}{2} \\ &= -\frac{29}{14}\end{aligned}$$

◀

9.2 수렴과 발산 판정법

일반적으로 무한급수의 합을 구하는 것은 쉽지 않다. 그러므로 부분합 S_n을 구하지 않고서도 무한급수가 수렴 또는 발산하는지를 판정할 수 있는 여러 판정법에 대해 공부하기로 한다.

정리 9.5 적분판정법(integration test)

함수 $f(x)$가 $1 < x < \infty$ 상에서 양의 감소함수로서 $f(n) = a_n \ (n = 1,\ 2,\ \cdots)$이라면 $\sum_{n=1}^{\infty} a_n$이 수렴할 필요 충분조건은

$$\int_1^{\infty} f(x)dx$$

가 수렴하는 것이다.

증명 $\int_1^{x} f(x)dx$가 수렴하는 값을 L이라 하자. 그림 9.1에서 보는 바와 같이

$$S_n = a_1 + a_2 + a_3 + \cdots + a_n \le a_1 + \int_1^{n} f(x)dx < a_1 + \int_1^{x} f(x)dx = a_1 + L$$

이므로 수렴한다.

역으로 $\sum_{n=1}^{\infty} a_n$이 수렴한다고 하고 그 값을 A라 하자.

그러면

$$\int_1^{n+1} f(x)dx \le a_1 + a_2 + a_3 + \cdots + a_n = S_n < \sum_{n=1}^{\infty} a_n = A$$

이므로 $\int_1^{\infty} f(x)dx$도 수렴한다. ■

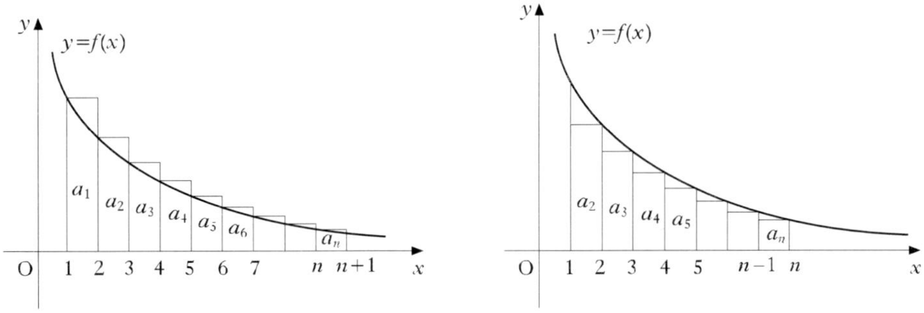

그림 9.1

예제 1 p−급수 $\sum_{n=1}^{\infty} \frac{1}{n^p} = 1 + \frac{1}{2^p} + \frac{1}{3^p} + \cdots + \frac{1}{n^p} + \cdots$에 대해서 $p > 1$이면 수렴하고, $0 < p \leq 1$이면 발산한다.

증명 함수 $f(x) = \frac{1}{x^p}$이라 두면, $f(x)$는 $[1, \infty]$상에서 양의 감소함수이고 $f(n) = \frac{1}{n^p}$이므로 적분판정법을 이용하자.

(i) $p \neq 1$일 때, $\int_1^{\infty} f(x)dx = \lim_{n \to \infty} \int_1^b x^{-p} dx = \lim_{b \to \infty} \left[\frac{1}{1-p} x^{1-p} \right]_1^b$

$$= \lim_{b \to \infty} \left(\frac{b^{1-p}}{1-p} - \frac{1}{1-p} \right)$$

(ii) $0 < p < 1$이면 $\int_1^{\infty} f(x)dx = \infty$이므로 발산하고

(iii) $p > 1$이면 $\int_1^{\infty} f(x)dx = \frac{1}{p-1}$이 되어 수렴한다.

(iv) 또한 $p = 1$인 경우에는

$$\int_1^{\infty} f(x)dx = \lim_{b \to \infty} \int_1^b \frac{1}{x} dx = \lim_{b \to \infty} [\ln x]_1^b = \lim_{b \to \infty} (\ln b) = \infty$$

이므로 급수는 발산한다. ■

9.3 비교판정법

정리 9.6 비교판정법(comparision test)

두 급수 $\sum_{n=1}^{\infty} a_n$와 $\sum_{n=1}^{\infty} b_n$이 양항급수이고 $a_n \le b_n$이라 하자.

(1) $\sum_{n=1}^{\infty} b_n$이 수렴하면 $\sum_{n=1}^{\infty} a_n$도 수렴하고

(2) $\sum_{n=1}^{\infty} a_n$이 발산하면 $\sum_{n=1}^{\infty} b_n$도 발산한다.

예제 1 급수 $\frac{1}{1.3}+\frac{1}{2.4}+\frac{1}{3.5}+\cdots+\frac{1}{n(n+2)}+\cdots$의 수렴, 발산을 비교판정법으로 조사하여라.

풀이 일반항

$$a_n = \frac{1}{n(n+2)} < \frac{1}{n^2} (n=1,\ 2,\ \cdots)$$

이고, $\sum_{n=1}^{\infty} \frac{1}{n^2}$은 $p=2$인 p급수로서 수렴하므로

$$\sum_{n=1}^{\infty} \frac{1}{n(n+2)}$$

도 수렴한다. ◀

9.4 교대급수와 절대수렴

정의 9.3

급수 $\sum_{n=1}^{\infty} a_n$에서 각 항의 부호가 교대로 양, 음으로 되었을 때, 그 급수를 교대급수 (alternating series)라 한다. 즉 b_n이 양일 때,

$$\sum_{n=1}^{\infty}(-1)^{n+1}b_n = b_1 - b_2 + b_3 - \cdots + (-1)^{n+1}b_n + \cdots$$

정리 9.7 교대급수 판정법

교대급수 $a_1 - a_2 + a_3 - a_4 + \cdots\ a_i \geq 0,\ i \in N$이 다음을 동시에 만족하면

(1) $a_1 \geq a_2 \geq \cdots \geq a_n \geq \cdots$이고

(2) $\lim_{n\to\infty} a_n = 0$

증명 $S_{2n} = a_1 - a_2 + a_3 - a_4 + \cdots + a_{2n-1} - a_{2n}$

$$= (a_1 - a_2) + (a_3 - a_4) + \cdots + (a_{2n-1} - a_{2n})$$

이므로 수열 $\{S_{2n}\}$은 증가 수열이고, 임의의 n에 대해서도 또한

$$S_{2n} = a_1 - (a_2 - a_3) - (a_4 - a_5) - \cdots - (a_{2n-2} - a_{2n-1})a_{2n} \leq a_1$$

이므로 유계수열이 되어 수렴한다.

이때 $S_{2n+1} = S_{2n} + a_{2n+1}$이므로 $\lim_{n\to\infty} = S_{2n} = S$라 하면

$$\lim_{n\to\infty} S_{2n+1} + \lim_{n\to\infty} S_{2n} + \lim_{n\to\infty} a_{2n+1}$$

$$= S + 0 = S$$

가 되어 $\lim_{n\to\infty} S_n = S$이다.

따라서 주어진 급수는 수렴한다. ■

예제 1 교대급수 $\sum_{n=1}^{\infty}(-1)^{n+1}\frac{1}{n}$의 수렴, 발산을 조사하여라.

풀이 $1 > \frac{1}{2} > \frac{1}{3} > \cdots$이고

$$\lim_{n\to\infty}\frac{1}{n} = 0$$

이므로 교대급수 판정법에 의해서 수렴한다. ◀

예제 2 교대급수 $\sum_{k=1}^{\infty}(-1)^{k+1}\frac{k+3}{k(k+1)}$의 수렴, 발산을 조사하여라.

풀이 $\lim_{k\to\infty} a_n = \lim_{k\to\infty}\frac{k+3}{k(k+1)} = \lim_{k\to\infty}\frac{\frac{1}{k}+\frac{3}{k^2}}{1+\frac{1}{k}} = 0$

$$\begin{aligned}\frac{a_{k+1}}{a_k} &= \frac{k+4}{(k+1)(k+2)}\frac{k(k+1)}{(k+3)} \\ &= \frac{k^2+4k}{k^2+5k+6} \\ &= \frac{k^2+4k}{(k^2+4k)+(k+6)} < 1\end{aligned}$$

따라서 $a_k > a_{k+1}$

이므로 교대급수 판정법에 의해 주어진 급수는 수렴한다. ◀

정의 9.4

급수 $\sum_{n=1}^{\infty} a_n$에 대해서 $\sum_{n=1}^{\infty}|a_n|$가 수렴할 때 $\sum_{n=1}^{\infty} a_n$이 **절대수렴**(absolute convergence) 한다고 한다.

정리 9.8

절대수렴하는 급수는 수렴한다.

예제 3 $\sum_{n=1}^{\infty}(-1)^{n+1}\frac{3^n}{n!}$이 절대 수렴함을 보여라.

풀이 $\lim_{n\to\infty}\left|\frac{a_{n+1}}{a_n}\right| = \lim_{n\to\infty} = \frac{3^{n-i}}{(n+1)!}\frac{n!}{3^n} = \lim_{n\to\infty}\frac{3}{n+1} = 0$

따라서 비교판정법에 의하여 절대수렴한다. ◀

정의 9.5

급수 $\sum_{n=1}^{\infty} a_n$은 수렴하나, $\sum_{n=1}^{\infty}|a_n|$이 발산할 때, 급수 $\sum_{n=1}^{\infty} a_n$은 **조건부수렴**(conditional convergence)한다고 한다.

9.5 비판정법과 근판정법

정리 1.3 비판정법(ratio test)

급수 $\sum_{n=1}^{\infty} a_n$이 양항급수일 때, $\lim_{n\to\infty}\frac{a_{n+1}}{a_n} = r$라 하자.

(1) $r < 1$이면 급수는 수렴한다.

(2) $r > 1$이면 급수는 발산한다.

(3) $r < 1$이면 판정불능이다.

예제 1 급수 $\sum_{n=1}^{\infty} \frac{n!}{3^n}$ 의 수렴 발산을 판정하여라.

풀이 $a_n = \frac{n!}{3^n}$, $a_{n+1} = \frac{(n+1)!}{3^{n+1}}$ 이므로

$$r = \lim_{n \to \infty} \frac{a_{n+1}}{a_n} = \lim_{n \to \infty} \frac{n+1}{3} = \infty > 1$$

이므로 발산한다. ◀

예제 2 급수 $\sum_{n=1}^{\infty} \frac{1}{n!}$ 의 수렴 발산을 조사하여라.

풀이 $r = \lim_{n \to \infty} \frac{a_{n+1}}{a_n} = \lim_{n \to \infty} \frac{n!}{(n+1)!} = \lim_{n \to \infty} \frac{1}{n+1} = 0 < 1$

따라서 주어진 급수는 수렴한다. ◀

정리 9.10 근판정법(root test)

양항급수 $\sum_{n=1}^{\infty} a_n$ 에 대해서 $r = \lim_{n \to \infty} \sqrt[n]{a_n}$ 이라 하자.

(1) $r < 1$ 이면 $\sum_{n=1}^{\infty} a_n$ 은 수렴한다.

(2) $r > 1$ 이면 $\sum_{n=1}^{\infty} a_n$ 은 발산한다.

예제 3 $\sum_{n=1}^{\infty} \frac{3^n}{n^n}$ 의 수렴, 발산을 조사하여라.

풀이 $\lim_{n \to \infty} \sqrt[n]{\frac{3^n}{n^n}} = \lim_{n \to \infty} \frac{3}{n} = 0$

따라서 주어진 급수는 수렴한다. ◀

9.6 멱급수

지금까지 우리는 각 항이 모두 수인 급수에 대해서 공부했다. 그러나 물리학이나 공학 분야에서는 급수에 변수가 포함된 항이 나타나는 경우가 많다. 예를들어 $|n| < 1$이면

$$\frac{1}{1-x} = 1 + x + x^2 + \cdots + x^{n-1} + \cdots$$

와 같이 함수 $f(x) = \dfrac{1}{1-x}(|x| < 1)$은 x가 포함된 급수로 표시된다.

정의 9.6

> $a_n, a_1, a_2, \cdots$를 상수라 하고 x를 변수라 할 때
>
> $$\sum_{n=1}^{\infty} a_n x^n = a_0 + a_1 x + a_2 x^2 + \cdots + a_n x^n + \cdots$$
>
> 와 같은 모양의 급수를 **멱급수**(power series)라 한다.
> 일반적으로
>
> $$\sum_{n=0}^{\infty} a_n (x-c)^n = a_0 + a_1 (x-c) + a_2 (x-c)^2 + \cdots$$
>
> 와 같은 형태의 급수를 c에 대한 **멱급수**라 부른다.

멱급수에 대한 근본 문제는 x가 어떠한 값일 때 $\sum_{n=1}^{\infty} a_n x^n$은 수렴하느냐 하는 것이다.

멱급수 $\sum_{n=0}^{\infty} a_n x^n$에서 $\rho = \lim_{n\to\infty} \left| \dfrac{a_{n+1}}{a_n} \right|$이 존재한다고 가정하자.

정리 9.11 멱급수의 수렴

멱급수 $\sum_{n=1}^{\infty} a_n x^n$에서 다음 중 오직 한 가지만 성립한다.

(1) 모든 x에 대해서 절대수렴하거나,

(2) $x=0$에서만 수렴하거나,

(3) 어떤 수 $r>0$이 있어서 $|x|<r$이면 절대수렴하고 $|x|>r$이면 발산한다.

특히 (3)일 경우 $\sum_{n=1}^{\infty} a_n x^n$의 r을 **수렴반경**(radius of convergence)이라 부른다. 또 (1)일 경우는 수렴반경 $r=\infty$로 (2)의 경우는 수렴반경 $r=0$으로 표시한다.

멱급수가 수렴하는 x의 집합을 특히 **수렴구간**(interval of convergence)이라고 한다.

예제 1 멱급수 $\sum_{k=0}^{\infty} x^k = 1+x+x^2+\cdots$의 수렴구간을 구하여라.

풀이 이 급수는 공비 x인 기하급수이므로 $-1<x<1$이면 절대수렴하고 $|x|\geq 1$이면 발산한다.

따라서 수렴구간은 (−1, 1) 수렴반경은 1이다. ◀

예제 2 $\sum_{n=0}^{\infty} \frac{x^n}{n \cdot 3^n}$의 수렴구간을 구하여라.

풀이 $$\rho = \lim_{n\to\infty} \left| \frac{\dfrac{x^{n+1}}{(n+1)3^{n+1}}}{\dfrac{x^n}{n \cdot 3^n}} \right| = \lim_{n\to\infty} \frac{n|x|}{3(n+1)} = \frac{1}{3}|x|$$

따라서 $\frac{1}{3}|x|<1$이면 비판정법에 의해서 절대수렴, $\frac{1}{3}|x|>1$이면 발산이다.

$x=3$이면 발산하는 조화급수 $\sum_{n=0}^{\infty} \frac{1}{n}$이 되고 $x=-3$이면 수렴하는 교대급수 $\sum_{n=0}^{\infty} (-1)\frac{1}{n}$이 되어 수렴구간은 $[-3, 3)$이다. ◀

예제 3 $\sum_{n=0}^{\infty} \frac{x^n}{n!}$의 수렴구간과 수렴반경을 구하여라.

풀이 $\rho = \lim_{n\to\infty}\left|\frac{x^{n+1}n!}{(n+1)!x^n}\right| = \lim_{n\to\infty}\left|\frac{x}{n+1}\right| = 0$

즉 모든 x에 대해서 $\rho < 1$이므로 절대 수렴한다.

따라서 수렴반경 $r = \infty$, 수렴구간은 $(-\infty, \infty)$이다. 또 n항 판정법에 의해 모든 x에 대해서 $\lim_{n\to\infty}\frac{x^n}{n!} = 0$이다. ◀

9.7 Maclaurin 급수

함수 $f(x)$가 계속적으로 미분가능하고, 어떤 수렴 구간에서

$$f(x) = c_0 + c_1 x + c_2 x^2 + c_n x^n + \cdots \tag{1}$$

꼴의 멱급수로 전개된다고 하면, 상수 c_0, c_1, c_2, $\cdots$, c_n, $\cdots$은 다음과 같이 식 (1)과 이들의 도함수에 $x = 0$을 대입하여,

$$f(x) = c_0 + c_1 x + c_2 x^2 + \cdots + c_n x^n + \cdots \text{에서 } c_0 = f(0),$$

$$f'(x) = c_1 + 2c_2 x + \cdots + nc_n x^n + \cdots \text{에서 } c_1 = f'(0),$$

$$f''(x) = 2c_2 + 2\cdot 3c_3 x + 4\cdot 3c_4 x^2 + \cdots \text{에서 } c_2 = \frac{1}{2!}f''(0)$$

$$f'''(x) = 2\cdot 3c_3 + 4\cdot 3\cdot 2c_4 x + 5\cdot 4\cdot 3c_5 x^2 + \cdots \text{에서}$$

$$c_3 = \frac{1}{3!}f'''(0),\ c_4\frac{1}{4!}f^{(4)}(0),\ \cdots$$

로 얻어지므로 함수 $f(x)$는

$$f(x) = f(0) + f'(0)x + \frac{f''(0)}{2!}x^2 + \cdots + \frac{f^{(n)}(0)}{n!}x^n + \cdots \tag{2}$$

꼴로 표시된다. 이 때 식 (2)는 함수 $f(x)$의 Maclaurin 급수라 하고 Maclaurin 급수를 구하는 것을 $f(x)$를 Maclaurin 급수로 전개한다고 한다.

예제 1 $f(x)=\sin x$를 Maclaurin급수로 전개하여라.

풀이 $f(x)=\sin x,\ f(0)=0$

$f'(x)=\cos x,\qquad f'(0)=1$

$f''(x)=-\sin x,\qquad f''(0)=0$

$f'''(x)=-\cos x,\qquad f'''(0)=-1$

…………………………………

이므로 구하는 $\sin x$의 Maclaurin급수는

$$\sin x = x-\frac{x^3}{3!}+\frac{x^5}{5!}-\frac{x^7}{7!}+\cdots,\quad (-\infty<x<\infty)$$

이다. ◀

예제 2 sin3의 근사값을 계산하여라.

풀이 $f(x)=\sin x$의 Maclaurin급수에서 x를 3이라 하면

$$\begin{aligned}\sin 3 &= 3-4.5+2.025-0.4339+0.1446-0.00443+\cdots\\ &\fallingdotseq 0.14091\end{aligned}$$

이다. ◀

예제 3 p가 0, 1, 2, …이 아닌 실수일 때, 함수 $f(x)=(1+x)^p$의 Maclaurin 급수를 구하여라.

풀이 $f(x)=(1+x)^p,\qquad f(0)=1$

$f'(x)=p(1+x)^{p-1},\qquad f'(0)=p$

$f''(x)=p(p-1)(1+x)^{p-2},\quad f''(0)=p(p-1)$

…………………………………

$f^{(n)}(x)=p(p-1)(p-2)\cdots\{p-(n-1)\}(1+x)^{p-n},$

$f^{(n)}(0)=p(p-1)\cdots(p-n+1)$

…………………………………

이다. 이들을 식 (2)에 대입하면

$$(1+x)^p = 1+px+\frac{p(p-1)}{2!}x^2+\frac{p(p-1)(p-2)}{3!}x^3+\cdots$$
$$+\frac{p(p-1)\cdots(p-n+1)}{n!}x^n+\cdots$$

을 얻으며, 이 급수는 비판정법에 의하여 $-1 < x < 1$일 때 수렴한다. ◀

참고 $(1+x)^p$의 Maclaurin급수

$$(1+x)^p = 1 + px + \frac{p(p-1)}{2!}x^2 + \frac{p(p-1)(p-2)}{3!}x^3 + \cdots +$$

$$\frac{p(p-1)\cdots(p-n-1)}{n!}x^{n+}\cdots$$

을 **이항급수**라 한다.

부정형의 극한값을 Maclaurin급수를 이용하여 계산할 수 있다.

예를 들어 극한값

$$\lim_{n\to 0}\frac{x-\sin x}{x^3}$$

는 부정형이다. 이때 $\sin x$를 Maclaurin급수로 전개하면

$$\sin x = x - \frac{x^3}{3!} + \frac{x^5}{5!} - \frac{x^7}{7!} + \cdots + (-1)^{n-1}\frac{x^{2n-1}}{(2n-1)} + \cdots$$

이므로

$$\varepsilon = \frac{x^5}{5!} - \frac{x^7}{7!} + \cdots + (-1)^{n-1}\frac{x^{2n-1}}{(2n-1)!} + \cdots,$$

이라 하면

$$\begin{aligned}\lim_{x\to 0}\frac{x-\sin x}{x^3} &= \lim_{x\to 0}\frac{1}{x^3}(x-\sin x)\\ &= \lim_{x\to 0}\frac{1}{x^3}\left\{x-\left(x-\frac{x^3}{3!}+\varepsilon\right)\right\}\\ &= \lim_{x\to 0}\frac{1}{x^3}\left(\frac{x^3}{3!}-\varepsilon\right)=\frac{1}{6}\end{aligned}$$

예제 4 Maclaurin급수를 이용하여 극한값 $\lim_{x\to\infty}\frac{x^a}{e^x}$을 구하여라. $(a>0)$

풀이 $n<\alpha$인 양의 정수 n에 대하여 $x>1$이면

$$e^x > 1+x+\frac{x^2}{2!}+\frac{x^3}{3!}+\cdots+\frac{x^{n+1}}{(n+1)!} < \frac{x^{n+1}}{(n+1)!}$$

즉

$$0<\frac{x^\alpha}{e^x}<\frac{x^n}{e^x}<\frac{(n+1)!}{x^{n+1}}x^n=\frac{(n+1)!}{x}$$

이고

$$\lim_{x\to\infty}\frac{(n+1)!}{x}=0,\ \lim_{n\to\infty}0=0$$

이다. 따라서

$$\lim_{x\to\infty}\frac{x^a}{e^x}=0$$

◀

9.8 Taylor 급수

함수 $f(x)$가 어떤 수렴 구간 내에서

$$f(x)=c_0+c_1(x-a)+c_2(x-a)^2+\cdots+c_n(x-a)^n+\cdots \tag{1}$$

꼴의 급수로 전개되고 a를 수렴 구간 내의 임의의 상수라 하면 c_0, c_1, c_2, c_n, $\cdots$는 식 (1)가 이들의 도함수에 $x=a$를 대입하여 다음과 같은 방법으로 구할 수 있다.

$$f(x)=c_0+c_1(x-a)+c_2(x-a)^2+\cdots+c_n(x-a)^n+\cdots$$

에서 $c_0=f(a)$,

$$f'(x) = c_1 + 2c_2(x-a) + 3c_3(x-a)^2 + 4c_4(x-a)^3 + \cdots$$
$$+ nc_n(x-a)^{n-1} + \cdots$$

에서 $c_1 = f'(a)$

$$f''(x) = 2c_2 + 3 \cdot 2(x-a) + \cdots + n(n-1)c_n + (x-a)^{n-2} + \cdots$$

에서 $c_2 = \frac{1}{2!}f''(a)$

$$f^{(n)}(x) = n(n-1)(n-2)\cdots 2 \cdot 1c_n + n(n+1)(n-1)$$
$$2 \cdot 1c_{n-1}(x-a)$$

에서 $c_n = \frac{1}{n!}f^{(n)}(a)$, 로 얻어지므로 함수 $f(x)$는

$$f(x) = f(a) + f'(a)(x-a) + \frac{1}{2!}f''(a)(x-a)^2 + \cdots \tag{2}$$
$$+ \frac{1}{n!}f^{(n)}(a)(x-a)^n + \cdots$$

꼴의 급수로 표시된다. 이 때 식 (2)를 함수 $f(x)$의 $x = a$에 관한 **Taylor 급수**, 또는 $x = a$에 관한 **멱급수**라 한다.

Taylor 급수에서 $a = 0$이라 놓으면, Maclaurin 급수가 얻어지며 식 (2)에서 $x = a + k$라 하면 다른 꼴의 Taylor급수

$$f(a+k) = f(a) + kf'(a) + \frac{1}{2}k^2 f''(a) + \cdots + \frac{1}{n!}k^n f^{(n)}(a) + \cdots \tag{3}$$

을 얻는다.

예제 2 함수 $f(x) = \sin x$의 $x = \frac{\pi}{4}$에 관한 멱급수로 나타내어라.

풀이 $f(x) = \sin x$, $f\left(\frac{\pi}{4}\right) = \frac{\sqrt{2}}{2}$

$$f'(x) = \cos x, \quad f'\left(\frac{\pi}{4}\right) = \frac{\sqrt{2}}{2}$$

$$f''(x) = -\sin x, \qquad f''\left(\frac{\pi}{4}\right) = -\frac{\sqrt{2}}{2}$$

$$f'''(x) = -\cos x, \qquad f'''\left(\frac{\pi}{4}\right) = -\frac{\sqrt{2}}{2}$$

$$f^{(4)}(x) = \sin x, \quad f^{(4)}\left(\frac{\pi}{4}\right) = \frac{\sqrt{2}}{2}$$

이 들을 식 (2)에 대입하면

$$\sin x = \frac{\sqrt{2}}{2}\left\{1 + \left(x - \frac{\pi}{4}\right) - \frac{1}{2!}\left(x - \frac{\pi}{4}\right)^2 - \frac{1}{3!}\left(x - \frac{\pi}{4}\right)^3 + \cdots\right\} \tag{4}$$

이고 비판정법에 의하여 모든 x의 값에 대하여 수렴하므로 식 (4)는 45°에 가가운 sin의 값을 계산하는 데 이용하면 편리하다. ◀

예제 1 sin47° 의 근사값을 소수점 아래 4째자리까지 구하여라.

풀이 $f(x) = \sin x$의 $x = \frac{\pi}{4}$에 관한 Taylor 급수

$$\sin x = \frac{\sqrt{2}}{2}\left\{1 + \left(x - \frac{\pi}{4}\right) - \frac{1}{2!}\left(x - \frac{\pi}{4}\right)^2 - \frac{1}{3!}\left(x - \frac{\pi}{4}\right)^3 + \cdots\right\}$$

에서 x를 47° 이라 하면

$$x - \frac{\pi}{4} = \frac{2}{180} = 0.03489,$$

$$\left(x - \frac{\pi}{4}\right)^2 = 0.001217,$$

$$\left(x - \frac{\pi}{4}\right)^3 = 0.00004,$$

$$\cdots$$

이다. 이들은 식 (4)에 대입하면 근사값

$$\sin 47° = \frac{\sqrt{2}}{2}(1 + 0.03488 - 0.00122 - 0.00004 + \cdots)$$

$$= 0.73135 = 0.7314$$ ◀

연습문제 9.1

1. 다음에서 수렴수열과 발산수열을 가리고 수렴수열의 극한을 구하여라.

(1) $a_n = \dfrac{1-n}{n^2}$ (2) $a_n = \dfrac{1}{3^n}$

(3) $a_n = \dfrac{(-1)^{n+1}}{2n-1}$ (4) $a_n = \cos\dfrac{n\pi}{2}$

(5) $a_n = \dfrac{1+\ln n}{n}$ (6) $a_n = \dfrac{(-4)^n}{n!}$

(7) $a_n = (0.5)^n$ (8) $a_n = \left(1+\dfrac{7}{n}\right)^n$

(9) $a_n = \dfrac{n!}{10^{6n}}$ (10) $a_n = \sqrt[2n]{n}$

(11) $2+\dfrac{2}{3}+\dfrac{2}{9}+\dfrac{2}{27}+\cdots+\dfrac{2}{3^{n-1}}+\cdots$

(12) $1+e^{-1}+e^{-2}+\cdots e^{-(n-1)}+\cdots$

2. 다음 급수의 수렴성을 조사하여라.

(1) $\displaystyle\sum_{n=1}^{\infty}\frac{1}{2n-1}$ (2) $\displaystyle\sum_{n=2}^{\infty}\frac{1}{n^2-1}$

(3) $\displaystyle\sum_{n=1}^{\infty}\frac{1}{\sqrt{n}}$ (4) $\displaystyle\sum_{n=1}^{\infty}\frac{1}{\sqrt{n^2+19n}}$

(5) $\displaystyle\sum_{n=1}^{\infty}\frac{\ln n}{n}$ (6) $\displaystyle\sum_{n=1}^{\infty}\frac{1}{n^2}\left(1+\frac{1}{n}\right)^n$

3. $\displaystyle\sum_{n=2}^{\infty}\frac{1}{n(\ln n)^p}$이 수렴하는 p의 값을 구하여라.

4. $\dfrac{1}{m(m+1)}=\dfrac{1}{m}-\dfrac{1}{m+1}$을 이용하여 $S_n=\dfrac{1}{1.2}+\dfrac{1}{2.3}+\cdots+\dfrac{1}{n(n+1)}$을 간단히 하고 $\lim_{n\to\infty}S_n$을 구하여라.

5. 다음 멱급수의 수렴구간과 수렴반경을 구하여라.

(1) $\sum_{n=1}^{\infty}\dfrac{x^n}{n^2}$ (2) $\sum_{n=1}^{\infty}(-1)^{n+1}\dfrac{x^n}{n}$

(3) $\sum_{n=1}^{\infty}\dfrac{(x-2)^n}{n!}$ (4) $\sum_{n=1}^{\infty}\dfrac{(x-1)^n}{n+3}$

6. 다음 급수를 Maclaurin 급수로 전개하여라.

(1) $f(x)=a^x$ (2) $f(x)=\sqrt{1+x}$

(3) $f(x)=\sin\left(x+\dfrac{\pi}{4}\right)$ (4) $f(x)=\dfrac{e^x+e^{-x}}{2}$

7. Maclaurin 급수를 이용하여 다음 값을 소수점 아래 3째자리까지 구하여라.

(1) $e^{1.5}$

(2) $\ln 1.02$

(3) $\cos 48°$

(4) $\tan 31°$

8. Maclaurin 급수를 이용하여 $\lim_{x\to 0}\dfrac{\ln(x+1)}{x^{\alpha}}=0$을 보여라.

Chapter 10

미분방정식

10.1 미분방정식과 그 해

도함수 또는 미분을 포함하는 방정식을 **미분방정식**(differential equation)이라 한다. 예를 들면

(1) $\dfrac{d^2y}{dx^2}+m^2y=0$

(2) $\dfrac{dy}{dx}=x^2+2x-1$

(3) $\left(\dfrac{d^2y}{dx^2}\right)^2-x\dfrac{dy}{dx}+y-3=0$

(4) $(y'')^3+2(y')^2-x+y^2=0$

(5) $y'''+3(y'')^2=y+e^x$

(6) $\left(x\dfrac{dy}{dx}-y\right)^2=x^4$

(7) $(x+y)dx+x^2y^3dy=0$

(8) $y''=(1+y'^2)^3$

(9) $\dfrac{\partial^2z}{\partial x^2}+\dfrac{\partial^2z}{\partial y^2}=xy$

(10) $y\dfrac{\partial z}{\partial x}=2z+x\dfrac{\partial z}{\partial y}$

등은 미분방정식의 보기이다.

미분방정식이 이공학의 여러 문제를 해결하는데 중요한 도구임은 물론이고, 21세기에 들어서는 사회과학의 여러 분야에도 그 이용도가 차츰 높아지고 있다.

잘 알려진 뉴톤의 법칙(시간에 따른 운동량의 변화율은 그 물체에 작용하고 있는 힘

에 비례하고 작용한 힘과 같은 방향을 갖는다)을 예로 들어보자.

물체에 작용한 힘을 F라 표시하고, k를 비례상수라 하면

$$\frac{d(mv)}{dt} = kF$$

힘 F에 의한 물체의 운동량을 결정하기 위해서 이 미분방정식을 만족하는 함수 $v(t)$를 구해야 하는데 이처럼 도함수를 포함하지 않고, 주어진 미분방정식을 항등적으로 만족하는 변수 사이의 관계식을 미분방정식의 해(solution)라고 하며, 이를 결정하는 것이 이 장의 목적이다. 미분방정식에 포함되어 있는 최고계(차)의 도함수의 계수를 그 미분방정식의 계수(order)라고 한다.

방정식 (2), (6), (7), (10) 등은 1계, (1), (3), (4), (8), (9) 등은 2계이고 (5)는 3계이다.

방정식이 미지함수 및 그의 도함수들에 대하여 유리정식화되었을 때 최고계의 도함수의 차수를 그 미분방정식의 차수(degree)라고 한다.

방정식 (1), (2), (5), (7), (8), (9), (10) 등은 1차이고 (3), (6) 등은 2차이고 (4)는 3차이다.

어떤 함수가 주어진 미분방정식을 만족할 때 이것을 미분방정식의 해라고 말한다. 예컨대

$$\frac{d^2y}{dx^2} - y = 0$$

의 해는 $y = c_1e^x + c_2e^{-x}$이다. 왜냐하면 $y' = c_1e^x - c_2e^{-x}$, $y'' = c_1e^x + c_2e^{-x}$이고 이 y는 $y'' - y = 0$을 만족하기 때문이다. 여기서 c_1, c_2는 상수이기만 하면 어떤 값이라도 좋다. 이런 의미에서 상수 c_1과 c_2를 임의상수라고 한다.

일반적으로 미분방정식의 계수와 같은 수의 독립적인 임의의 상수를 포함하는 해를 **일반해**(general solution)라고 한다. 또 일반해에서 임의상수에 특수한 값을 줌으로써 얻어지는 해를 **특수해**(particular solution)라고 한다.

예제 1 $y = c_1x^5 + c_2x^{-1} - \log x$ (1)

는 미분방정식

$$x^2\frac{d^2y}{dx^2}-3x\frac{dy}{dx}-5y=4+5\log x \tag{2}$$

의 해임을 증명하고 $x=1$일 때 $y=5$, $y'=0$이 되는 특수해를 구하여라.

풀이 식 (1)을 미분하면

$$y'=5c_1x^4-c_2x^{-2}-x^{-1},\ y''=20c_1x^3+2c_2x^{-3}+x^{-2} \tag{3}$$

을 얻으며 이것들을 식 (2)에 대입하면 만족된다.

식 (1)은 두 개의 임의상수 c_1, c_2를 포함하고 있으므로 일반해이다.

다음에 $x=1$, $y=5$를 식 (1)에 또 $x=1$, $y'=0$을 식 (3)에 대입하여 $5=c_1+c_2$와 $1=5c_2-c_2$를 얻는다. 이것을 풀면

$$c_1=1,\ c_2=4$$

따라서 구하는 특수해는

$$y=x^5+4x^{-1}-\log x$$

반복적분에 의하면 $\frac{d^ny}{dx^n}=f(x)$와 같은 형의 미분방정식의 일반해는 쉽게 구할 수 있다. 즉

$$\frac{d^{n-1}y}{dx^{n-1}}=\int\frac{d^ny}{dx^n}dx=\int f(x)dx+c_1$$

이고 계속되는 각 적분마다 새로운 상수가 나오는 것은 명백하다. 따라서 구하는 일반해는 적분을 n회 반복하여 얻어진다. 일반해를 구하는 것을 그 미분방정식을 푼다고 말한다. ◀

예제 2 $\frac{d^2y}{dx^2}=x\sin x$를 풀어라.

풀이 x에 관하여 적분하면,

$$\frac{dy}{dx}=\int x\sin x dx=\sin x-x\cos x+c_1$$

다시 적분하여 다음과 같은 일반해를 얻는다.

$$y=\int\sin x dx-\int x\cos x dx+\int c_1 dx$$

$$=-2\cos x-x\sin x+c_1x+c_2$$ ◀

연습문제 10.1

1. 다음 각 미분방정식의 계수와 차수를 말하고 또 주어진 해를 확인하여라.

(1) $\dfrac{d^2y}{dx^2}+\dfrac{dy}{dx}-2y=0$, $y=c_1e^{x}+c_2e^{-2x}$

(2) $\left(\dfrac{dy}{dx}\right)^2+8x^3\dfrac{dy}{dx}=16x^2y$, $y=2cx^2+c^2$

(3) $y=2x\dfrac{dy}{dx}+y^2\left(\dfrac{dy}{dx}\right)^3$, $y^2=cx+\dfrac{1}{8}c^3$

(4) $x^2y\dfrac{d^2y}{dx^2}+\left(x\dfrac{dy}{dx}-y\right)^2=0$, $y^2=c_1x^2+c_2x$

(5) $\left(\dfrac{d^2y}{dx^2}\right)^2+\left(\dfrac{dy}{dx}\right)^2=1$, $y=c_1-\cos(x+c_2)$

(6) $y\dfrac{d^2y}{dx^2}-\left(\dfrac{dy}{dx}\right)^2-y^2\dfrac{dy}{dx}=0$, $c_1y=(y+c_2)e^{2cx}$

2. 다음 각 미분방정식의 일반해를 구하여라.

(1) $\dfrac{d^2y}{dx^2}=\dfrac{1}{x}$

(2) $\dfrac{d^2y}{dx^2}=4\cos 2x$

(3) $\dfrac{d^3y}{dx^3}=e^{-x}$

10.2 일계일차 미분방정식

일계일차 미분방정식은 M, N을 x, y의 함수라 할 때

$$M(x,\ y)dx + N(x,\ y)dy = 0 \tag{1}$$

과 같은 미분형식으로 주어진다.

지금 식 (1)의 두 가지 해법을 생각하기로 하자.

1. 변수분리형

대수적인 방법에 의하여 M, N을 다음과 같이 각각 하나의 변수의 함수라 할 때 식 (1)이

$$M_1(x)dx + N_1(y)dy = 0 \tag{2}$$

인 형으로 되면 변수가 분리된다고 한다. 이 경우에는 적분에 의하여 일반해는

$$\int M_1(x)dx + \int N_1(y)dy = c$$

를 얻는다. 여기서 c는 임의의 상수이다.

예제 1 $(1+x^2)\dfrac{dy}{dx} + xy = 0$을 풀어라.

풀이 주어진 방정식을 미분형식으로 쓰면

$$xydx + (1+x^2)dy = 0$$

변수를 분리하기 위하여 $y(1+x^2)$으로 나누면

$$\frac{xdx}{1+x^2} + \frac{dy}{y} = 0$$

이것을 적분하여

$\dfrac{1}{2}\log(1+x^2) + \log y = c$, 또는 $\log\sqrt{1+x^2}\,y = c_1$

을 얻으며 따라서 $c = c_1$이라 놓으면 일반해는 다음과 같다.

$$y\sqrt{1+x^2} = c$$ ◀

예제 2 $\dfrac{dy}{dx} = \dfrac{x}{y}$를 풀고 $x=5$, $y=3$을 만족하는 특수해를 구하여라.

풀이 $\dfrac{dy}{dx} = \dfrac{x}{y}$, $ydy = xdx$의 양변을 적분하면 $\int ydy = \int xdx + k$에서

$$\frac{1}{2}y^2 = \frac{1}{2}x^2 + k, \quad x^2 - y^2 = -2k \tag{3}$$

$-2k = c$라 두면 일반해는

$$x^2 - y^2 = c \tag{4}$$

이고 주어진 $x=5$, $y=3$을 식 (4)에 대입하면 $c=16$. 그러므로 특수해는

$$x^2 - y^2 = 16$$ ◀

생물학, 화학 또는 경제학에서 흔히 나오는 예로 시간 t에 관한 물질 Q의 변화율이 주어진 시간에 존재하는 그 물질의 양에 비례하는 경우가 있다. 예를 들면 방사능 물질의 붕괴 또는 이상환경에서의 세균배양과 같은 경우이다. $Q(t)$가 시간 t에서 존재하는 물질의 양을 나타낼 때 앞에서 말한 법칙을 수학적으로 표시하면

$$\frac{dQ}{dt} = kQ(\text{단, } k\text{는 상수, } t \geq 0) \tag{5}$$

식 (5)는 변수분리형이므로 그 일반해는

$$Q(t) = e^{kt+c} \ (c\text{는 임의의 상수}) \tag{6}$$

여기서 상수 k가 양수이면 $Q(t)$는 증가함수이다.

함수 $f(x)$가 $f(tx, ty) = t^n f(x, y)$(t는 0이 아닌 임의상수)를 만족할 때 $f(x, y)$를 n차 동차식이라 한다.

예를 들면

(1) $f(x, y) = x^4 - x^3y + y^4$은 4차 동차식이고

(2) $f(x,\ y) = e^{\frac{y}{x}} + \tan\dfrac{y}{x}$는 0차 동차식이다.

(3) $f(x,\ y) = x^2 + \sin x\cos y$는 동차식이 아니다.

미분방정식 $M(x,\ y)dx + N(x,\ y)dy = 0$에서 M과 N이 같은 차수의 동차식일 때 이 미분방정식을 **동차미분방정식**(homogeneous differential equation)이라고 한다.

예를 들면 $xdy - ydx - \sqrt{x^2 - y^2}\,dx = 0$은 일차 동차미분방정식이지만

$$(x^2 + y^2)dx + (x - y)dy = 0$$

은 동차미분방정식이 아니다. 동차미분방정식

$$M(x,\ y)dx + N(x,\ y)dy = 0 \tag{7}$$

은

$$\frac{dy}{dx} = \varphi\left(\frac{y}{x}\right) \tag{8}$$

과 같이 표시된다.

이때 $\dfrac{y}{x}$는 대단히 중요한 구실을 하는 요소로 식 (7)의 해는 다음과 같은 변수분리형으로 만들어 쉽게 구할 수 있다.

$$v = \frac{y}{x} \text{ 또는 } y = vx \tag{9}$$

라 놓고 x에 관하여 미분하면

$$\frac{dy}{dx} = v + x\frac{dv}{dx} \tag{10}$$

가 된다. 식 (9)와 (10)을 식 (8)에 대입하면

$$v + x\frac{dv}{dx} = \varphi(v) \text{ 또는 } \frac{dv}{\varphi(v) - v} = \frac{dx}{x} \tag{11}$$

로 변수 분리되고 이를 적분한 다음 v에 $\dfrac{y}{x}$를 대입하여 일반해를 얻는다.

예제 3 $(y^2 - xy)dx + x^2dy = 0$을 풀어라.

풀이 M, N이 이차의 동차함수이므로 $y = vx$로, 또 $dy = vdx + xdv$로 놓으면 주어진 미분방정식은

$$(v^2x^2 - vx^2)dx + x^2(vdx + xdv) = 0$$

즉, $x^2v^2dx + x^3dv = 0$이므로 양변을 x^3v^2으로 나누면 다음과 같은 변수분리형이 된다.

$$\frac{dx}{x} + \frac{dv}{v^2} = 0$$

따라서

$$\log x - \frac{1}{v} = c, \quad v = \frac{y}{x}$$

로 놓고 간단히 하면 일반해는

$$\log x - \frac{x}{y} = c \text{ 또는 } y = \frac{x}{\log x - c}$$ ◀

예제 4 $(x - y)\dfrac{dy}{dx} + x + y = 0$을 풀어라.

풀이 주어진 미분방정식의 양변을 x로 나누면

$$\left(1 - \frac{y}{x}\right)\frac{dy}{dx} + 1 + \frac{y}{x} = 0$$

$v = \dfrac{y}{x}$라 두면

$$\frac{dy}{dx} = v + x \cdot \frac{dv}{dx}$$

$$\therefore\ (1 - v)\left(v + x\frac{dv}{dx}\right) + 1 + v = 0$$

$$\frac{1 - v}{1 + 2v - v^2}dv + \frac{1}{x}dx = 0$$

이것을 적분하여

$$\frac{1}{2}\log(1 + 2v - v^2) + \log x = k$$

$$x^2(1+2v-v^2)=c(c=e^{2k})$$

$$x^2\left\{1+2\frac{y}{x}-\left(\frac{y}{x}\right)^2\right\}=c$$

그러므로 일반해는

$$x^2+2xy-y^2=c$$ ◀

식 (11)에서 $M(x,\ y)$와 $N(x,\ y)$가 각각 일차식이고 동차식이 아닌 경우

$$(a_1x+b_1y+c_1)dx+(a_2x+b_2y+c_2)dy=0 \tag{12}$$

를 생각해 보자. $a_1b_2-a_2b_1=0$이면 $a_1x+b_1y=t,\ dy=\dfrac{dt-a_1dx}{b_1}$를 식 (12)에 대입하여 변수분리형 미분방정식,

$$P(x,\ t)dx+Q(x,\ t)dt=0$$

을 얻는다.

$a_1b_2-a_2b_1\neq 0$이면 식 (12)를 동차식으로 고치기 위하여

$$\begin{cases}a_1x+b_1y+c_1=0\\ a_2x+b_2y+c_2=0\end{cases}$$

의 해 $x=h,\ y=k$를 구하면 다음과 같이 좌표변환 $x=x'+h,\ y=y'+k$하면 식 (12)로부터 동차식

$$(a_1x'+b_1y')dx'+(a_2x'+b_2y')dy'=0$$

을 얻는다.

예제 5 $(x-y-1)dx+(4y+x-1)dy=0$을 풀어라.

풀이 이 방정식을 동차식으로 고치기 위하여

$$\begin{cases}x-y-1=0\\ 4y+x-1=0\end{cases}$$

의 해를 구하면 $x=1,\ y=0$이다.

따라서 $x = x' + 1$, $y = y' + 0$을 주어진 방정식에 대입하면 동차식

$$x'dx' + 4(y' + x')dy' = 0$$

을 얻는다. 이는 앞의 이론에 따라 다음과 같은 일반해를 얻는다.

$$\ln(x-1) + \frac{1}{2}tan^{-1}\frac{2y}{x-1} + \frac{1}{2}\ln\left\{1 + \frac{1}{(x-1)^2}\right\} = c$$

미분방정식

$$yf_1(xy)dx + xf_2(xy)dy = 0 \tag{13}$$

을 생각해 보자.

$$xy = z, \quad y = \frac{z}{x}, \quad dy = \frac{xdz - zdx}{x^2}$$

를 식 (13)에 대입하여 변수분리형

$$P(x, z)dx + Q(x, z)dz = 0$$

을 얻는다. ◀

예제 6 $(y - xy^2)dx - (x + x^2y)dy = 0$을 풀어라.

풀이 위의 식을

$$y(1 - xy)dx - x(1 + xy)dy = 0$$

으로 나타내고 여기에

$$xy = v, \quad y = \frac{v}{x}, \quad dy = \frac{xdv - vdx}{x^2}$$

를 대입하면

$$2vdx - x(1+v)dv = 0 \quad \text{또는} \quad 2\frac{dx}{x} - \frac{1+v}{v}dv = 0$$

양변을 적분하면

$$2\log x - \log v - v = \log c, \quad x^2 = ce^v v, \quad v = xy$$

를 대입하여 일반해 $x = cye^{xy}$를 얻는다. ◀

연습문제 10.2

1. 다음 미분방정식의 일반해를 구하여라.

(1) $(y+2)dx+(x-2)dy=0$

(2) $(x+y)dx+(x-2)dy=0$

(3) $\tan y dx+(x+1)dy=0$

(4) $y^2dx-(1-x)dy=0$

(5) $(1+y^2)dx-(1+x^2)dy=0$

(6) $(x^2+y^2)dx-xydy=0$

(7) $\tan y dx+\tan x dy=0$

(8) $\dfrac{dy}{dx}=\dfrac{y}{x}+\tan\dfrac{y}{x}$

(9) $y^3dx-x^3dy=0$

(10) $(2x-5y+3)dx-(2x+4y-6)dy=0$

(11) $y(xy+1)dx+x(1+xy+x^2y^2)dy=0$

(12) $(1-xy+x^2y^2)dx+(x^3y-x^2)dy=0$

(13) $x^2dy+y^2dx=xy(xdy-ydx)$

(14) $(3y-2x)dx-(2y-x)dy=0$

(15) $\sec x dy-4\sin x \sec y dx=0$

10.3 완전미분방정식

주어진 미분방정식에 있어서 변수분리가 되지 않는다 하더라도 그 방정식이 곧 풀리는 어떤 적분가능한 함수들의 조합으로 되는 경우도 있다. 예를 들면 방정식 $(2x+y)dx+xdy=0$은 $2xdx+(ydx+xdy)=0$인 꼴로 쓸 수 있다.

따라서 $d(x^2)+d(xy)=0$이고 적분에 의해서 $x^2+xy=c$인 해를 얻는다. 몇 개의 간단한 적분가능한 함수들의 조합에는 다음과 같은 것들이 있다.

(1) $xdy+ydx=d(xy)$

(2) $\dfrac{xdy-ydx}{x^2}=d\left(\dfrac{y}{x}\right)$

(3) $\dfrac{xdy-ydx}{y^2}=d\left(-\dfrac{x}{y}\right)$

(4) $\dfrac{xdy-ydx}{x^2+y^2}=d\left(Tan^{-1}\dfrac{y}{x}\right)$

(5) $\dfrac{xdy-ydx}{x^2+y^2}=d\left[\dfrac{1}{2}\log\left(\dfrac{x+y}{x-y}\right)\right]$

앞과 같은 모양으로 만들기 위하여 때로는 약간의 식의 변형이 필요할 때도 있다.

예제 1 방정식 $(2xy^2+y)dx-xdy=0$을 풀어라.

풀이 $ydx-xdy$가 포함되어 있음에 주의하고 y^2을 없애기 위하여 방정식

$$2xdx+\frac{ydx-xdy}{y^2}=0$$

인 골로 쓴다. 적분하여 다음과 같은 해를 얻는다.

$$x^2+\frac{x}{y}=c \text{ 또는 } y=\frac{x}{c-x^2}$$ ◀

함수 $f(x, y)$의 전미분 df는 다음과 같다.

$$df(x, y) = \frac{\partial f}{\partial x}dx + \frac{\partial f}{\partial y}dy \tag{1}$$

식 (1)의 우변을 완전미분이라 하고 그 우변을 0으로 놓은 미분방정식

$$\frac{\partial f}{\partial x}dx + \frac{\partial f}{\partial y}dy = 0$$

을 **완전미분방정식**(exact differential equation)이라고 한다. 이와 같은 완전미분방정식의 해는 $f(x, y) = c$이다. 예를 들면 미분방정식 $3x^2y^2dx + 2x^3ydy = 0$은 $d(x^3y^2) = 0$이므로 완전미분방정식이고, 그 일반해는 $x^3y^2 = c$이다.

예제 2 $(6xy^2 - 3x^2)dx + (6x^2y + 3y^2 - 7)dy = 0$을 풀어라.

풀이 $f(x, y) = c$가 위의 미분방정식의 일반해라 하자. 그러면

$$\frac{\partial f}{\partial x} = 6xy^2 - 3x^2, \quad \frac{\partial f}{\partial y} = 6x^2y + 3y^2 - 7 \tag{2}$$

식 (2)의 처음 방정식에서 y를 상수로 보고 두 번째 방정식에서 x를 상수로 보고 적분하면

$$f(x, y) = 3x^2y^2 - x^3 + \varphi(y), \quad f(x, y) = 3x^2y^2 + y^3 - 7y + \psi(x) \tag{3}$$

여기서 $\varphi(y)$와 $\psi(x)$는 임의의 함수이다.

식 (3)에서 두 식이 같기 위하여 $\varphi(y) = y^3 - 7y + c$, $\psi(x) = -x^3 + c$이어야 하고 따라서 주어진 미분방정식의 일반해는

$$f(x, y) = 3x^2y^2 - x^3 + y^3 - 7y + c = 0$$

이다. ◀

정리 10.1 미분방정식

$$M(x, y)dx + N(x, y)dy = 0$$

이 완전미분방정식이 되기 위한 필요충분조건은 $\dfrac{\partial M}{\partial y} = \dfrac{\partial N}{\partial x}$이다.

증명 $M(x, y)dx+N(x, y)dy=0$이 완전미분방정식이 되기 위해서는

$$M=\frac{\partial f}{\partial x},\ N=\frac{\partial f}{\partial y} \tag{4}$$

를 만족하는 함수 $f(x, y)$가 존재해야 한다. 식 (4)로부터

$$\frac{\partial M}{\partial y}=\frac{\partial^2 f}{\partial y\partial x},\ \frac{\partial N}{\partial x}=\frac{\partial^2 f}{\partial x\partial y} \tag{5}$$

를 얻는데

$$\frac{\partial^2 f}{\partial y\partial x}=\frac{\partial^2 f}{\partial x\partial y}$$

이므로,

$$\frac{\partial M}{\partial y}=\frac{\partial N}{\partial x} \tag{6}$$

역으로 식 (6)이 성립하면 위의 미분방정식이 완전미분방정식임을 증명하자.
y를 상수로 보고 $F=\int M(x, y)dx$를 계산하면

$$\frac{\partial F}{\partial x}=M(x, y),\ \frac{\partial^2 F}{\partial x\partial y}=\frac{\partial M}{\partial y}=\frac{\partial N}{\partial x} \tag{7}$$

$$\frac{\partial N}{\partial x}-\frac{\partial^2 F}{\partial x\partial y}=0,\ \text{즉}\ \frac{\partial}{\partial x}\left(N-\frac{\partial F}{\partial y}\right)=0$$

이 된다. 따라서 $N-\frac{\partial F}{\partial y}$는 x에 관계없는 함수이다.

$N-\frac{\partial F}{\partial y}=\varphi(y)$라 놓으면

$$N=\frac{\partial F}{\partial y}+\varphi(y) \tag{8}$$

가 되고

$$G(x, y)=\int N(x, y)dy \tag{9}$$

라 놓으면 식 (8), (9)에 의하여

$$G(x,\ y)=F(x,\ y)+\int\varphi(y)dy \tag{10}$$

가 된다. 따라서

$$\frac{\partial G}{\partial y}=\frac{\partial F}{\partial y}+\varphi(y)=N(x,\ y)$$

로 되는데 이것은 식 (7), (10)에서 $M=\dfrac{\partial F}{\partial x}=\dfrac{\partial G}{\partial x}$가 되어

$$M(x,\ y)dx+N(x,\ y)dy=\frac{\partial G}{\partial x}dx+\frac{\partial G}{\partial y}dy=dG$$

가 되어 완전미분방정식이 된다. ■

예제 3 $(2x+y-3)dx+(x-4y+1)dy=0$을 풀어라.

풀이 $\dfrac{\partial}{\partial y}(2x+y-3)=1=\dfrac{\partial}{\partial x}(x-4y+1)$이므로 주어진 방정식은 완전미분방정식이다. 따라서

$$\frac{\partial F}{\partial x}=2x+y-3$$

적분하여

$$F(x,\ y)=x^2+xy-3x+\varphi(y) \tag{11}$$

그런데 $\dfrac{\partial F}{\partial y}=x-4y+1$이므로 다시 적분하여 얻는 $\varphi(y)=-2y^2+y$를 식 (11)에 대입하여 일반해 $x^2+xy-3x-2y^2+y=c$를 얻는다. ◀

예제 4 $(\cos y+y\cos x)dx+(\sin x-x\sin y)dy=0$을 풀어라.

풀이 $\dfrac{\partial M}{\partial y}=-\sin y+\cos x=\dfrac{\partial N}{\partial x}$이므로 위 방정식은 완전미분방정식이다.

$$F(x,\ y)=\int M(x,\ y)dx=\int(\cos y+y\cos x)dx+x\cos y+y\sin x+\varphi(y)$$

$$\frac{\partial F}{\partial y}=-x\sin y+\sin x+\varphi'(y)=\sin x-x\sin y$$

이므로

$$\varphi'(y) = 0$$

따라서

$$\varphi(y) = c$$

그러므로 일반해는

$$x\cos y + y\sin x = c$$ ◀

미분방정식

$$M(x,\ y)dx + N(x,\ y)dy = 0 \tag{12}$$

에 어떤 함수 $\mu(x,\ y)$를 곱하여 얻어지는 미분방정식

$$\mu(x,\ y)M(x,\ y)dx + \mu(x,\ y)N(x,\ y)dy = 0$$

이 완전미분방정식이 될 때 $\mu(x,\ y)$를 적분인자(integrating factor)라고 한다. 이 적분인자를 구하기 위하여 앞의 정리에서의 이론을 적용하여 편미분방정식을 풀어야 하나 이는 일반적으로 복잡하고 어려우므로 거의 이용되지 않고 대개의 경우 직관에 의하여 구하게 된다. 따라서 함수의 전미분을 알고 있으면 적분인자를 구하는데 도움이 된다.

	미분방정식	완전미분	적분인자
(1)	$xdy - ydx + f(x)dx = 0$	$d\left(\dfrac{y}{x}\right) = \dfrac{xdy - ydx}{x^2}$	$\dfrac{1}{x^2}$
(2)	$xdy - ydx + f(y)dy = 0$	$d\left(\dfrac{x}{y}\right) = \dfrac{ydx - xdy}{y^2}$	$-\dfrac{1}{y^2}$
(3)	$aydx + bxdy = 0$	$d(x^a y^b) = x^{a-1}y^{b-1}(aydx + bxdy)$	$x^{a-1}y^{b-1}$
(4)	$ydx + xdy = 0$	$d(xy) = ydx + xdy$	1
(5)	$axdx + bydy = 0$	$d(ax^2 + by^2) = 2axdx + 2bydy$	2

미분방정식 (12)가 완전미분방정식이 아니고 다음의 유형일 때 그 적분인자를 구해 보자.

(1) $\dfrac{\dfrac{\partial M}{\partial y}-\dfrac{\partial N}{\partial x}}{N}=f(x)$가 x만의 함수이면 $e^{\int f(x)dx}$를 식 (12)의 적분인자로 택할 수 있음을 쉽게 알 수 있다. 마찬가지로

$$\frac{\dfrac{\partial M}{\partial y}-\dfrac{\partial N}{\partial x}}{M}=-g(y)$$

가 y만의 함수이면 $e^{\int g(y)dy}$가 식(12)의 적분인자가 된다.

(2) 식 (12)가 동차식이고 $xM+yN\neq 0$이면

$$\frac{1}{xM+yN}$$

이 적분인자가 된다.

(3) 식 (12)가 다음과 같은 형태

$$yf(xy)dx+xg(xy)dy=0$$

으로 표시될 수 있으면

$$\frac{1}{xy(f(xy)-g(xy))}=\frac{1}{xM-yN}$$

이 적분인자가 된다.

예제 5 $xdy-ydx=0$을 풀어라.

풀이 $\dfrac{1}{x^2}$을 양변에 곱하면

$$\frac{dy}{x}-\frac{ydx}{x^2}=0$$

이 되어

$$N=\frac{1}{x},\ \ M=-\frac{y}{x^2},\ \ \frac{\partial N}{\partial x}=-\frac{1}{x^2}=\frac{\partial M}{\partial y}$$

이므로 완전미분방정식이 된다. 일반해는 $\dfrac{y}{x}=c$이다. ◀

예제 6 $(x^2+y^2+x)dx+xydy=0$을 풀어라.

풀이 $\dfrac{\partial M}{\partial y}=2y,\ \dfrac{\partial N}{\partial x}=y$이므로 완전미분방정식이 아니다. 그러나

$$\frac{\dfrac{\partial M}{\partial y}-\dfrac{\partial N}{\partial x}}{N}=\frac{2y-y}{xy}=\frac{1}{x}$$

이 x만의 함수이므로

$$e^{\int \frac{1}{x}dx}=e^{\log x}=x$$

가 적분인자이고, 이 적분인자를 양변에 곱하여 완전미분방정식

$$(x^3+xy^2+x^2)dx+x^2ydy \text{ 또는 } x^3dx+x^2dx+(xy^2dx+x^2ydy)=0$$

을 얻는다. 그러므로 일반해는

$$\frac{1}{4}x^4+\frac{1}{3}x^3+\frac{1}{2}x^2y^2=c_1 \text{ 또는 } 3x^4+4x^3+6x^2y^2=c$$

가 된다. ◀

예제 7 $(2x^2+3xy)dx+3x^2dy=0$을 풀어라.

풀이 $M=2x^2+3xy,\ N=3x^2$

$$\frac{\dfrac{\partial N}{\partial x}-\dfrac{\partial M}{\partial y}}{N}=\frac{6x-3x}{3x^2}=\frac{1}{x}$$

이것이 x만의 함수이므로

$$e^{-\int \frac{1}{x}dx}=e^{-\log x}=\frac{1}{x}$$

이 적분인자가 된다. 따라서 주어진 미분방정식에 곱하면

$$(2x+3y)dx+3xdy=0$$

$$2xdx + 3(ydx + xdy) = 0$$

$$\therefore\ d(x^2 + 3xy) = 0$$

이므로 일반해는

$$x^2 + 3xy = c$$ ◀

연습문제 10.3

1. 다음 미분방정식을 풀어라.

(1) $(4x^3y^3 - 2xy)dx + (3x^4y^2 - x^2)dy = 0$

(2) $(x + 2y)dx + (y - 2x)dy = 0$

(3) $2x(ye^{x^2} - 1)dx + {}^{x^2}dy = 0$

(4) $(y^2e^{xy^2} + 4x^3)dx + (2xye^{xy^2} - 3y^2)dy = 0$

(5) $(2xy^4e^y + 2xy^3 + y)dx + (x^2y^4e^y - x^2y^2 - 3x)dy = 0$

2. 다음 미분방정식을 풀어라.

(1) $x(4ydx + 2xdy) + y^3(3ydx + 12xdy) = 0$

(2) $(8ydx + 8xdy) + x^2y^3(3ydx + 4xdy) = 0$

3. $\left(\dfrac{\partial M}{\partial y} - \dfrac{\partial N}{\partial x}\right)/N = f(x)$이면 $e^{\int f(x)dx}$는 적분인자임을 증명하여라.

4. (1) $xM(x,\ y) - yN(x,\ y)$가 항등적으로 0이 아니면 $\dfrac{1}{xM - yN}$이 미분방정식

$$M(x,\ y)dx + N(x,\ y)dy = yf_1(x,\ y)dx + xf_2(x,\ y)dy = 0$$

의 적분인자가 됨을 증명하여라.

(2) $y(x^2y^2 + 2)dx + x(2 - 2x^2y^2)dy = 0$을 풀어라.

(3) $y(2xy + 1)dx + x(1 + 2xy - x^3y^3)dy = 0$을 풀어라.

10.4 일계선형미분방정식

미분방정식

$$\frac{dy}{dx}+yp(x)=Q(x) \tag{1}$$

와 같이 종속변수 y와 그 도함수의 차수가 일차일 때 **선형미분방정식**(linear differential equation)이라고 한다. 예를 들면 $\frac{dy}{dx}+3xy=\cos x$는 선형이고, $\frac{dy}{dx}+xy^2=\cos x$는 선형이 아니다.

식 (1)의 해를 구하기 위하여 우선 좌변을 0으로 놓은 미분방정식

$$\frac{dy}{dx}+yp(x)=0 \text{ 또는 } \frac{dy}{y}=-p(x)dx$$

의 해를 구한다. 이는 변수분리형이므로 그 해

$$ye^{\int p(x)dx}=c \tag{2}$$

는 쉽게 구할 수 있다. 그리고 식 (2)의 전미분을 구하면

$$\begin{aligned} d(ye^{\int p(x)dx}) &= e^{-+\int p(x)dx}dy+e^{\int p(x)dx}yp(x)dx \\ &= e^{\int p(x)dx}\left(\frac{dy}{dx}+yp(x)\right)=0 \end{aligned}$$

이므로 $e^{\int p(x)dx}$는 식 (1)의 적분인자임을 알 수 있다. 그러므로 식 (1)에 $e^{\int p(x)dx}$를 곱하면

$$e^{\int p(x)dx}\left(\frac{dy}{dx}+yp(x)\right)=e^{\int p(x)dx}Q(x)$$

즉

$$d(ye^{\int p(x)dx})=e^{\int p(s)dx}Q(x)$$

위 식을 풀면

$$ye^{\int p(x)dx}=\int e^{\int p(x)dx}Q(x)dx+c$$

예제 1 $\dfrac{dy}{dx}+2xy=4x$를 풀어라.

풀이 $\int p(x)dx=\int 2xdx=x^2$이므로 $e^{\int p(x)dx}=e^{x^2}$이 적분인자가 되어 일반해는

$$ye^{x^2}=\int 4xe^{x^2}dx=2e^{x^2}+c \text{ 또는 } y=2+ce^{-x^2}$$ ◀

다음과 같은 미분방정식을 Bernoulli 미분방정식이라고 하는데

$$\frac{dy}{dx}+yp(x)=y^nQ(x) \text{ 또는 } y^{-n}\frac{dy}{dx}+y^{-n+1}p(x)=Q(x) \tag{3}$$

이것은 $v=y^{-n+1}$로 치환하면 선형미분방정식

$$\frac{dv}{dx}+v\{(1-n)p(x)\}=(1-n)Q(x)$$

가 되어 식 (3)의 일반해를 구할 수 있다.

예제 2 $\dfrac{dy}{dx}-y=xy^2$ 또는 $y^{-5}\dfrac{dy}{dx}-y^{-4}=x$를 풀어라.

풀이 $v=y^{-4}$로 치환하면 $y^{-5}\dfrac{dy}{dx}=-\dfrac{1}{4}\dfrac{dv}{dx}$이므로 방정식

$$-\frac{1}{4}\frac{dy}{dx}-v=x \text{ 또는 } \frac{dv}{dx}+4v=-4x \tag{4}$$

로 된다. 식 (4)의 적분인자는 $e^{4\int dx}=e^{4x}$이므로

$$ve^{4x}=-4\int xe^{4x}dx=-xe^{4x}+\frac{1}{4}e^{4x}+c$$

그러므로 구하고자 하는 일반해는

$$y^{-4}e^{4x}=-xe^{4x}+\frac{1}{4}e^{4x}+c$$ ◀

연습문제 10.4

1. 다음 각 미분방정식의 일반해를 구하여라.

(1) $\frac{dy}{dx}+\frac{y}{x}=3x$

(2) $x\frac{dy}{dx}-2y=-x$

(3) $\frac{dy}{dx}-y=e^{2x}$

(4) $(x+1)\frac{dy}{dx}-2y=2(x+1)$

(5) $\frac{dy}{dx}+\frac{y}{2x}=\frac{1}{y}$

(6) $x\frac{dy}{dx}+x^2y^2=0$

(7) $\frac{dy}{dx}+y=2\cos x$

(8) $\frac{dy}{dx}-y+(x^2+2x)y^2=0$

(9) $\sin 2x\frac{dy}{dx}-2y=-2\cos x$

(10) $nx\frac{dy}{dx}-2y=-kxy^{1-n}$

2. 다음 Bernoulli 방정식을 풀어라.

(1) $\frac{dy}{dx}+\frac{y}{x}=\frac{y^n}{x}\log x$

(2) $\frac{dy}{dx}+2xy+xy^4=0$

(3) $\frac{dy}{dx}+y=y^2(\cos x-\sin x)$

(4) $xdy-\{y+xy^3(1+\log x)\}dx=0$

10.5 일계고차미분방정식

일계 n차 미분방정식

$$\left(\frac{dy}{dx}\right)^n + p_1(x,\ y)\left(\frac{dy}{dx}\right)^{n-1} + p_2(x,\ y)\left(\frac{dy}{dx}\right)^{n-2} + \cdots$$

$$+ p_{n-1}(x,\ y)\left(\frac{dy}{dx}\right) + p_n(x,\ y) = 0 \tag{1}$$

이 $\frac{dy}{dx}$에 관하여 인수분해되어

$$\left\{\frac{dy}{dx} - f_1(x,\ y)\right\}\left\{\frac{dy}{dx} - f_2(x,\ y)\right\}\cdots\left\{\frac{dy}{dx} - f_n(x,\ y)\right\} = 0 \tag{2}$$

가 되었다면

$$\frac{dy}{dx} - f_1(x,\ y) = 0,\ \frac{dy}{dx} - f_2(x,\ y) = 0,\ \cdots,\ \frac{dy}{dx} - f_n(x,\ y) = 0 \tag{3}$$

의 이란해를 각각

$$\varphi_1(x,\ y,\ c) = 0,\ \varphi_2(x,\ y,\ c) = 0,\ \cdots,\ \varphi_n(x,\ y,\ c) = 0 \tag{4}$$

라 할 때

$$\varphi_1(x,\ y,\ c) \cdot \varphi_2(x,\ y,\ c) \cdots\cdots \varphi_n(x,\ y,\ c) = 0 \tag{5}$$

는 식 (1)의 일반해이다. 왜냐하면 식 (5)가 성립하면 식 (4)에서 적어도 하나가 성립하고 이것이 성립하면 식 (2)가 성립하므로 식 (1)의 해가 되고 식 (3)은 하나의 임의상수 c를 포함하므로 식 (1)의 일반해이다.

예제 1 $x^2p^2 + 3xyp + 2y^2 = 0$, $(p = y')$를 풀어라.

풀이 위의 식을 인수분해하면

$$x\frac{dy}{dx}+2y=0$$

$$2\frac{dx}{x}+\frac{dy}{y}=0$$

$$2\log x+\log y=\log c$$

$$\therefore\ x^2y-c=0$$

$$x\frac{dy}{dx}+y=0$$

$$\frac{dx}{x}+\frac{dy}{y}=0$$

$$\log x+\log y=\log c$$

$$xy-c=0$$

따라서 구하는 일반해는 다음과 같다.

$$(x^2y-c)(xy-c)=0$$ ◀

연습문제 10.5

1. 다음 미분방정식을 풀어라($p=y'$).

(1) $p^2-p=0$

(2) $a^2p^2-y=0\,(a>0)$

(3) $p(p+y)=x(x+y)$

10.6 Clairaut의 미분방정식

$$y = xp + f(p), \quad (p = y') \tag{1}$$

형의 미분방정식을 **Clairaut의 미분방정식**이라 한다.

식 (1)을 x에 관해서 미분하여

$$p = p + \frac{dp}{dx}x + f'(p)\frac{dp}{dx}$$

$$\therefore \ \frac{dp}{dx}(x + f'(p)) = 0$$

$$\frac{dp}{dx} = 0, \quad x + f'(p) = 0 \tag{2}$$

식 (2)의 좌변 $\frac{dp}{dx} = 0$에서 $p = c$ 이것을 식 (1)에 대입하여

$$y = cx + f(c) \tag{3}$$

식 (3)은 분명히 식 (1)의 일반해이다. 따라서 Clairaut의 미분방정식 (1)의 일반해는 y' 대신에 임의상수 c를 대입하면 된다. 즉,

$$y = cx + f(c) \ : \text{일반해}$$

식 (2)의 우변 $x + f'(p) = 0$에서는 이것과 식 (1)을 연립하여 p를 소거하면 특이해가 되는데 p를 소거하기 힘들 때는 p를 매개변수로 하는 매개함수를 특이해로 갖는다.

$$\text{특이해} \begin{cases} y = xp + f(p) \\ x + f'(p) = 0 \end{cases} \tag{4}$$

예제 1 다음 미분방정식을 풀어라.

$$y = xy' - (y')^2$$

풀이 위 방정식은 Clairaut의 미분방정식이다. 따라서 일반해는 y' 대신에 임의상수 c를 넣으면 된다.

$$y = cx - c^2 \text{ : 일반해}$$

특이해를 구하기 위하여 c에 관해서 편미분하면 $0 = x - 2c$가 된다. c를 대입하여 소거하면

$$y = \frac{y^2}{4} \text{ : 특이해}$$ ◀

연습문제 10.6

1. 다음 미분방정식을 풀어라($p = y'$).

(1) $y = px - \log p$

(2) $y = px + p^2$

(3) $y = px - \frac{1}{4}p^4$

10.7 이계선형미분방정식

$a_0 \neq 0$이고 a_0, a_1, $\cdots$, a_n이 x의 함수일 때

$$a_0 \frac{d^n y}{dx^n} + a_1 \frac{d^{n-1} y}{dx^{n-1}} + \cdots + a_{n-1} \frac{dy}{dx} + a_n y = f(x) \tag{1}$$

인 꼴의 방정식을 n **계선형미분방정식**이라 한다.

식 (1)은 $f(x) = 0$일 때 동차, $f(x) \neq 0$일 때 비동차라고 한다. 식 (1)에서의 계수를 일반적으로 x의 함수이나 앞으로는 이 계수들이 상수일 경우에만 생각하기로 한다. 또 그 방법은 더욱 고계인 경우로 확장하여 생각할 수 있으나 여기서는 이계인 경우만 다

루어 보기로 한다. A, B가 상수일 때 방정식

$$\frac{d^2y}{dx^2}+A\frac{dy}{dx}+By=0 \tag{2}$$

이 $y=e^{mx}$인 형의 특수해를 가졌다고 하자. 이것을 식 (2)에 대입하면

$$m^2e^{mx}+Ame^{mx}+B3^{mx}=e^{mx}(m^2+Am+B)=0$$

이다. 따라서 e^{mx}가 식 (2)의 해가 되기 위해서는

$$m^2+Am+B=0 \tag{3}$$

이 성립해야 한다. 방정식 (3)을 식 (2)의 특성 또는 보조방정식이라고 한다. 특성방정식의 근은 다음과 같은 세 가지 경우가 생기며, 이제 그 각각의 경우에 대해서 생각해 보자.

[1] 서로 다른 실근 : 특성방정식 (3)이 서로 다른 실근 m_1, m_2를 가지면 식 (2)는 특수해 e^{m_1x}와 e^{m_2x}를 가지며 따라서 일반해는 다음과 같다.

$$y=c_1e^{m_1x}+c_2e^{m_2x}$$

예제 1 방정식 $y''-y'-2y=0$의 특성방정식은 $m^2-m-2=0$이고 그 근은 $m_1=2$, $m_2=-1$이다. 따라서 일반해는

$$y=c_1e^{m_1x}+c_2e^{m_2x}$$ ◀

[2] 허근 : 특성방정식 (3)이 $i=\sqrt{-1}$이라 할 때 허근 $a+ib$와 $a-ib$를 가지면 [1]의 경우와 마찬가지로 일반해는

$$y=c_1e^{(a_1+ib)x}+c_2e^{(a-ib)x}=e^{ax}(c_1e^{ibx}+c_2e^{-ibx}) \tag{4}$$

이다. 이것을 Euler의 공식에 의하면

$$e^{ibx}=\cos bx+i\sin bx,\quad e^{-ibx}=\cos bx-i\sin bx$$

이므로 (3)은

$$y = e^{ax}[c_1(\cos bx + i\sin bx) + c_{2(}\cos bx - i\sin bx)]$$

$$= e^{ax}[(c_1 + c_2)\cos bx + i(c_1 - c_2)\sin bx]$$

와 같은 형식이고 여기서 상수 $c_1 + c_2$와 $i(c_1 - c_2)$를 c_1, c_2로 바꾸어 놓으면 식 (2)의 일반해는 다음과 같이 표시된다.

$$y = e^{ax}(c_1\cos x + c_2\sin bx) \tag{5}$$

예제 2 방정식 $y'' - 4y' + 13y = 0$은 특성방정식

$$m^2 - 4m + 13 = 0$$

을 가지고 그 근은 $m = 2 \pm 3i$이다. $a = 2$, $b = 3$이므로 식 (4)에 대입하여 일반해

$$y = e^{2x}(c_1\cos 3x + c_2\sin 3x)$$

를 얻는다. ◀

[3] 실근의 중근 : 특성방정식 (3)이 중근 m을 가질 때 위의 대입방법은 오직 하나의 해 e^{mx}를 줄 뿐이다. 여기서는 $m = -\frac{1}{2}A$이다. 그러나 이 경우 또 하나의 해는 xe^{mx}임을 다음과 같이 증명할 수 있다.

$$y = xe^{mx},\ y' = e^{mx}(1 + mx),\ y'' = e^{mx}(2m + m^2x)$$

들을 식 (2)에 대입하고 e^{mx}로 나누면 $(m^2 + Am + B)x + (2m + A)$이다. 그런데 m은 식 (3)을 만족시키고 또 그 값이 $-\frac{1}{2}A$이기 때문에 위 식은 그 값이 0이 되어서 주어진 미분방정식을 만족하므로 하나의 해이다.
따라서 식 (2)의 일반해는 다음과 같다.

$$y = c_1e^{mx} + c_2xe^{mx}$$

예제 3 방정식 $y'' + 4y' + 4y = 0$은 특성방정식이 $m^2 + 4m + 4 = 0$이고 근은 −2와 −2이다. 따라서 일반해는 $y = c_1e^{-2x} + c_2xe^{-2x}$이다. ◀

연습문제 10.7

1. 다음 각 방정식의 일반해를 구하여라.

(1) $y'' - 3y' + 2y = 0$

(2) $y'' + 4y = 0$

(3) $y'' - 2y' + y = 0$

(4) $\dfrac{d^2y}{dt^2} - \dfrac{dy}{dt} - 6y = 0$

(5) $\dfrac{d^2x}{dt^2} - 4\dfrac{dx}{dt} + 5x = 0$

(6) $6y'' + 5y' - 6y = 0$

(7) $5y'' - 2y' = 0$

(8) $y'' - 2y' - y = 0$

2. 다음 미분방정식을 주어진 조건에서 특수해를 구하여라.

(1) $y'' + 3y' + 2y = 0\ ;\ x = 0,\ y = 0,\ y' = 1$

(2) $y'' + 9y = 0\ ;\ x = 0,\ y = 1,\ y' = -6$

(3) $y'' - 2y' = 0\ ;\ x = 1,\ y = 1 + e^2,\ y' = 2e^2$

(4) $\dfrac{d^2y}{dt^2} + 4\dfrac{dy}{dt} + 13y = 0\ ;\ t = 0,\ y = 0,\ \dfrac{dy}{dt} = 12$

(5) $\dfrac{d^2r}{d\theta^2} - r = 0\ ;\ \theta = 0,\ r = 0,\ \dfrac{dr}{d\theta} = 1$

10.8 상수계수의 비동차미분방정식

A, B가 상수이고 $f(x)$가 x의 함수일 때

$$\frac{d^2y}{dx^2}+A\frac{dy}{dx}+By=f(x) \tag{1}$$

인 형의 미분방정식의 일반해는 다음과 같은 방법으로 얻을 수 있다.

첫째로, 동차방정식

$$\frac{d^2y}{dx^2}+A\frac{dy}{dx}+By=0 \tag{2}$$

의 일반해 $y=u(x)$를 10.7절의 방법에 의하여 구한다. 이 해를 식 (1)의 여함수라고 부른다.

둘째로, 다른 어떤 방법으로 식 (1)의 하나의 특수해를 구한다. 이렇게 하면 $u(x)$는 두 개의 임의상수를 포함하고 $u(x)+v(x)$는 식 (1)을 만족시키므로 $y=u(x)+v(x)$는 식 (1)의 일반해가 된다.

예제 1 방정식 $y''-y=x$에 대하여 그 여함수는

$$u=c_1e^x+c_2e^{-x}$$

이고 $v=-x$는 특수해이다. 따라서 일반해는

$$y=c_1e^x+c_2e^{-x}-x$$

이다. ◀

일반적으로 식 (1)의 특수해의 결정은 대단히 복잡하여 이 책의 범위를 넘는다. 그러나 어떤 함수 $f(x)$에 대하여는 그 특수해 $v(x)$의 모양을 추정하여 실제의 해가 되도록 그 계수들을 결정함으로써 얻을 수도 있다.

다음에 몇 가지 보기를 들어서 생각해 보자.

[1] $y=f(x)$가 식 (2)의 해가 아니고

$$f(x)=a+bx \text{이면 } v(x)=A+Bx$$

$$f(x)=a+bx+x^2 \text{이면 } v(x)=A+Bx+cx^2$$

$$f(x)=ae^{bx} \text{이면 } v(x)=Ae^{bx}$$

$$f(x)=a\sin cx+b\cos cx \text{이면 } v(x)=A\sin bx+B\cos cx$$

로 잡고 y', y''를 구하여 원식에 대입하여 상수 A, B를 결정한다.

예제 2 $2y''-y=x+e^{2x}$의 특수해를 구하여라.

풀이 $v(x)=A+Bx+Ce^{2x}$로 놓으면

$$v'(x)=B+2Ce^{2x},\quad v''(x)=4Ce^{2x}$$

이고 이것들을 원식에 대입하면

$$3Ce^{2x}-Bx-A=x+e^{2x}$$

이므로

$$A=0,\quad B=-1,\quad C=\frac{1}{3}$$

을 얻는다. 따라서 구하는 특수해는

$$v(x)=-x+\frac{1}{3}e^{2x}$$

이다. ◀

[2] 다음에는 $y=f(x)$가 (2)의 해이면 위의 형식에 x를 곱한 것을 $v(x)$로 놓는다.

예제 3 $y''+y=\sin x$의 특수해를 구하여라.

풀이 $y=\sin x$는 $y''+y=0$을 만족하면

$$v(x)=Ax\sin x+Bx\cos x$$

로 놓으면

$$v'(x)=A\sin x+B\cos x+x(A\cos x-B\sin x)$$

$$v''(x) = 2(A\cos x - B\sin x) - x(A\sin x + B\cos x)$$

이것을 원식에 대입하면

$$2(A\cos x - B\sin x) = \sin x \text{에서 } A = 0, \ B = -\frac{1}{2}$$

를 얻는다. 따라서 구하는 특수해는

$$v(x) = -\frac{1}{2}x\cos x$$

이다. ◀

[3] $f(x)$가 식 (2)의 특수해에다가 x^n을 곱한 것이라면 $Axf(x)$와 이것을 미분할 때 나타나는 모든 항들을 합한 것을 $v(x)$로 잡는다.

예제 4 $y'' - y = x^2e^x$의 특수해를 구하여라.

풀이 e^x는 $y'' - y = 0$을 만족한다. 따라서

$$v(x) = Ax^3e^x + Bx^2e^x + Cxe^x$$

로 놓고 $v'(x)$, $v''(x)$를 구하여 원식에 대입하여 정리하면

$$A = \frac{1}{6}, \ B = -\frac{1}{4}, \ C = \frac{1}{4}$$

을 얻으며 특수해는

$$v(x) = \frac{1}{6}x^3e^x - \frac{1}{4}x^2e^x + \frac{1}{4}xe^x$$

이다. ◀

다음에 위의 방법들을 동시에 이용하는 몇 가지를 더 들어 보자.

예제 5 $y'' - y = 5 + e^x$를 풀어라.

풀이 먼저 동차방정식 $y'' - y = 0$의 해는

$$u(x) = c_1 e^x + c_2 e^{-x}$$

이다. 다음에 e^x는 $y'' - y = 0$의 해이고 5는 해가 아니므로 특수해는 앞의 [1]과 [2]에 의하여

$$u(x) = A + Bxe^x$$

라면

$$v'(x) = Be\%x + Bxe^x, \quad v''(x) = 2Be^x + Bxe^x$$

이다. 이것을 원식에 대입하면

$$(2Be^x + Bxe^x)(A + Bxe^x) = 5 + e^x$$

즉, $2Be^x - A = 5 + e^x$에서 $A = -5$, $B = \dfrac{1}{2}$이다. 따라서 구하는 일반해는

$$y = u(x) + v(x) = c_1 e^x + c_2 e^{-x} - 5 + \frac{1}{2} xe^x$$

이다. ◀

연습문제 10.8

1. 다음 각 미분방정식의 일반해를 구하여라.

(1) $y'' - y' - 2y = 4x$

(2) $y'' - 4y + x^3 = x$

(3) $y'' + 2y' + y = \cos x$

(4) $y'' + 4y = \sin 2x$

(5) $\dfrac{d^2r}{d\theta^2} + 4\dfrac{dr}{d\theta} + 4r + \cos\theta$

(6) $3y'' - y' = 2x$

(7) $y'' + y = 1 + \sin x$

(8) $y'' - ry' + 5y = e^{2x}\sin x$

(9) $\dfrac{d^2x}{dt^2} - 2\dfrac{dx}{dt} = 8t$

(10) $\dfrac{d^2z}{dx^2} - z = x^3e^x$

2. 다음 미분방정식에서 주어진 조건을 만족시키는 특수해를 구하여라.

(1) $y'' + 2y' - 3y = y$; $x = 1$일 때 $y = 0,\ y' = 2$

(2) $y'' + y = -2\sin x$; $x = 0$과 $x = \dfrac{\pi}{2}$일 때 $y = 0$

(3) $y'' - 4y' = 8$; $x = 0$일 때 $y = 0,\ y' = 0$

(4) $y'' + 4y = 2$; $x = 0$일 때 $y = 0$, $x = \dfrac{\pi}{4}$ 일 때 $y = \dfrac{1}{2}$

(5) $y'' - 2y' + y = 2e^x$; $x = 1$일 때 또는 $x = -1$일 때 $y = 0$

연습문제 해답

Chapter 1

함수와 극한

☞ 연습문제 1.1

1. (1) $-2 \le x \le 3$

(2) $\dfrac{2m\pi}{3} \le x \le \dfrac{(2m+1)\pi}{3}$

(3) $-a \le x \le a$

2. $\dfrac{x-1}{x+1} = 2$로 놓으면 $x = -3$ 준식의 양변에 $x = -3$을 대입하면 $f(2) = 5$

3. $(f \circ g)(x) = f\{g(x)\} = \dfrac{x-2}{2}$

$\therefore \dfrac{x-2}{2} = \dfrac{1}{x-1}$

$\therefore x = 0$ 또는 $x = 3$

4. (1) $y = \sqrt{x^2+1}$

(2) $y = \dfrac{b-dx}{cx-a}$

5. 함수인 것은 (2), (3), (4)

(2)의 치역 : $\{1,\ 3,\ 4\}$

(3)의 치역 : $\{1,\ 2\}$

(4)의 치역 : $\{1,\ 4\}$

☞ 연습문제 1.2

1. (1) 2　　(2) 1

(3) $2a$　　(4) $\frac{1}{2\sqrt{x}}$

(5) $-\frac{1}{a^2}$　　(6) $\frac{1}{4}$

(7) $\frac{3}{2}$　　(8) $\frac{1}{2}$

(9) a　　(10) 0

(11) 준식 $= \lim_{x\to 0}\left(\frac{2}{\sin^2 x} - \frac{2\sin^2\frac{x}{2}}{1-\cos^2 x}\right)$

$$= \lim_{x\to 0}\frac{1-\cos x}{\sin^2 x}$$

$$= \lim_{x\to 0}\frac{2\sin^2\frac{x}{x}}{2\sin^2 x}$$

$$= \lim_{x\to 0}\left(\frac{\sin\frac{x}{2}}{\sin x}\right)^2$$

$$= 2\times\left(\frac{1}{2}\right)^2 = \frac{1}{2}$$

(12) 준식 $=-2\lim_{x\to 0}\frac{\sin\frac{a+b}{2}x\sin\frac{a-b}{2}x}{x\sin x}$

$$\equiv -2\lim_{x\to 0}\left(\frac{\sin\frac{a+b}{2}x}{x}\right)\cdot\left(\frac{\sin\frac{a-b}{2}x}{\sin x}\right)$$

$$=-2\cdot\left(\frac{a+b}{2}\right)\left(\frac{a-b}{2}\right)$$

$$=\frac{b^2-a^2}{2}$$

2. $x \to 1$일때 분모 $\to 0$이고 극한값이 $\sqrt{2}$이므로 $x \to 0$이어야 한다. 따라서 $\lim_{x \to 1}(a\sqrt{x+1}-b)$에서 $b=\sqrt{2}a$

$$\text{좌변} = \lim_{x \to 1}\frac{a\sqrt{x+1}-\sqrt{2}a}{x-1}$$

$$= \lim_{x \to 1}\frac{a(x+1-2)}{(x-1)(\sqrt{x+1}+\sqrt{2})}$$

$$= \lim_{x \to 1}\frac{a}{\sqrt{x+1}+\sqrt{2}} = \frac{a}{2\sqrt{2}}$$

$$\therefore \frac{a}{2\sqrt{2}} = \sqrt{2}$$

$$\therefore a=4,\ b=4\sqrt{2}$$

☞ 연습문제 1.3

1. (1) $x=1,\ -1$

   (2) $x=n\pi(n=0,\ \pm 1,\ \pm 2,\ \cdots)$

2. (1) $\lim_{x \to 2}y = \lim_{x \to 2}(x+2) = 4 = f(2)$이므로 $-\infty < x < \infty$에서 연속

   (2) $x=0$이고 $\lim_{x \to 0}y = 0 = f(0)$이므로 $-\infty < x < \infty$에서 연속

3. $x \neq 0$이라 하면 $f(x)$는 무한등비 급수이므로

$$f(x) = \frac{x^2}{1-\dfrac{1}{1+x^2}} = 1+x^2$$

$\therefore \lim_{x \to 0}f(x) = 1$ 그런데 $f(0)=0$이므로 $\lim_{x \to 0}f(x) \neq f(0)$이므로 $f=0$에서 불연속

4. $|x|>1$일 때 $f(x)=\dfrac{1}{x}$

   $|x|<1$일 때 $f(x)=ax^2+bx$

   $x=1$일 때 $f(x)=\dfrac{a+b+1}{2}$

   $x=-1$일 때 $f(x)=\dfrac{a-b-1}{2}$

   $x=1$에서 연속이려면 $a+b=1$

$x=-1$에서 연속이려면 $a-b=1$

$\therefore\ a=0,\ \ b=1$이다.

Chapter 2

도함수

☞ 연습문제 2.1

1. (1) $f'(0)=-1,\ f'(2)=3$

(2) $\lim\limits_{h\to 0+}\dfrac{|\sin(\pi+h)|}{h}=\lim\limits_{h\to 0+}\dfrac{\sinh}{h}=+1$

$\lim\limits_{h\to 0-}\dfrac{|\sin(\pi+h)|}{h}=\lim\limits_{h\to 0-}\dfrac{-\sinh}{h}=-1$

따라서 $\lim\limits_{h\to 0}\dfrac{\sin(\pi+h)-\sin\pi}{h}$는 존재하지 않는다. $x=\pi,\ 0$에서도 마찬가지이다.

3. $x<0$인 경우 $\sin|x|=\sin(-x)=-\sin x$, $x>0$인 경우 $\sin|x|=\sin x$에 주의

4. $f'(x)=\sec^2 x$

5. 접선의 방정식 : $y=2\left(x-\dfrac{\pi}{4}\right)+1$, 법선의 방정식 : $y=-\dfrac{1}{2}\left(x-\dfrac{x}{4}\right)+1$

6. $\lim\limits_{h\to 0}\dfrac{f(h)-f(0)}{h}=\lim\limits_{h\to 0}h\sin\dfrac{1}{h}=0$

7. $\lim\limits_{h\to 0+}\dfrac{h^{\frac{2}{3}}}{h}=\infty,\ \ \lim\limits_{x\to 0}\dfrac{h^{\frac{2}{3}}}{h}=im_{h\to 0+}\left(-\dfrac{1}{h^{\frac{1}{3}}}\right)=-\infty$

☞ 연습문제 2.2

1. (1) $6x^2$ (2) $2\pi x$

(3) $9x^{-4}$ (4) $-3x^{-6}$

(5) $30x^5-15x^4+11$ (6) $3x^2+1$

(7) $8x+4$ (8) $5x^4+42x^2+2x-51$

(9) $-6x(3x^2+1)^2$

(10) $\dfrac{-(8x-3)}{(4x^2-3x+9)^2}$

2. (1) 23

(2) 4

(3) $\dfrac{-17}{9}$

4. $y-3=-2(x-3)$: $y-3=2(x-1)$

☞ 연습문제 2.3

1. (1) $-135(2-9x)^{14}$

(2) $(50x+10)(5x^2+2x-8)^4$

(3) $(27x^2-54x+99)(x^3-3x^2+11x)^8$

(4) $\dfrac{-(36x^3+24)}{(3x^4+8x-8)^4}$

(5) $(-108x^3-9)(3x^4+x-8)^{-10}$

(6) $(6x+11)\cos(3x^2+11x)$

2. (1) $\dfrac{dy}{dx}=\dfrac{dy}{du}\times\dfrac{du}{dx}$

$$
\begin{aligned}
&=(2u+6)(8x+8)\\
&=16(u+3)(x+1)\\
&=16(4x^2+8x+1+3)(x+1)\\
&=16(4x^2+8x+4)(x+1)\\
&=64(x^2+2x+1)(x+1)\\
&=64(x+1)^3
\end{aligned}
$$

(2) $\dfrac{dy}{dx}=\dfrac{dy}{du}\times\dfrac{du}{dx}$

$$
\begin{aligned}
&=\frac{1}{(1-u)^2}\cdot\frac{-1}{(1+x)^2}\\
&=\frac{1}{\left(1-\frac{1}{1+x}\right)^2}\cdot\frac{-1}{(1+x)^2}\\
&=\frac{1}{\left(\frac{x}{1+x}\right)^2}\cdot\frac{-1}{(1+x)^2}\\
&=\frac{(1+x)^2}{x^2}\cdot\frac{-1}{(1+x)^2}=-\frac{1}{x^2}
\end{aligned}
$$

3. (1) $\dfrac{dx}{dy}=\dfrac{\sqrt{y}-(y-1)(\sqrt{y})'}{y}$

$$
\begin{aligned}
&=\frac{\sqrt{y}-(y-1)\frac{1}{2\sqrt{y}}}{y}\\
&=\frac{\frac{2y-(y-1)}{2\sqrt{y}}}{y}=\frac{y+1}{2y\sqrt{y}}
\end{aligned}
$$

$\therefore\ \dfrac{dy}{dx}=\dfrac{2y\sqrt{y}}{y+1}$

(2) $\dfrac{dx}{dy}=\sqrt{1+y^3}+y\cdot\dfrac{1}{2}(1+y^3)^{-\frac{1}{2}}\cdot 3y^2$

$$
\begin{aligned}
&=\sqrt{1+y^3}+\frac{3y^3}{2\sqrt{1+y^3}}\\
&=\frac{1+y^3+3y^3}{2\sqrt{1+y^3}}\\
&=\frac{4y^3+1}{2\sqrt{1+y^3}}
\end{aligned}
$$

$\therefore\ \dfrac{dy}{dx}=\dfrac{2\sqrt{1+y^3}}{4y^3+1}$

4. (1) $\frac{dx}{dt}=\frac{3a(1+t^3)-3at\cdot 3t^2}{(1+t^3)^2}$

$=\frac{3a-6at^3}{(1+t^3)^2}=\frac{3a(1-2t^3)}{(1+t^3)^2}$

$\frac{dy}{dt}=\frac{6at(1+t^3)-3at^2\cdot 3t^2}{(1+t^3)^2}$

$=\frac{36at(2-t^3)}{(1+t^3)^2}$

$\therefore\ \frac{dy}{dx}=\frac{\frac{3at(2-t^3)}{(1+t^3)^2}}{\frac{3a(1-2t^3)}{(1+t^3)^2}}=\frac{2t-t^4}{1-2t^3}$

(2) $\frac{dx}{d\theta}=a(1-\cos\theta)$

$\frac{dy}{d\theta}=a\sin\theta$

$\therefore\ \frac{dy}{dx}=\frac{a\sin\theta}{a(1-\cos\theta)}=\frac{\sin\theta}{1-\cos\theta}$

☞ 연습문제 2.4

1. (1) $-\frac{2x+y}{x+2y}$ (2) $-\frac{x(2+3xy)}{x^3+2y}$

(3) $-\frac{y\cos x+\sin y}{\sin x+x\cos y}$ (4) $\frac{1-y^2}{3x^2+2xy+1}$

(5) $-\sqrt{\frac{2y}{3x}}$ (6) $-\left(\frac{y}{x}\right)^{\frac{1}{3}}$

☞ 연습문제 2.5

1. (1) $6\cos 3x$ (2) $-2x\sin(x^2+1)$

(3) $8\mathrm{cosec}^2(3-2x)$ (4) $\frac{1}{\sqrt{x}}\sec\sqrt{x}\tan\sqrt{x}$

(5) $\sin^2 x$ (6) $\sec x(1+x\tan x)$

(7) $\tan^2\frac{x}{2}$ (8) $\sec x\sec 2x(\tan x+2\tan 2x)$

(9) $\frac{1+2\cos x}{(2+\cos x)^2}$ (10) $\frac{2\sec^2 x}{(1-\tan x)^2}$

(11) $a\cos 2ax$ (12) $\tan^4 x$

2. (1) $\cos y\cot y$ (2) $\frac{1}{1-\mathrm{cosec}^2 y}$

(3) $\tan\theta$ (4) $\frac{\sin\theta}{1-\cos\theta}$

(5) $\cos^2(x+y)$　　(6) $-\dfrac{\sin y + y\cos x}{\sin x + x\cos y}$

(7) $\cot x \cot y$　　(8) $-\dfrac{x}{y}$

☞ 연습문제 2.6

1. (1) $\dfrac{3}{1+9x^2}$　　(2) $\dfrac{4}{x\sqrt{x^2-16}}$

(3) $\dfrac{1}{\sqrt{2x-x^2}}$　　(4) $\dfrac{-2}{x\sqrt{x^2-4}}$

(5) $\dfrac{-1}{2\sqrt{x}\ \sqrt{x-1}}$　　(6) $\dfrac{-1}{(x-1)\sqrt{x^2-2x}}$

(7) $\dfrac{8\sin^{-1}4x}{\sqrt{1-16x^2}}$　　(8) $\tan^{-1}\dfrac{x}{2}+\dfrac{2x}{x^2+4}$

(9) $2\sqrt{a^2-x^2}$　　(10) 1 또는 -1

2. (1) $\dfrac{-y}{x+\sqrt{1-x^2y^2}}(xy\neq 1)$　　(2) -1

(3) $-\dfrac{2\sqrt{x-y}+y(1+x^2)}{(1+x^2)(2x-3y)}$

(4) $|y|<\dfrac{1}{2}$이면 $\dfrac{\sqrt{1-y^2}}{2}$, $|y|>\dfrac{1}{2}$이면 $-\dfrac{\sqrt{1+y^2}}{2}$

3. (1) $\dfrac{\sqrt{3}-2\pi}{3}$　　(2) $\dfrac{\pi+2}{4}$

☞ 연습문제 2.7

1. (1) $\dfrac{3}{x-1}$　　(2) $\dfrac{3(x^2+1)}{x^3+3x}\cdot\log_{a^e}$　　(3) $\dfrac{2x^2}{2x^3-5}$

(4) $\dfrac{1}{x(1+x)}$　　(5) $\dfrac{3x+2}{2x(x+1)}$　　(6) $-\tan x$　　(7) $\dfrac{5x+4}{x(x+1)(x+2)}$

(8) $\dfrac{2a}{x^2-a^2}$　　(9) $\dfrac{2}{x(1+x^2)}$　　(10) $\dfrac{1}{x\ln x}$　　(11) $\dfrac{\log_{a^e}}{2x\sqrt{\log_{a^x}}}$

(12) $3+\ln x^3$

2. (1) $\dfrac{3x^2}{y^{n-1}(n\ln y+1)}$　　(2) $-\dfrac{y\sqrt{a^2-y^2}}{a^2}$　　(3) $1-t$

3. (1) $e^x(x^2+2x)$ (2) $13e^{2x}\cos 3x$ (3) $\frac{1}{2}(e^x+e^{-x})$

(4) $(\ln\sin x + x\cot x)(\sin x)^x$ (5) $-(\ln x+1)\left(\frac{1}{x}\right)^x$

(6) $x^{\ln x-1}2\ln x$ (7) $(\tan x)^{\sin x}(\cos x\ln\tan x+\sec x)$

☞ 연습문제 2.8

1. (1) $\sinh 2x$ (2) $2\tanh 2x$ (3) $-\frac{1}{x^2}\sinh\frac{1}{x}$ (4) $2x\,\mathrm{cosech}^2(1-x^2)$

(5) e^{2x} (6) $\cos x\cosh(\sin x)$ (7) $x+\frac{1}{x^3}$

(8) $6x\,\mathrm{sech}^3(1-x^2)\tanh(1-x^2)$

2. (1) $\frac{3}{\sqrt{9x^2+1}}$ (2) $\sec x$ (3) $-|\mathrm{cosec}x|$ (4) $\frac{1}{2}\mathrm{cosech}\,x$

(5) $\frac{-\cos x}{\sin x|\cos x|}$ (6) $-\mathrm{cosec}x$ (7) $-\mathrm{cosec}x$ (8) $|\sec x|$

Chapter 3 도함수의 응용

☞ 연습문제 3.1

1. (1) $y'=3x^2-3=3(x^2-1)=3(x+1)(x-1)$

$y'>0 \Leftrightarrow 3(x+1)(x-1)>0 \Leftrightarrow x<-1,\ x>1$

∴ 증가상태 : $x<-1, x>1$

$y'<0 \Leftrightarrow 3(x+1)(x-1)<0 \Leftrightarrow -1<x<1$

∴ 감소상태 : $-1<x<1$

(2) $y'=e^{-x}+xe^{-x}(-1)=e^{-x}(1-x)$ (3), (4) : 생략

$y'>0 \Leftrightarrow (1-x)>0(\because\ e^{-x}>0) \Leftrightarrow x<1$

∴ 증가상태 : $x<1$,

∴ 감소상태 : $x>1$

2. $a=1,\ b=4$

3. 생략

4. (1) $\frac{1}{2}$ (2) $\frac{8}{27}$

5. $a=-1,\ b=3$

6. (1) 극대값 ; $f(\sqrt{2}-1)=\frac{\sqrt{2+1}}{2}$

극소값 ; $f(-\sqrt{2}-1)=\frac{-(9+24\sqrt{6})}{4}$

$f(2)=0$

(2) 극대값 ; $f\left(\frac{-2+\sqrt{6}}{2}\right)=\frac{24\sqrt{6}-9}{4}$

극소값 ; $f\left(\frac{-2-\sqrt{6}}{2}\right)=\frac{1-\sqrt{2}}{2}$

7. (1) 1 (2) 1 (3) 1 (4) 1

(5) -1 (6) 0 (7) $\frac{1}{2}$ (8) 2

8. (1) $r\sin^2\theta=4a\cos\theta$ (2) $r\sin^3\theta=a\cos^2\theta$

9. (1) $x=a$ (2) $y=x^2$

10. (1) $\left(2,\ \frac{\pi}{2}\right)$ (2) $(1,\ 0)$

11. 속도 : 9, 가속도 : 12

Chapter 4 적분법

☞ 연습문제 4.1

1. (1) $\frac{2}{3}x\sqrt{x}-2\sqrt{x}+c$ (2) $\frac{1}{4}x^4-\frac{3}{2}x^2+3\ln|x|+\frac{1}{2x^2}+c$

(3) $\frac{1}{3}x^3-\frac{1}{2}x^2+x+c$ (4) $\frac{3}{5}x^5-\ln|x|+5\sin^{-1}x+c$

(5) $\dfrac{10^x}{\ln 10}+c$ (6) $\dfrac{-1}{2x^2}$

(7) $4x^2+c$ (8) $\dfrac{2}{3}x\sqrt{x}+e^x-2x=2\sin x+c$

(9) $e^x-2\ln|x|+c$ (10) $\dfrac{2}{3}(x+3)^{\frac{3}{2}}$

2. $F'(x)=f(x)+xf'(x)+2x$이고

$F'(x)=f(x)$이므로 $xf'(x)+2x=0$

$\therefore\ f'(x)=-2$

$\therefore\ f(x)=-2x+c,\ f(0)=1$에서

$f(x)=-2x+1$

☞ 연습문제 4.2

1. (1) $\dfrac{1}{12}(x^2+2x+2)^6+c$ (2) $\dfrac{1}{4}\sin^2 2x+c$

(3) $\dfrac{2}{3}\sqrt{(e^x+2)^3}+c$ (4) $\ln|x+\sin x|+c(x+\sin x=t)$

(5) $\ln(e^x+1)+c$

(6) $-\dfrac{1}{2}\displaystyle\int(2\cos x+5)^{\frac{1}{3}}(2\cos x+5)'dx=-\dfrac{3}{8}(2\cos x+5)^{\frac{4}{3}}+c$

2. (1) $\dfrac{1}{2}x^2\ln x-\dfrac{1}{4}x^2+c$ (2) xe^x-e^x+c

(3) $x^2\sin x+2x\cos x-2\sin x+c$

☞ 연습문제 4.3

1. (1) $2\ln|x+2|+3\ln|x-2|+c$ (2) $\dfrac{1}{3}x^3+\dfrac{1}{2}x^2+x+3\ln|x-1|+c$

(3) $\dfrac{1}{x}+\dfrac{1}{2x^2}+\ln\left|\dfrac{x-1}{x}\right|+c$ (4) $\dfrac{x}{2}-2x+\dfrac{3}{x+1}+3\ln|x+1|+c$

(5) $\ln\dfrac{x^2(x+2)^4}{|x+1|^3}+c$ (6) $\dfrac{1}{2}\ln(x^2+1)-\dfrac{1}{x^2+1}+c$

(7) $\ln\left\{(x+1)^2\sqrt{x^2+x+1}\right\}-\sqrt{3}\tan^{-1}\frac{2x+1}{\sqrt{3}}+c$

(8) $x+\ln(x^2+1)+c$

☞ 연습문제 4.4

1. (1) $\frac{2}{3}\sin\frac{3}{2}x+c$ (2) $\frac{1}{\pi}\cos\frac{\pi}{x}+c$

(3) $2\ln\left|\sin\frac{1}{2}x\right|+c$ (4) $\frac{1}{4}\sin^4x-\frac{1}{6}\sin^6x+c$

(5) $\frac{1}{2}(x+\sin x)+c$ (6) $\frac{4}{3}\tan\frac{3}{4}x+c$

(7) $-\frac{1}{16}\cos 8x+\frac{1}{4}\cos 2x+c$ (8) $\frac{1}{2}\sin x-\frac{1}{10}\sin 5x+c$

(9) $\tan x+\frac{1}{3}\tan^3x+c$ (10) $\frac{1}{5}\sec^5x-\frac{1}{3}\sec^3x+c$

2. (1) $-\frac{1}{4}\frac{\sqrt{4-x^2}}{x}+c$ (2) $\sqrt{x^2-25}-5\sec^{-1}\left(\frac{x}{5}\right)+c$

(3) $\frac{1}{9}\frac{x}{\sqrt{9-x^2}}+c$

☞ 연습문제 4.5

1. (1) $1\ln\left|\frac{\sqrt{x-1}}{\sqrt{x+1}}\right|+c$ (2) $\frac{3}{28}(4x-3)(1+x)^{\frac{4}{3}}+c$

(3) $\sqrt{1-x^2}-2\tan^{-1}\frac{\sqrt{1-x}}{1+x}+c$ (4) $\frac{3}{2}\ln|\sqrt[3]{x^2}-1|+c$

(5) $\frac{1}{\sqrt{2}}ln\frac{\sqrt{x^2+x+2}+x-\sqrt{2}}{\sqrt{x^2+x+2}+x+\sqrt{2}}+c$

(6) $-\sqrt{\frac{2}{3}}\tan^{-1}\sqrt{\frac{2(3-x)}{3(x-2)}}+c$

(7) $3\left\{(x+1)^{\frac{1}{3}}+2(x+1)^{\frac{1}{6}}+\ln\left|(x+1)^{\frac{1}{6}}-1\right|\right\}+c$

(8) $-\frac{8}{x+\sqrt{x^2+4x}}+\ln(x+2+\sqrt{x^2+4x})+c$

Chapter 5

정적분

☞ 연습문제 5.1

1. (1) $6+\frac{25}{8}\pi$ (2) $9\sqrt{3}$

   (3) 27π (4) $\frac{25\pi}{2}-24$

   (5) 14

2. (1) 3 (2) -11.25

   (3) 3 (4) 4

   (5) -6 (6) -24

   (7) 4 (8) 2

   (9) 5.5 (10) -5

   (11) -1 (12) 6.5

3. (1) $2\pi-10$ (2) $\frac{-(9-9\pi)}{4}$

   (3) 4.5 (4) 2

4. (1) 9 (2) 4

   (3) $\frac{1}{5}\pi^5$ (4) 1

   (5) $\frac{16}{3}$ (6) 19.2

5. (1) 기함수 (2) 우함수

   (3) 아무것도 아니다 (4) 기함수

   (5) 우함수 (6) 기함수

   (7) 우함수 (8) 우함수

6. (1) 0 (2) $\frac{16}{3}$

   (3) 0.4 (4) 0

(5) 4 (6) $\frac{32}{3}$

(7) 0 (8) 0

7. (1) 4 (2) 4

(3) $\frac{5}{2}$ (4) 4.5

(5) $\frac{9}{2}\pi$ (6) 4π

(7) 6 (8) 2

☞ 연습문제 5.2

1. (1) 8 (2) 4

(3) $-\frac{3}{2}$ (4) 3

2. (1) $-\frac{9}{8}$ (2) $-\frac{5}{3}$

(3) 70 (4) 15

(5) 18 (6) $\frac{14}{3}$

(7) 0 (8) 28.5

(9) $\frac{64}{3}$ (10) 4

(11) 45 (12) 1270

(13) 1 (14) $-\frac{4}{3}$

(15) $5e-6$ (16) $5-4e^{-1}$

3. (1) $\frac{76}{3}$ (2) 9

(3) $\frac{96}{5}$ (4) $\frac{64}{3}$

4. (1) 8 (2) -2

(3) 16 (4) 2

(5) 14 (6) 0

(7) -12 (8) -14

(9) 10 (10) 6

(11) 7 (12) -4

5. (1) $\frac{31}{6}$ (2) $10\frac{1}{6}$

(3) $\frac{7}{3}$ (4) $\frac{7}{6}$

6. (1) 48 (2) $\frac{3}{4}+2\ln 4$

(3) $\frac{e^2}{e+1}$ (4) $8\frac{2}{7}$

(5) 5 (6) 26

(7) -3 (8) e^2-1

(9) 1 (10) 0.4

☞ 연습문제 5.3

1. (1) $\frac{2}{3}$ (2) 171

(3) $\frac{14}{3}$ (4) $\frac{16}{6}$

(5) $\frac{1}{5}$ (6) $-\frac{5}{4}$

(7) $\frac{61}{3}$ (8) 1

(9) $5\ln 4$ (10) $3\ln 5$

(11) $\frac{1}{4}\ln 9$ (12) $\frac{1}{2}\ln 17$

(13) $\frac{3}{2}(e^2-1)$ (14) $2(1-e^{-4})$

(15) $\frac{1}{2}(1-e^{-4})$ (16) $2(e^{-2}-2)$

(17) $\frac{81}{8}$ (18) $-\frac{1}{15}(4^5)$

(19) 21 (20) $\frac{3}{5}$

(21) $\frac{1}{9}(\ln 10)^3$ (22) 0.6221

(23) $\frac{1}{2}(e^9-1)$ (24) $4[(1+e)^4-1]$

2. (1) $\frac{3}{4}e^4+\frac{1}{4}$ (2) $-4e^{-3}+1$

(3) $\frac{6}{25}e^{\frac{5}{2}}+\frac{4}{25}$ (4) $\frac{1}{9}(8e^3-2e^{\frac{3}{2}})$

(5) $\frac{1}{30}$ (6) $\frac{32}{7}$

3. (1) $\frac{15}{2}-8\ln 2$ (2) 1.5258

(3) $\frac{15}{2}-8\ln 2$ (4) $\frac{7}{300}$

(5) $\frac{3}{2}-\frac{5}{4}\ln 7$ (6) $\frac{116}{135}$

☞ 연습문제 5.4

1. (1) $\frac{21}{5}$ (2) 30

(3) 38 (4) 38

(5) $\frac{3}{4}$ (6) $\frac{14}{5}$

(7) 31 (8) 53

2. (1) $\sum_{i=1}^{10} i^3$ (2) $\sum_{i=1}^{50}(2i)$

(3) $\sum_{i=1}^{100}\frac{3}{2^i}$ (4) $\sum_{i=1}^{70}\frac{5}{i}$

(5) $\sum_{i=4}^{21}x_i$ (6) $\sum_{i=1}^{n}t_i$

(7) $\sum_{i=1}^{n}g(t_i)\Delta t$ (8) $\sum_{i=1}^{1m}f(x_1)\Delta x$

(9) $\sum_{i=1}^{n} 3x_i \Delta x$ (10) $\sum_{i=1}^{n} x_i^2 \Delta x$

(11) $\sum_{i=1}^{n} (x_i^3 + 4)\Delta x$ (12) $\sum_{i=1}^{n} (x_i^2 + 5x)\Delta x$

3. (1) 120 (2) −2
   (3) 10 (4) 104
   (5) 50 (6) 34
   (7) 18 (8) 28

4. (1) $\frac{15}{2}$ (2) 16
   (3) 6 (4) $\frac{57}{2}$
   (5) 12 (6) $\frac{40}{3}$
   (7) $-\frac{2}{3}$ (8) $\frac{7}{6}$
   (9) 12 (10) 24

5. (1) 124750 (2) 2870
   (3) 4905 (4) 316210
   (5) 323200 (6) 348450
   (7) 323400 (8) $\frac{100}{101}$

6. (1) $\int_0^4 (x^2 + 3x)dx$ (2) $\int_0^2 (3x^2 + x - 2)dx$

☞ 연습문제 5.5

1. (1) 1 (3) 발산
   (5) $\ln\frac{5}{3}$ (7) $-\frac{1}{4}$
   (9) 발산 (11) 0

2. (1) 발산 (3) $\frac{\pi}{2}$

(5) $\frac{9}{2}$

(7) 2

(9) $3+\sqrt[3]{2}$

Chapter 6

정적분의 응용

☞ 연습문제 6.1

1. (1) $\frac{34}{3}$

(2) $\frac{125}{6}$

(3) $\frac{13}{6}$

(4) $\frac{49}{192}$

(6) $\pi-2$

(9) $\frac{355}{6}$

(11) $\frac{1}{2}$

☞ 연습문제 6.2

1. (1) $\frac{15}{2}\pi$

(2) $\frac{69}{10}\pi$

(3) $\frac{32}{5}\pi$

2. (1) $\frac{124}{5}\pi$

(2) $\frac{\pi}{6}$

(3) $\frac{32}{5}\pi$

(4) $\frac{7\pi}{30}$

(5) $\frac{9}{14}\pi$

☞ 연습문제 6.3

1. $\frac{22\sqrt{22}-13\sqrt{13}}{27}$

2. $\sqrt{5}$

3. $\frac{1}{243}(85\sqrt{85}-8)$

4. $\frac{17}{6}$

5. $\frac{1}{27}(13\sqrt{13}+80\sqrt{10}-16)$

☞ 연습문제 6.4

1. (1) (a) 0.6949 (b) 0.6932 (3) (a) 1.8961 (b) 2.0045
   (5) (a) 0.8806 (b) 0.8818
2. 3.1416
3. (2) (a) 58.9276 (b) 54.7328 (4) (a) 1.8277 (b) 1.8279
4. (2) (a) 0.36972

Chapter 7 편도함수

☞ 연습문제 7.1

1. (1) (a) 13 (b) 4 (c) $3x^2$ (d) $h(2x-y+h)$
   (2) (a) 9 (b) $4+4\sqrt{2}$ (c) $x^2+4\sqrt{2}\sqrt{x}$ (d) $h(2x+h)$
   (3) (a) $\frac{1}{256}$ (b) $\frac{1}{8}$ (c) $\frac{1}{16x^3}$ (d) $\frac{h}{y^4}$
   (4) (a) $-\frac{9}{11}$ (b) $-\frac{3}{2}$ (c) -1
   (d) $\frac{-5yh}{(x+h-3y)(x-3y)}$
   (5) (a) 4 (b) $7e^{-2}$ (c) $(3x+1)e^{2x-4}$ (d) $3he^{y-4}$
   (6) (a) 11 (b) -1 (c) $x^2\ln(2x^2-3)+4x^2-5$
   (d) $(x+h)^2\ln[(x+h)y-3]-x^2\ln(xy-3)$
2. (1) (a) -3 (b) -30 (c) $3z^2$ (d) $2yz+xy-3xz$
   (2) (a) 1 (b) 0 (c) $12z^3$ (d) $z^2(x+y)-2xyz$

(3) (a) 1 (b) -1 (c) $\dfrac{-2(z+1)}{z+4}$ (d) $\dfrac{yz-2x}{xy-2z}$

(4) (a) $\sqrt{2}$ (b) 7 (c) $\sqrt{6}\,|z|$ (d) $(x^2+y^2+z^2)^{\frac{1}{2}}$

3. (1) $f(x,\ y)=2x+2y,\ g(x,\ y)=xy$

(2) 16, 12 (3) $y=\dfrac{2x}{x-2}$

4. (1) $(4,\ 1,\ -8),\ (2,\ -6,\ 12)$

(2) $3x+2y=6,\ 3x+z=6,\ 2y+z=6$

(3)

☞ 연습문제 7.2

1. (1) $2xy^3,\ 3x^2y^2$ (2) $6(3x+2y),\ 4(3x+2y)$

(3) $y^2-8x,\ 2xy+3$ (4) $6xy+4,\ 3x^2-12y$

(5) $2\sqrt{y},\ xy^{-\frac{1}{2}}-8y^{-3}$ (6) $2xy^{-\frac{1}{2}}-2x^{-\frac{1}{3}},\ -\dfrac{1}{2}x^2y^{-\frac{3}{2}}$

(7) $-4x^{-2}y^{-2},\ -8x^{-1}y^{-3}$ (8) $6y^{-1}x^{-\frac{1}{2}},\ -12y^{-2}x^{\frac{1}{2}}$

(9) $2xye^{2x}(x+1),\ x^2e^{2x}$

(10) $2y^2(2x+3y)^{-1},\ 2y\ln(2x+3y)+3y^2(2x+3y)^{-1}$

2. (1) $2xy+6yz$ (2) $4(3xyz^2-1)(xyz^3-z)^3$

(3) $xye^{z+2}+xy^{-1}$ (4) $z^2(x^{-2}y^{-1}+z^{-1})+2z\ln(x^2y+z)$

3. (1) 6, -9 (2) -13, 11

(3) $\dfrac{2}{7}$, 3 (4) 8, 0

(5) 0, 값 없음　　(6) 4, 0

5. (1) (a) $-4y$　　(b) $6y^2-4x$　　(c) $6y^2-4x$

(2) (a) 10　　(b) $-4y$　　(c) $-4y$

(3) (a) y^4e^{xy2}　　(b) $2ye^{xy2}(xy^2+1)$　　(c) $2ye^{xy2}(xy^2+1)$

(4) (a) $-\frac{4y}{x^2}$　　(b) $\frac{4}{x}$　　(c) $\frac{4}{x}$

☞ 연습문제 7.3

1. (1) $dz=2xdx+8ydy$　　(2) $dz=\cos(x+y)dx+\cos(x+y)dy$

(3) $dw=e^x\cos yzdx-ze^x\sin yzdy-ye^x\sin yzdz$

(4) $dw=\frac{1}{y+z}dx+\frac{z-x}{(y+z)^2}dy-\frac{x+y}{(y+z)^2}dz$

2. 4%

3. (1) $\frac{dz}{dt}=16t$　　(3) $\frac{dz}{dt}=2e^{2t}-2\cos t\sin t+2\sin t$

☞ 연습문제 7.4

1. (1) 극소점(2, −3, −17)　　(2) 극소점(1, −4, −8)

(3) 극소점(2, 5, −16)　　(4) 극소점(6, −2, −41)

(5) 극대점(2, 2, 13)　　(6) 극소점(−1, −1, −11)

(7) 극대점(2, 2, 8)　　(8) 안장점(18, 14, f(18, 14))

(9) 안장점(2, −2, f(2, −2)), (−2, 2, f(−2, 2))

(10) 안장점(0, 0, 4)　극대점(18, 6, 112)

Chapter 8

중적분

☞ 연습문제 8.1

1. (1) $\frac{2}{3}$ (2) $\frac{2}{5}$ (3) $\frac{1}{8}a^4$

2. (1) $\int_0^4 \int_{\sqrt{2}}^{y} F(x,\ y)dxdy$ (2) $\int_0^2 \int_{x^2}^{2x} F(x,\ y)dydx$

(3) $\int_a^b \int_y^b F(x,\ y)dxdy$

3. $V = \int_0^a \int_0^{\frac{y^2}{4a}} xydxdy = \int_0^a \frac{1}{32a^2}y^5 dy = \frac{a^4}{192}$

4. $V = 8\int_0^{\frac{\pi}{2}} \int_0^1 r\sqrt{4-r^2}\,drd\theta = \frac{16}{3}\int_0^{\frac{\pi}{2}}(8-3\sqrt{3})d\theta = \frac{8(8-3\sqrt{3})}{3}\pi$

5. $V = 2\int_0^a \int_0^{\sqrt{a^2-y^2}} mxdxdy = 2\int_0^{\frac{\pi}{2}} \int_0^a mr^2\cos\theta drd\theta$

$$= \frac{2ma^3}{3}\int_0^{\frac{\pi}{2}} \cos\theta d\theta = \frac{2a^3}{3}m$$

6. $V = 2\int_0^1 \int_0^{y^2} (1-x)dxdy = 2\int_0^1 (y^2 - \frac{1}{2}y^4)dy = \frac{7}{15}$

Chapter 9

급 수

☞ 연습문제 9.1

1. (1) $0,\ -\frac{1}{4},\ -\frac{2}{9},\ -\frac{3}{16}$; 0에 수렴 (2) $\frac{1}{3},\ \frac{1}{9},\ \frac{1}{27},\ \frac{1}{81}$; 0에 수렴

(3) $1,\ \frac{1}{3},\ \frac{1}{5},\ -\frac{1}{7}$; 0에 수렴 (4) $0,\ -1,\ 0,\ 1$; 발산

(5) 0에 수렴 (6) 0에 수렴

(7) 0에 수렴 (8) e^7에 수렴

(9) 0에 수렴 (10) 발산

(11) $S_n = 3\left(1-\left(\frac{1}{3}\right)^n\right)$; $\lim_{n\to\infty} S_n = 3$

(12) $S_n = \dfrac{\left(1-\left(\frac{1}{e}\right)^n\right)}{\left(1-\left(\frac{1}{e}\right)\right)}$; $\lim_{n\to\infty} S_n = \dfrac{e}{e-1}$

2. (1) 발산 $\left(\because\ \sum_{n=1}^{\infty}\frac{1}{2n-1} > \frac{1}{2}\sum_{n=1}^{\infty}\frac{1}{n}(p=1-\text{급수, 발산})\right)$

(2) 수렴 $\left(\because\ \int_2^{\infty}\frac{dx}{x^2-1} = \lim_{b\to\infty}\left[\frac{1}{2}\ln\left(\frac{b-1}{b+1}\right)+\frac{1}{2}\ln 3\right] = \frac{1}{2}\ln 3\right)$

(3) 발산 $\left(\because\ p=\frac{1}{2}\text{인 } p\text{급수}\right)$

(4) 발산 $\left(\because\ a_n = \frac{1}{\sqrt{n^2+19n}},\ b_n = \frac{1}{n},\ \lim_{n\to\infty}\frac{a_n}{b_n} = \lim_{n\to\infty}\frac{n}{\sqrt{n^2+19n}} = 1 > 0\right)$

(5) 발산 $\left(\because\ \int_1^{\infty}\frac{\ln x}{x}dx = \lim_{b\to\infty}\frac{1}{2}(\ln b)^2 = \infty\right)$

(6) 수렴 $\left(\because\ a_n = \frac{1}{n^2}\left(1+\frac{1}{n}\right)^n,\ b_n = \frac{1}{n^2},\ \lim_{n\to\infty}\frac{a_n}{b_n} = \lim_{n\to\infty}\left(1+\frac{1}{n}\right)^n = e > 1\ ;\right.$

$\left.\sum\frac{1}{n^2}\text{은 수렴, } \sum\frac{1}{n^2}\left(1+\frac{1}{n}\right)^n\text{도 수렴}\right)$

3. 생략

4. $S_n - 1 - \dfrac{1}{n+1}$, $\lim\limits_{n\to\infty} S_n = \lim\limits_{n\to\infty}\left(1 - \dfrac{1}{n+1}\right) = 1$

5. (1) 수렴 반경 ; $R = 1$, 수렴 구간 ; $-1 \le x \le 1$

$$\left(\because\ a_n = \frac{x^n}{n^2}\ ;\ \lim_{n\to\infty}\left|\frac{a_{n+1}}{a_n}\right| = |x| \cdot \lim_{n\to\infty}\left(\frac{n}{n+1}\right)^2 = |x| < 1\right)$$

(2) 수렴 반경 ; $R = 1$, 수렴 구간 ; $-1 < x \le 1$

$$\left(\because\ a_n = (-1)^{n+1}\frac{x^n}{n^n}\ ;\ \lim_{n\to\infty}\left|\frac{a_{n+1}}{a_n}\right| = |x| \cdot \lim_{n\to\infty}\frac{n}{n+1^2} = |x| < 1\right)$$

(3) 수렴 반경 ; $R = \infty$, 수렴 구간 ; 모든 실수

$$\left(\because\ a_n = \frac{(x-2)^n}{n!}\ ;\ \lim_{n\to\infty}\left|\frac{a_{n+1}}{a_n}\right| = |x-2| \cdot \lim_{n\to\infty}\frac{1}{n+1} = 0 < 1\right)$$

(4) 수렴 반경 ; $R = 1$, 수렴 구간 ; $0 \le x \le 2$

$$\left(\because\ a_n = \frac{(x-1)^n}{n+3}\ ;\ \lim_{n\to\infty}\left|\frac{a_{n+1}}{a_n}\right| = |x-1| \cdot \lim_{n\to\infty}\frac{n+3}{n+4} = |x-1| < 1\right)$$

6. (1) $f(x) = 1 + x\ln a + \dfrac{(\ln a)^2}{2}x^2 + \dfrac{(\ln a)^3}{3!}x^3 + \cdots \dfrac{(\ln a)^n}{n!}x^n + \cdots$

(2) $f(x) = 1 + \dfrac{1}{2}x - \dfrac{1}{2^3}x^2 + \dfrac{1}{2^4}x^3 + \cdots + (-1)^{n-1}\dfrac{1}{2^{n+1}}x^n + \cdots$

(3) $f(x) = \dfrac{1}{\sqrt{2}}\left(1 + x - \dfrac{1}{2!}x^2 - \dfrac{1}{3!}x^3 + \dfrac{1}{4!}x^4 + \dfrac{1}{5!}x^5 + \cdots\right)$

(4) $f(x) = 1 + \dfrac{1}{2!}x^2 + \dfrac{1}{4!}x^4 + \dfrac{1}{6!}x^6 + \cdots + \dfrac{1}{(2n)!}x^{2n} + \cdots$

7. (1) $e^{1.5} \simeq 4.398$　　(2) $\ln 1.02 \simeq 0.188$

(3) $\cos 48° \simeq 0.511$　　(4) $\tan 31° \simeq 0.59996$

8. $\lim\limits_{x\to 0}\dfrac{\ln(x+1}{x_a} = \lim\limits_{x\to 0}\dfrac{1}{x^a}\left[x - \dfrac{1}{2}x^2 + \dfrac{1}{3}x^3 - \dfrac{1}{4}x^4 + \cdots\right]$

$$= \lim_{x\to 0} x^{1-a}\left[1 - \frac{1}{2}x + \frac{1}{3}x^2 - \frac{1}{4}x^3 + \cdots\right] = \begin{cases} 1 : \alpha = 1 \\ \infty : \alpha > 1 \\ 0 : \alpha < 1 \end{cases}$$

Chapter 10

미분방정식

☞ 연습문제 10.1

1. (1) 2, 1 (2) 1, 2
   (3) 1, 3 (4) 2, 1
   (5) 2, 2 (6) 2, 1
2. (1) $y = x\log x + c_1 x + c_2$ (2) $y = -\cos 2x + c_1 x + c_2$
   (3) $y = -e^{-x} + c_1 x^2 + c_2 x + c_3$

☞ 연습문제 10.2

1. (1) $xy + 2x - 2y = c$ (3) $(x+1)\sin y = c$
   (4) $y\log c(x-1) = 1$ (5) $\tan^{-1}x - \tan^{-1}y = c$
   (6) $y^2 = 2x^2\log cx$ (7) $\sin x \sin y = c$
   (8) $\sin\dfrac{y}{x} = cx$ (9) $x^2 - y^2 = cx^2y^2$
   (13) $\dfrac{1}{x} + \dfrac{1}{y} + \log\dfrac{y}{x} = c$ (14) $\dfrac{x}{2(x-y)} - \log(y-x) = c$
   (15) $\sin y + \cos 2x = c$

☞ 연습문제 10.3

1. (1) $x^4y^3 - x^2y + x = 0$ (3) $ye^{x^2} - x^2 = c$
   (5) $(e^x y^2 + x^4 - y^3 + c = 0)$
2. (1) $x^4y^2 + x^3y^5 = c$

☞ 연습문제 10.4

1. (1) $y = x^2 + \dfrac{c}{x}$ (2) $y = x + cx^2$

(3) $y = e^{2x} + ce^{x}$

(4) $y = c(x+1)^2 - 2x - 2$

(5) $y^2 = x + \dfrac{c}{x}$

(6) $x^2y - 2 = cy$

(7) $y = \sin x + \cos x + ce^{-x}$

(8) $x^2y + cye^{-x} = 1$

(9) $y = \sec x + c\tan x$

(10) $y^n = kx + cx^2$

2. (1) $y^{1-n}x^{1-n} = x^{-n-1} + \dfrac{1}{n}x^{-x} + c$

(2) $\dfrac{1}{y} = 1\sin x + ce^{x}$

☞ 연습문제 10.5

1. (1) $(y-c)(y-x-c) = 0$

(2) $(2a\sqrt{y} - x - c)(2a\sqrt{y} + x - c) = 0$

(3) $(x + y - 1 - ce^{x})\left(y - \dfrac{x^2}{2} - c\right) = 0$

☞ 연습문제 10.6

1. (1) 일반해 $y = cx - \log c$, 특이해 $y = 1 + \log x$

(2) 일반해 $y = cx + c^2$, 특이해 $y = -\dfrac{x^2}{4}$

(3) 일반해 $y = cx - \dfrac{1}{4}c^4$, 특이해 $y = \dfrac{3}{4}x^{\frac{4}{3}}$

☞ 연습문제 10.7

1. (1) $y = c_1e^{x} + c_2e^{2x}$

(2) $y = c_1\cos 2x + c_2\sin 2x$

(3) $y = (c_1 + c_2x)e^{x}$

(4) $y = c_1e^{3t} + c_2e^{-2t}$

(5) $x = e^{2t}(c_1\cos t + c_2\sin t)$

(6) $y = c_1c^{\frac{3x}{2}} + c_2e^{-\frac{3x}{2}}$

(7) $y = c_1 + c_2e^{0.4x}$

2. (1) $y = e^{-x} - e^{-2x}$

(2) $y = \cos 3x - 2\sin 3x$

(3) $y = 1 + e^{2x}$

(4) $y = 4e^{-2t}\sin 3t$

(5) $r = \sinh\theta$

☞ 연습문제 10.8

1. (1) $y=c_1e^{2x}+c_2e^{-x}-2x+1$ (2) $y=c_1e^{x}+c_2e^{-2x}-\frac{1}{4}x^3-\frac{5}{8}x$

(3) $y=(c_1+c_2x)e^{-x}+\frac{1}{2}\sin x$

(4) $y=c_1\sin 2x+c_2\cos 2x-\frac{1}{4}x\cos 2x$

(5) $r=(c_1+c_2\theta)e^{-2\theta}+\frac{1}{25}(4\sin\theta+3\cos\theta)$

(6) $y=c_1e^{\frac{x}{3}}+c_2-x^2-6x$

(7) $y=c_1\sin x+\left(c_2-\frac{1}{3}x\right)\cos x+1$

(8) $y=e^{2x}\left(c_1\sin x+c_2\cos x-\frac{1}{2}x\cos x\right)$

(9) $x=c_1e^{2t}+c_2-2t-2t^2$

(10) $z=c_1e^{-x}+\frac{1}{8}(c_2-3x+3x^2-2x^3+x^4)e^{x}$

2. (1) $y=2e^{x}-2$ (2) $y=x\cos x$

(3) $y=\frac{1}{2}e^{4x}-2x-\frac{1}{2}$ (4) $y=\sin^2 x$

(5) $y=(x^2-1)e^{x}$

찾아보기

ㄱ

ㄴ

ㄷ

ㄹ

ㅁ

ㅂ

ㅅ

ㅇ

ㅣㅎㅣ

ㅣ기타ㅣ

[개정판]
알기쉬운 미적분학

2010년 8월 5일 초 판 발행
2012년 9월 5일 개정판 발행

저 자 / 이종걸 · 김경호
발행자 / 오판근
발행처 / 교우사

주 소 / 서울 동대문구 제기2동 148-19 교우빌딩 2층
전 화 / 925-2861~2, 편집부 / 925-2825
팩 스 / 925-2860

E-mail / kyowoo@kyowoo.co.kr
http://www.kyowoo.co.kr

등록 / 1994. 3. 24 제6-0256호

ISBN 978-89-8172-855-7 (93410)

값 **20,000** 원

© KyoWooSa, 2012.

※ 이 책의 무단전재, 복제를 금합니다.